W0258262

E. Westkämper · H.-J. Bullinger · P. Horváth · E. Zahn (Hrsg.)

Montageplanung – effizient und marktgerecht

Springer-Verlag Berlin Heidelberg GmbH

Engelbert Westkämper · Hans-Jörg Bullinger ·
Péter Horváth · Erich Zahn (Hrsg.)

Montageplanung – effizient und marktgerecht

Mit 115 Abbildungen

Springer

Prof. Dr.-Ing. Prof. e.h. Dr.-Ing. e.h. Dr. h.c. Engelbert Westkämper
Fraunhofer-Institut für Produktionstechnik und Automatisierung

Prof. Dr.-Ing. habil. Prof. e.h. Dr. h.c. Hans-Jörg Bullinger
Fraunhofer-Institut für Arbeitswissenschaft und Organisation

Nobelstraße 12
70569 Stuttgart

Prof. Dr. rer. pol. Péter Horváth
Universität Stuttgart, Abt. V – Lehrstuhl Controlling

Prof. Dr. rer. pol. Erich Zahn
Universität Stuttgart, Abt. IV – Lehrstuhl für allgemeine Betriebswirtschaftslehre
und betriebswirtschaftliche Planung

Keplerstraße 17
70174 Stuttgart

Redaktion:
Dipl.-Ing. Patrick Balve
Fraunhofer-Institut für Produktionstechnik und Automatisierung
Nobelstraße 12
70569 Stuttgart

ISBN 978-3-642-63072-9

Die Deutsche Bibliothek – CIP-Einheitsaufnahme
Montageplanung - effizient und marktgerecht / Hrsg.: Engelbert Westkämper ... Bearb. von P. Balve. mit
Beitr. von G. Aupperle .... - Berlin ; Heidelberg ; New York ; Barcelona ; Hongkong ; London ; Mailand ;
Paris ; Singapur ; Tokio : Springer, 2001
   (VDI-Buch)
   ISBN 978-3-642-63072-9   ISBN 978-3-642-56438-3 (eBook)
   DOI 10.1007/978-3-642-56438-3

Einbandgestaltung: Struve & Partner, Heidelberg
Satz: Autorendaten

Gedruckt auf säurefreiem Papier   SPIN: 10746666   68/3020/M – 5 4 3 2 1 0 –

Vorwort

Um ihre internationale Wettbewerbsfähigkeit erhalten und weiter ausbauen zu können, müssen die Industrieunternehmen sich den rasch wechselnden Marktgegebenheiten anpassen und auf häufigen Produktwechsel, wachsende Zahl von Varianten, abnehmende Stückzahl je Typ und sinkende Losgrößen flexibel und ohne aufwendige Produktionsumstellungen reagieren können. Die genannten Anforderungen gelten in besonderem Maße für die Montage, die als letztes Glied in der Produktionskette die vorhandenen Turbulenzen weitestgehend ungefiltert bewältigen muß.

Das vorliegende Buch basiert auf den Erfahrungen, welche in diversen Transferprojekten an der Universität Stuttgart mit den dort entwickelten Konzepten zur Steigerung von Marktorientierung und Flexibilität der Montage gesammelt worden sind. Die hier vorgestellten Lösungsansätze und -methodiken wurden in Kooperation mit folgenden Industriepartnern in die Praxis umgesetzt:

- AMK Arnold Müller GmbH & Co. KG, Kirchheim/Teck
- Bellheimer Metallwerk GmbH, Bellheim/Pfalz
- Metabowerke GmbH & Co., Nürtingen
- Rhode & Schwarz Meßgerätebau GmbH, Memmingen

Es wurde dabei erkannt, daß isolierte Einzelmaßnahmen nicht ausreichen, um nachhaltig positive Effekte zu erzielen. Vielmehr bedarf es eines integrativen und ganzheitlichen Gestaltungsansatzes zur Ausrichtung der Montage auf den Käufermarkt. Als verallgemeinerungsfähig haben sich hier Lösungen aus den Bereichen Logistik, Produktionsmanagement sowie Personal- und Betriebswirtschaft erwiesen. Ziel des Buches ist es, diese nunmehr praxiserprobten Konzepte einem interessierten Fachpublikum zugänglich zu machen. Großer Wert wird dabei auf die übersichtliche Darstellung der Methodiken selbst gelegt. Der wissenschaftliche Hintergrund läßt sich vom Leser unter Zuhilfenahme der jeweils genannten Literaturquellen erschließen.

An dieser Stelle sei allen Mitarbeitern der an den Transferprojekten beteiligten Universitäts- sowie Fraunhofer-Insitute für ihre stete Bereitschaft zum interdisziplinären Dialog und ihr großes persönliches und inhaltliches Engagement gedankt. Besonders erwähnt sei Herr Dipl.-Ing. Patrick Balve, ohne dessen unermüdlichen Einsatz das vorliegende Buch nicht hätte erscheinen können. Den beteiligten Firmen danken wir für ihre ausgeprägte Kooperationsbereitschaft und den Willen, mit den jungen Wissenschaftlern zusammen die entscheidenden Implementierungsschritte zu gehen. Nicht zuletzt sei auch der Deutschen Forschungsgemeinschaft (DFG) für die erstmalige Förderung eines Transferbereichs gedankt. Ohne diese Unterstützung wäre die umfassende Validierung der Ergebnisse des Sonderforschungsbereichs „Die Montage im flexiblen Produktionsbetrieb" nicht in dieser Form möglich gewesen und man hätte auf viele weiterverfolgungswerte Fragestellungen, die sich erst aus dem intensiven Praxiskontakt ergeben haben, verzichten müssen.

Im Frühjahr 2001   E. Westkämper   H.-J. Bullinger   P. Horváth   E. Zahn

Inhaltsverzeichnis

Teil A: Einleitung und allgemeine Methodik

1 Flexibilität und Marktorientierung in der Montage

2 Integrative und marktorientierte Montageplanung

Teil B: Fachspezifische Ansätze zur Montageplanung

Autorenverzeichnis

DR.-ING. DIPL.-MATH. GERD AUPPERLE promovierte am Fraunhofer-Institut für Produktionstechnik und Automatisierung (IPA), Stuttgart. Er arbeitet jetzt als Prozeßingenieur bei der Dr. Ing. h.c. F. Porsche Aktiengesellschaft, Stuttgart-Zuffenhausen.

DIPL.-ING. PATRICK BALVE ist wissenschaftlicher Mitarbeiter am Fraunhofer-Institut für Produktionstechnik und Automatisierung (IPA) in Stuttgart im Bereich Unternehmensmanagement. Seine Arbeitsschwerpunkte liegen im Bereich Produktionsplanung und -steuerung, Organisationsentwicklung sowie geschäftsprozeßorientierte Unternehmensgestaltung.

HARTMUT BUCK M.A. ist wissenschaftlicher Mitarbeiter und Projektleiter am Competence Center "Personalmanagement" des Fraunhofer-Institut für Arbeitswirtschaft und Organisation (IAO), Stuttgart.

DIPL.-KFM. BERND GAGSCH ist wissenschaftlicher Mitarbeiter am Lehrstuhl für Allgemeine Betriebswirtschaftslehre, Betriebswirtschaftliche Planung und Strategisches Management der Universität Stuttgart.

DR. RONALD GLEICH ist Leiter des Competence Centers „New Controlling" der Horváth&Partner GmbH in Stuttgart sowie Lehrbeauftragter am Lehrstuhl Controlling der Universität Stuttgart.

DIPL.-KFM. CLAUS HERBST ist wissenschaftlicher Mitarbeiter am Lehrstuhl für Allgemeine Betriebswirtschaftslehre, Betriebswirtschaftliche Planung und Strategisches Management der Universität Stuttgart.

DIPL.-WIRT.-ING. PHILIPP VON LANGSDORFF ist wissenschaftlicher Mitarbeiter am Fraunhofer-Institut für Produktionstechnik und Automatisierung (IPA) in Stuttgart im Bereich Unternehmensmanagement. Seine Arbeitsschwerpunkte liegen im Bereich Fabrikplanung und Logistikmanagement.

DIPL.-ING. ING. ECL LOTHAR MÄRZ ist Projektleiter am Fraunhofer-Institut für Produktionstechnik und Automatisierung (IPA) in Stuttgart im Bereich Unternehmensmanagement mit dem Arbeitsschwerpunkt Fabrikplanung. Daneben hält er Vorlesungen an der Fachhochschule Pforzheim zum Thema Fertigungswirtschaft.

DIPL.-ING. PETER J. RALLY ist wissenschaftlicher Mitarbeiter und Projektleiter am Fraunhofer-Institut für Arbeitswirtschaft und Organisation (IAO) in Stuttgart mit den Schwerpunkten Montageplanung und Einsatz von haptischen Planspielen bei Veränderungsprozessen.

Teil A

Einleitung und allgemeine Methodik

1 Flexibilität und Marktorientierung in der Montage

LOTHAR MÄRZ, PHILIPP VON LANGSDORFF

1.1 Einleitung

Die Anforderungen an die Unternehmen haben sich in den letzten Jahrzehnten stark gewandelt. Wo früher noch ein Mindestmaß an Stabilität und Kontinuität herrschte, sind heute Dynamik und Diskontinuität an der Tagesordnung. Ansätze wie das „Fraktale Unternehmen", „Lean Production", „Agile Manufacturing" und „Total Quality Management" sind nur einige Versuche, der Dynamik des Marktes gerecht zu werden. Die Anforderungen, die sich aus dem turbulenten Unternehmensumfeld an das Unternehmen stellen, wirken sich hierbei auf alle Bereiche des Unternehmens aus und können nicht länger durch Insellösungen bewältigt werden. Betrachtet man nun den Betriebsbereich der Montage, so stellt man schnell fest, daß die Anforderungen aus den diversen Unternehmensumfeldern gerade hier besonders stark wirken und die Montage sowohl direkt als auch indirekt betreffen. Viele verdeckte Probleme vorgelagerter Bereiche werden erst hier mit ihrer ganzen Auswirkung offenbar. Die Montage ist Sammelbecken aller organisatorischen, terminlichen und qualitativen Fehler der Produktionskette (Reinhart/Schneider 1996). Wie wichtig es ist, den Betrachtungsfokus auf die Montage zu legen, wird zudem durch Kennzahlen der Einzel- und Serienmontage deutlich: der Wertschöpfungsanteil gemessen an der Gesamtwertschöpfung erreicht bis zu über 70%, die anteiligen Durchlaufzeiten bezüglich der Gesamtproduktion liegen bei durchschnittlich 25-35% und der Anteil an Facharbeitern bei durchschnittlich 75%, was auf hohe Qualifikationsanforderungen schließen läßt (Reinhart/Schneider 1996). Der Versuch, die hier noch vorhandenen Potentiale durch kapitalintensive Vollautomatisierung in den Griff zu bekommen oder eine Abwanderung der Produktion ins Ausland zu realisieren, hat sich nur im Einzelfall als beste Lösung erwiesen. Welche Lösung bietet sich aber an? Was ist aus den klassischen Kosten-, Zeit- und Qualitätszielen geworden? Welchen Veränderungen unterliegt die Montage heute und welche Anforderungen lassen sich daraus für die Montageplanung ableiten?

Es wird dargelegt, daß viele dieser Anforderungen durch eine auf Flexibilität und Marktorientierung basierende Montage befriedigt werden könnten. Tragende Säulen sind hierbei Eigenschaften, die wie folgt attribuiert werden können: wirtschaftlich, mengengerecht, termingerecht, qualitätsorientiert, zielpreisgerecht, variantengerecht und vorausschauend (Abb. 1.1). Das vorliegende Buch zeigt, wie die Montage mit planvollem Handeln marktorientiert gestaltet werden kann. Dies beinhaltet eine günstige Positionierung im Spannungsfeld zwischen Beschaffungs-

und Absatzmarkt sowie die gemeinsame Ausrichtung aller Montagestrukturen auf die erforderlichen Flexibilitäts- und Unternehmensziele.

Vor diesem Hintergrund vermittelt die herkömmliche Beschreibung der Montageaufgaben einen viel zu ungenauen Eindruck von dem, was die Montage mit ihrem integrativen Charakter in Wirklichkeit ausmacht. Ihre Hauptaufgabe, aus einer Summe von Einzelteilen und vormontierten Baugruppen in einer bestimmten Zeit ein Produkt höheren Wertes herzustellen, ist sicherlich nach wie vor gültig. Die alleinige Definition, Montage als eine Teilfunktion des Fertigens aufzufassen (VDI-Richtline 2860), blendet die komplexe Vernetzung der Montage mit ihrer Umwelt nahezu aus. So ist es auch nicht verwunderlich, daß herkömmliche Vorgehensweisen die Montage und die Montageplanung aus ihrem jeweiligen Umfeld herausschneiden und hierbei den Gesamtzusammenhang verlieren. Das Subsystem Montage bildet auf diese Weise wiederum immer nur eine suboptimale Lösung.

Das vorliegende Buch berücksichtigt die ganzheitliche Betrachtung der Montage und unterscheidet sich darin von traditionellen Ansätzen. Die Grundlage bildet eine gezielte Kombination von bewährten Ansätzen mit neuen Ideen, zeitgemäßen Methoden und moderner Informations- und Kommunikationstechnik. Zu diesem Zweck wird die Montage aus verschiedenen Blickwinkeln heraus beleuchtet und mit einer hierzu konformen Montageplanung gestaltet.

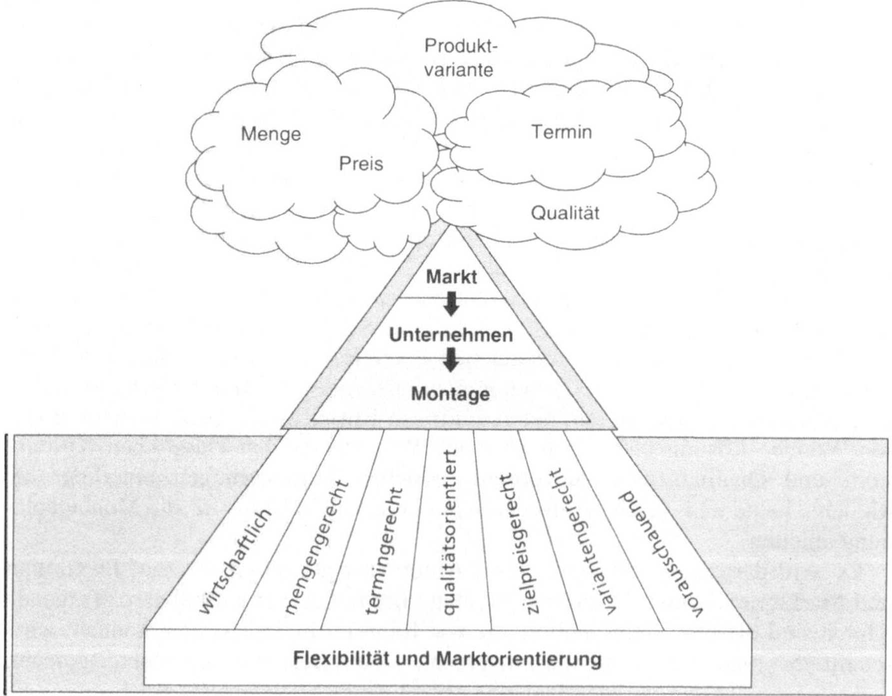

Abb. 1.1. Flexibilität und Marktorientierung der Montage

1.2
Anforderungen an eine flexible und marktorientierte Montage

Die Montage ist Teil des Unternehmens und unterhält vielfältige Beziehungen zu ihrer Umwelt. Entwicklungen am Markt stellen immer wieder neue Anforderungen an die Montage. *Doch welchen konkreten Veränderungen unterliegt die Montage heute?*

Zunächst gewinnt das Wissen um Märkte und Kunden zunehmend an Bedeutung. Durch die weltweite Vernetzung sind Informationen überall schnell verfügbar und erfordern zunehmende Anstrengungen zur Aufrechterhaltung von Wissensvorsprüngen. Gleichzeitig werden durch die allgegenwärtige Verfügbarkeit von Wissen traditionelle Barrieren überwunden: größerer Entfernungen, Sprachgrenzen und kulturelle Unterschiede stellen keine unüberwindlichen Hemmschwellen mehr dar und immer mehr global agierende Anbieter drängen auf zunehmend segmentiertere Märkte. Dieses unter dem Begriff Globalisierung subsummierte Phänomen führt dazu, daß Marktanteile in dem von starkem Wettbewerb geprägten Umfeld nur durch immer neuere, innovative Produkte und Dienstleistungen erhalten bzw. ausgebaut werden können.

Neben kürzeren Produktlebenszyklen und dem Einsatz modernster Technologien ist ein Trend zur kundenindividuellen Produktgestaltung festzustellen. Der gesellschaftliche Trend zur Individualisierung findet Ausdruck in der Forderung nach maßgeschneiderten Einzellösungen. Gleichzeitig bestehen hohe Ansprüche an die Qualität, kurzfristige Verfügbarkeit sowie die Umweltverträglichkeit von Produkt und Produktion. Der Kunde verfügt über hohes Fachwissen und fordert Informationen über das Produkt und seine Herstellung in jeder Phase von der Akquisition über die Auslieferung bis hin zur Außerdienststellung. *Welche Anforderungen leiten sich nun daraus für die Montage ab?*

Der Preis und die Qualität sind nach wie vor die Hauptkriterien zum Kauf eines Produktes. Daher ist eine kostengünstige Montage auf hohem Qualitätsniveau die Grundvoraussetzung für ein marktfähiges Produkt. Echte Alleinstellungsmerkmale können erst durch logistische Leistungen gewonnen werden. Damit wird die Flexibilität des Montagesystems zu einem Haupterfolgsfaktor. Diese Aussage bezieht sich sowohl auf Zeit- als auch auf Mengengrößen. Bei der Auslegung der Montage muß insbesondere berücksichtigt werden, daß die anvisierten Lieferzeiten in enger Wechselwirkung zu den geforderten Liefermengen und Produktvarianten in Anzahl und Verteilungen stehen.

Um flexibel reagieren zu können, sind Informationen notwendig, die eine Abschätzung der Wirkung von Planänderungen erlauben. Die permanente Transparenz über den Montagestatus in Informationssystemen, verbunden mit Prognoseinstrumenten, erlaubt die Bewertung von Auswirkungen kurzfristiger Änderungen. Darüber hinaus erleichtert ein derart integriertes Informationssystem die Interaktion mit dem Kunden erheblich. So kann bspw. eine kundenindividuelle Preisgestaltung in Abhängigkeit von Variante *und* Lieferzeit berechnet werden. Mit der Verknüpfung interner Daten über den aktuellen Montagezustand mit Informationen aus dem Markt ist zudem eine proaktive Ausrichtung des Montagesystems möglich.

Zusammenfassend läßt sich eine flexible und marktorientierte Montage wie folgt charakterisieren: Eine flexible Montage zeichnet sich durch kurze Reaktions- und Anpassungsfähigkeit aus. Sie produziert wirtschaftlich, termin- und mengengerecht, in der gewünschten Qualität und zum zugesagten Preis. Sie ist in der Lage, kurzfristig auf Mengen-, Varianten- und Terminänderungen sowie Produktwechsel zu reagieren. Die Marktorientierung der Montage entsteht durch aktives Kommunizieren mit der Umwelt, durch vielfältige Kontakte zu den Kunden sowie die Fähigkeit, neu entstehende Bedürfnisse zu erkennen und darauf einzugehen.

1.3
Ansätze zur Steigerung von Flexibilität und Marktorientierung in der Montage

Den Anforderungen an Flexibilität und Marktorientierung werden nur wenige Montagesysteme gerecht. Welche Ansatzpunkte bieten sich also an, um den aufgezeigten Forderungen Genüge zu leisten? Dazu ist es zunächst notwendig, die Montage als komplexes, sozio-technisches System zu begreifen. In diesem interagieren Menschen mit Maschinen, Betriebsmitteln und Informationen, um eine Arbeitsaufgabe zu bewältigen. Die hohe Vernetzung zwischen Montagesystemelementen lassen es nur schwer zu, Voraussagen über das dynamische Verhalten des Gesamtsystems zu treffen. Dieser Sachverhalt ist mit dem Begriff der Komplexität belegt. Es ist eine ganzheitliche Sicht erforderlich, um alle ergebnisrelevanten Einflußgrößen zu identifizieren. Eine solche integrale Betrachtungsweise kann gelingen, indem verschiedene Blickwinkel identifiziert und deren Vernetzung sowie situative Gewichtung analysiert werden.

In Abb. 1.2 sind vier Blickwinkel dargestellt, denen verschiedene Ansatzpunkte zur Steigerung von Flexibilität und Marktorientierung zugeordnet werden.

1.3.1
Blickwinkel Markt und Kunde

Marktbeobachtung: Der Markt unterliegt einem ständigen Wandel. Um rechtzeitig auf Änderungen vorbereitet zu sein, sind die Trends der Marktentwicklung frühzeitig zu analysieren. Dies kann durch kontinuierliche Markterhebungen, einen intensiven Kundenkontakt sowie durch systemgestützte Auswertungen statistischer Daten erfolgen. Als wertvolles Hilfsmittel hierzu gilt insbesondere das Benchmarking. Alle Anstrengungen müssen dem Ziel dienen, frühzeitig Handlungsbedarfe zur Umgestaltung der Montage aufzudecken und somit ein kontinuierliches Angleichen an aktuelle Markt- und Kundenanforderungen zu ermöglichen.

Auskunftsfähigkeit: Die Auskunftsfähigkeit gegenüber dem Kunden bedeutet mehr, als nur allgemeine Informationen über Produkt, Herstellungsprozeß und Unternehmensleitsätzen zur Verfügung zu stellen. Sie beinhaltet ein aktives Beschäftigen mit dem Kunden sowie seinen Anforderungen. Dies wird unterstützt durch leistungsfähige Planungssysteme. Der Kunde legt in Kommunikation mit solchen Systemen sein Produkt, den Preis und Liefertermin fest und erhält jederzeit Auskunft über den Status seines Auftrags. Auftragsänderungen sind möglich und werden hinsichtlich ihrer Auswirkungen beschrieben.

Kooperationen: Bereits im Vorfeld von Produktentwicklungen werden unternehmensinterne und -externe Systemlieferanten zur gemeinsamen Entwicklung einbezogen, um die Schnittstellen zwischen Fertigung und Montage flexibel zu gestalten. Standardisierte Bausteinlösungen, eine informationstechnische Anbindung via Supply Chain Management und Kapazitätsausgleiche über Unternehmensgrenzen hinweg sind Möglichkeiten, den kurzfristigen Marktschwankungen effektiv zu begegnen. Ebenso muß eine enge Zusammenarbeit zwischen Montage und Konstruktion angestrebt werden, um einen montagegerechten Produktaufbau zu gewährleisten und Serienanläufe zu verkürzen.

Abb. 1.2. Ansatzpunkte einer flexiblen und marktorientierten Montage

1.3.2
Blickwinkel Steuerung und Logistik

Flußorientierte Ablauforganisation: Eine flußorientierte Ablauforganisation zeichnet sich durch hohe Integration erzeugnisbezogener Arbeitsschritte aus. Als Folge sind sehr kurze Montagezeiten und niedrige Bestände realisierbar, es werden jedoch auch hochqualifizierte Mitarbeiter benötigt. Da in der Montage nicht mit längeren, technologischen Prozeßzeiten wie bspw. Aushärten oder Abkühlen zu rechnen ist, kann nahezu zwischenlagerfrei gearbeitet werden.

Informations- und Kommunikationstechnik: Die Planung und Steuerung der Montage muß im Kontext der vor- und nachgelagerten Wertschöpfungs- und Dienstleistungsprozesse erfolgen. Als Hilfsmittel werden dazu moderne PPS- und ERP-Systeme eingesetzt. Der damit erreichte Gewinn an Transparenz wirkt sich positiv auf die Stabilität der Montageprozesse aus und verringert Such- und

Dokumentationsaufwände. Darüber hinaus können multimediale Arbeitsanweisungen bei komplexen und hochvarianten Montageabläufen Unterstützung liefern und die Einarbeitungen neuer Mitarbeiter oder die Einführung neuer Produkte erleichtern.

Entscheidungsunterstützung: Die Entscheidung, welche Maßnahmen bei Änderungen am Auftragsbestand zu treffen sind, setzen das Wissen um komplexe Zusammenhänge voraus. Durch eine informationstechnische Beschreibung und Bewertung sowie durch simulatives Bewerten verschiedener Szenarien lassen sich aktuelle Handlungsbedarfe und zielführende Handlungsstrategien ermitteln.

1.3.3
Blickwinkel Personal und Ressourcen

Teilautonome Arbeitsorganisation: Eine zeitgemäße Arbeitsorganisation zeichnet sich durch die Übertragung von Führungsaufgaben an die operativen Mitarbeiter aus. Diese Aufgaben umfassen die Planung, Steuerung und die Kontrolle der von den Mitarbeitern selbst ausgeführten Prozesse, womit bereits ein großer Schritt in Richtung Teilautonomie getan wird. In Erweiterung dazu sieht die Fraktale Unternehmensphilosophie auch die Selbstorganisation der Mitarbeiter vor, die in Abhängigkeit der anfallenden Arbeitsvolumina selbstverantwortlich ihre Arbeitseinteilung und Arbeitszeiten festlegen (Warnecke 1993, Sihn 1995). Auf kurzfristige Änderungen im Auftragbestand müssen die Mitarbeiter selber reagieren und Maßnahmen einleiten, woraus eine erhebliche Komplexitätsreduktion für die gesamte Produktion resultiert.

Angemessene Kompetenzen: Mitarbeiter können veränderten technischen und arbeitsorganisatorischen Anforderungen gegenüber nur gerecht werden, wenn sie die Möglichkeit und die Unterstützung haben, ihr Wissen und ihre Qualifikationen aufrecht zu erhalten und weiter zu entwickeln. Hierbei geht es nicht nur um die rein fachlichen Kenntnisse oder um die sozialen und kommunikativen Befähigungen, sondern auch um die Fähigkeit, neue Aufgaben und offene, nicht geregelte Situationen zu verstehen und eigenverantwortlich zu bewältigen.

Technologische Entwicklungen: Innovative Produktionstechnologien sowie Produktwerkstoffe erlauben Kostenersparnisse und sichern Qualitätsvorsprünge. In Verbindung mit Sensorik und Aktorik kann technische Intelligenz dazu genutzt werden, die Einfahrphasen drastisch zu verkürzen und hohe Stückzahlen kostengünstig zu montieren (Westkämper 1997). Gerade in der flexiblen Montage ist jedoch immer wieder abzuwägen, welche Arbeitsschritte automatisiert werden können, ohne dabei die Wirtschaftlichkeit negativ zu beeinflussen.

1.3.4
Blickwinkel Leistung und Kosten

Kennzahlensysteme: Durch den Vergleich branchen- und/oder funktionsähnlicher Montagebereiche sind Potentiale zur Kosteneinsparungen erkennbar. Mit standardisierten Kriterienvergleichen in Form von Benchmarking-Tests lassen sich nichtwertschöpfende Prozesse identifizieren und Verbesserungspotentiale aufzeigen.

Prozeßkostenmanagement: Die Auswahl der geeigneten Montagestrukturen muß sich letztendlich an der Wirtschaftlichkeit ausrichten – eine Bewertung der Kosten- und Leistungseffekte ist erforderlich. Die Montageplanung nimmt dabei primär auf die Kostensituation im Unternehmen Einfluß, so daß Transparenz hinsichtlich der Kostenwirkungen alternativer Montagekonzepte zu schaffen ist. Im Vordergrund stehen die Auswirkungen auf die in den montageunterstützenden Bereichen – z.B. in der Montagesteuerung, im Vertrieb oder im Qualitätsmanagement – ablaufenden Prozesse.

1.4
Überblick über die Buchstruktur

Die oben genannten Blickwinkel zeigen vielversprechende Möglichkeiten auf, wie Flexibilität und Marktorientierung von Montagesystemen gesteigert werden können. In diesem Rahmen wurden von den Autoren Projekte mit verschiedenen Industriepartnern durchgeführt. Die bei der fachlichen und methodischen Begleitung gesammelten Erfahrungen – aber auch die jeweiligen konzeptionellen Grundlagen – sollen mit dem vorliegenden Buch einer breiten Leserschaft zugänglich gemacht werden. Die sich ergebende Zuordnung der Kapitel zu den unterschiedlichen Blickwinkeln zeigt Abb. 1.3. Mit der Vermittlung des methodischen Rüstzeugs für die Montageplanung nimmt Kap. 2 hierbei eine Sonderstellung ein.

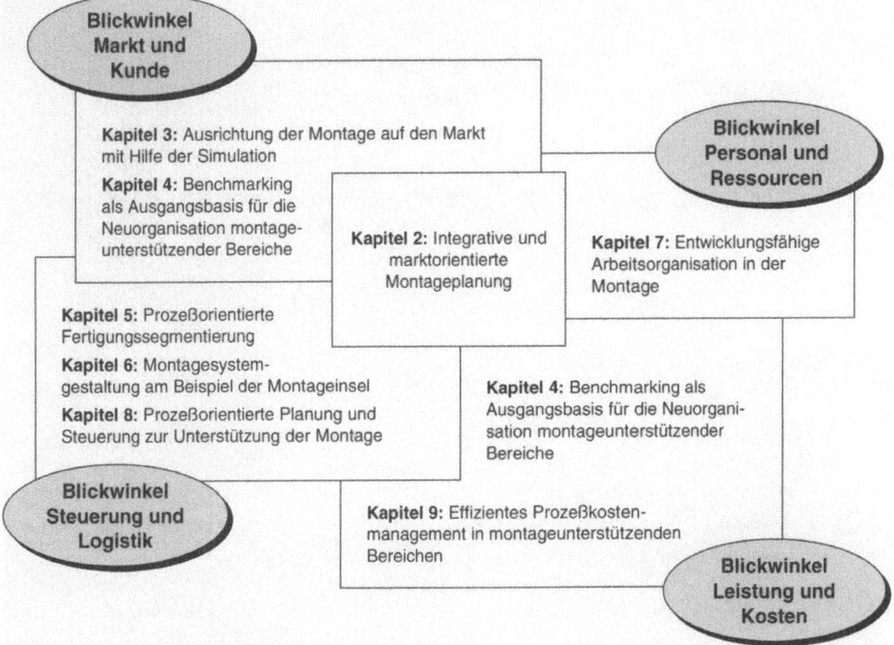

Abb. 1.3. Inhaltliche Buchstruktur

Literatur

Reinhart, G.; Schneider, B.: Montage. In: Handwörterbuch der Produktionswirtschaft. 2. Aufl., Stuttgart: Schäffer-Poeschel, 1996.

Sihn, W.: Unternehmensmanagement im Wandel: Erfolg durch Kunden-, Mitarbeiter- und Prozessorientierung. München; Wien: Hanser, 1995.

VDI Richtlinie 2860: Montage- und Handhabungstechnik. Düsseldorf: VDI

Warnecke, H.-J.: Revolution der Unternehmenskultur: Das Fraktale Unternehmen. 2. Aufl., Berlin u.a.: Springer, 1993.

Westkämper, E.: Fabriken der neuen Generation. In: Westkämper, E.; Schraft, R.D. (Hrsg.): Hochintegriert und hochintelligent: Fabriken der neuen Generation: 5. Stuttgarter Innovationsforum, 2. und 4. Juni 1997, Stuttgart 1997, S. 9-22.

2 Integrative und marktorientierte Montageplanung

PATRICK BALVE, PETER J. RALLY

2.1 Aufgaben und Ziele der Montageplanung

Immer wieder werden in der Literatur und auf Vortragsveranstaltungen innovative, leistungsfähige Montagesysteme vorgestellt. Kommt man jedoch mit der „breiten Masse" der Montagesysteme in kleinen und mittleren Unternehmen in Deutschland in Kontakt, so zeigen sich erhebliche Defizite bei der innerbetrieblichen Logistik, bei den Kostenstrukturen oder bei den Qualifizierungsmöglichkeiten der Mitarbeiter. Diese Defizite bei den Montagesystemen lassen sich in vielen Fällen auf eine unzureichende Durchgängigkeit und fehlende Zielausrichtung des eingesetzten Planungsansatzes zurückführen.

2.1.1 Traditioneller Betrachtungsfokus

Marktorientierung und Marktbezug sind die Fundamente unseres Wirtschaftssystems. Der Wandel des Marktes in ein immer dynamischeres und turbulenteres Gebilde macht jedoch diesen Marktbezug immer schwieriger. Ungenaue Vertriebsvorhersagen als auch ein stetiger Rückgang der Losgrößen in den Montagen führen dazu, daß die operative Ebene diese Ungenauigkeit durch eine hohe Reaktionsfähigkeit abfedern muß. Dies gelingt in stark arbeitsteiligen und damit schnittstellenintensiven Organisationsstrukturen nur unter extrem hohen Anstrengungen seitens der Mitarbeiter sowie über eine verstärkte Lagerhaltung der Produkte – mit allen negativen Folgen wie hohen Bestandskosten sowie Such- und Verwaltungsaufwänden (Bullinger 1995).

Gerade die Tatsache, daß sich bei einer nicht anforderungsgerecht ausgelegten Montage zahlreiche Schwachstellen zeigen, legt den Gedanken nahe, daß wir es bei der Montageplanung mit einer komplexen, ganzheitlichen Gestaltungsaufgabe zu tun haben. Gerade die Einsicht, daß ein technikzentrierter Planungsansatz nur in Ausnahmefällen zu einem optimalen, das heißt technisch-organisatorische und personelle Aspekte berücksichtigenden Montagesystem führt, hat sich zwar akademisch etabliert, die betriebliche Praxis wird aber nach wie vor von dem Vorgehen „Erst Technik, dann Umfeld" dominiert. In den Pflichtenheften nehmen die Anforderungen an Montagetechnik, Montageverfahren und -ablauf folglich einen großen Raum ein. Der Gestaltung von mindestens ebenso wichtigen Aspekten wie der Arbeitsorganisation, den Arbeitsaufgaben und -inhalten sowie der Berücksichtigung der veränderten qualifikatorischen Anforderungen und logistischen

Randbedingungen kommt somit nur eine untergeordnete oder nachrangige Bedeutung zu. Strategische Aspekte oder etwa eine marktorientierte Zielausrichtung des zu gestaltenden Systems kommen dabei ebenfalls merklich zu kurz. Infolge der geschilderten Einseitigkeit des Planungsprozesses kann das Planungsergebnis nur suboptimal sein.

Das Manko in den Betrieben liegt darin, daß die vorhandenen Planungskapazitäten zum einen kaum Erfahrungen mit ganzheitlichen, prozeß- und funktionsübergreifenden Planungsansätzen haben und zum anderen meist so knapp dimensioniert sind, daß Montageplanung häufig eine Zusatzaufgabe zum Tagesgeschäft ist. Um eine Neuplanung möglichst ohne größere Konflikte, die zumeist als zusätzliche Belastung angesehen werden, durchzuführen, orientiert sich die Zusammensetzung der Planungsgruppe in der Regel an den tradierten arbeitsteiligen Strukturen des Betriebes. Die Folge ist immer eine Montage, die weit unterhalb ihres grundsätzlich möglichen Leistungspotentials verbleibt.

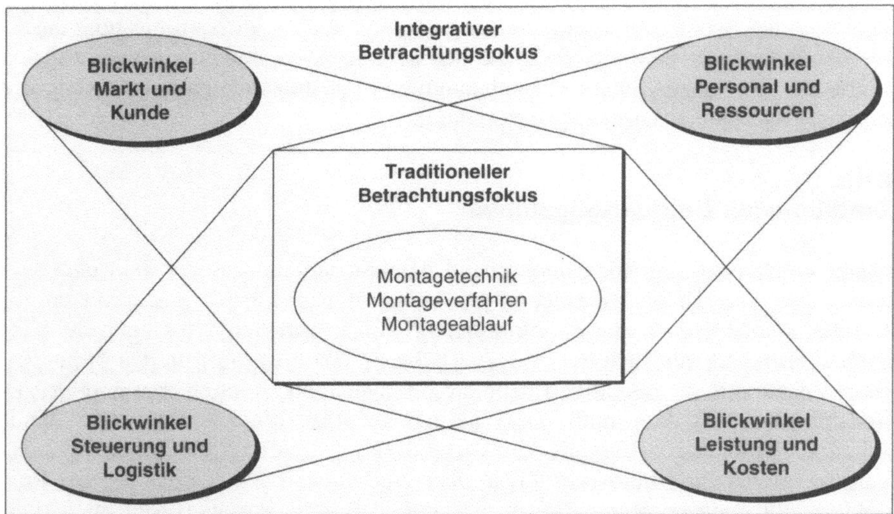

Abb. 2.1. Traditioneller und integrativer Betrachtungsfokus der Montageplanung

2.1.2
Integrativer und marktorientierter Ansatz

Die aktuellen Bestrebungen, in der Montage flexible und hochvariable Strukturen zu erreichen, verbinden sich also zunehmend mit der Einsicht, daß dies nur mit einem ganzheitlichen Planungsansatz möglich ist. Dieser Ansatz muß außerdem über die Grenzen des zu gestaltenden Montagesystems hinausgehen und dabei die Ziele des Gesamtunternehmens sowie letztendlich des zu bedienenden Marktes integrieren. Daraus ergibt sich im vorliegenden für die Montageplanung, daß

- die Anforderungen an Produktion und Montage aus dem Marktumfeld und der Unternehmensstrategie abzuleiten und mit anderen Funktionsstrategien zu synchronisieren sind. Dieser Planungsprozeß muß als kontinuierlicher Lernprozeß implementiert werden.
- eine konsequente Produktionssegmentierung nach kundenrelevanten Kriterien für die gesamte Prozeßkette zu errichten ist.
- die Marktanforderungen in die Gestaltung des Montagesystems und der montageunterstützenden Prozesse einbezogen werden. Besonders die Anforderungen hinsichtlich Mengen- und Variantenflexibilität sowie Zeit müssen bei der Ableitung der Steuerungsstrategien und Methoden der organisatorischen Montagesteuerung berücksichtigt werden.
- eine integrative Berücksichtigung quantitativer und qualitativer Faktoren bei der Wirtschaftlichkeitsbeurteilung ermöglicht wird.
- neben der ökonomischen und technischen Optimierungen auch eine personalorientierte Bewertung der Montagestrukturen durchgeführt werden muß.
- zur Steigerung der strukturellen Flexibilität und zur Verwirklichung selbststeuernder Arbeitssysteme eine konsequente Dezentralisation von Kompetenzen und Verantwortungen erfolgt.

Die Gestaltungsmaßnahmen greifen somit nicht nur an den einzelnen Arbeitsplätzen an, sondern nehmen die Strukturierung des gesamten Arbeitssystems und die Anbindung an die gesamtbetriebliche Organisation in den Betrachtungsfokus auf. Das heißt, nicht nur Montagtechnik, Montageverfahren und Montageablauf werden betrachtet, sondern es sind gleichzeitig auch die Arbeitsaufgabenbildung, Fragestellungen des Qualitätsmanagements, der Logistik, die Schnittstellengestaltung, Möglichkeiten der Höherqualifizierung und die Integrationsmöglichkeiten von indirekten Bereichen zu verfolgen. Abbildung 2.1 zeigt den traditionellen und den integrativen Betrachtungsfokus der Montageplanung im Überblick.

Integrative Montageplanung ist also ein Ansatz, der die unterschiedlichen Blickwinkel im Unternehmen in die Systemgestaltung einbezieht. Ein entsprechend aufgesetzter Planungsprozess wird sich, um erfolgreich zu sein, zwangsläufig an mehrdimensionalen Zielsetzungen orientieren müssen. Das bedeutet: *Integrative Montageplanung führt zu integrativen Montagesystemen.* Um hierbei im Einvernehmen mit den anderen Unternehmensbereichen zu bleiben, richtet sich die Montageplanung an den übergeordneten Unternehmenszielen aus. Dies ist jedoch nur möglich, wenn das Unternehmen bereits über ein durchgängiges, handlungsleitendes Zielsystem verfügt. Wo dieses fehlt, muß es vor Beginn der eigentlichen Planungstätigkeiten erarbeitet werden.

2.2
Einsatz von Zielsystemen

In jedem Unternehmen verfolgen die Mitarbeiter und Mitarbeitergruppen für sie als vorteilhaft erkannte Ziele. Angesprochen sind hiermit explizite Ziele in Form betriebswirtschaftlicher Kenngrößen (Umsatz, Umsatzwachstum, Rendite usw.) als auch qualitative und eher implizite Ziele wie bspw. das Streben nach Selbstverwirklichung. Gelingt es, diese zunächst inhomogenen Ziele aufeinander abzustimmen und in Form einer Zielhierarchie anzuordnen, dann spricht man von einem Zielsystem. Ein solches Zielsystem spiegelt damit wider, wie sich das Unternehmen als Kollektiv seine persönliche Zukunft vorstellt, welche Zustände als erstrebenswert erachtet werden und welche nicht.

An die Formulierung von Zielen sind bestimmte methodische und inhaltliche Anforderungen zu stellen. Demzufolge müssen Ziele

– realistisch, aber dennoch anspruchsvoll sein,
– von allen akzeptiert und verstanden werden,
– genau beschrieben sein,
– meßbar und
– zeitlich begrenzt sein.

2.2.1
Erstellen eines Zielhandbuchs

Da fehlende, unscharf formulierte oder inkonsistente Ziele immer negative Auswirkungen auf den gesamten Planungsverlauf sowie das Endergebnis haben, wird im folgenden ein erprobter Weg beschrieben, wie bereits zu Beginn eines Montageplanungsprojektes ein leistungsfähiges Zielsystem aufgestellt werden kann. Das Vorgehen besteht aus insgesamt vier Schritten und mündet in der formalen Verankerung der Ziele in einem für alle an der Montagplanung Beteiligten verbindlichen Zielhandbuch (Abb. 2.2).

Der *Anstoß* einer Zielplanung ist als Initialzündung des gesamten Montageplanungsprozesses zu verstehen. Häufig überwiegt zu diesem Zeitpunkt das Gefühl, es müsse „etwas getan" werden, ohne es näher konkretisieren zu können. Es häufen sich Probleme direkt in der Montage oder im Montageumfeld und in der Regel leiden die Kunden unter verspäteten Lieferungen und schlechter Qualität. Jetzt auf schnelle Lösungen zu drängen, würde mit Sicherheit eine „Verschlimmbesserung" bedeuten, da eine Ursachen-Wirkungs-Analyse ohne fundierte Einbettung in den Markt- und Unternehmenkontext nicht möglich ist. Fordert man wirklich neue Lösungen und Ansätze, dann muß strukturiert vorgegangen werden.

Im ersten Schritt stehen zunächst *normative Aussagen* über die Werte und Absichten des Unternehmens im Vordergrund. Wann immer möglich, sollten diese in einem prägnanten Unternehmensleitbild verdichtet werden. Überwiegt eine zukunftsorientierte Grundeinstellung, bietet sich die Formulierung einer motivierenden Unternehmensvision an.

Der zweite Schritt dient der Sensibilisierung für die Ansprüche des *Unternehmensumfelds* mit seinen verschiedenen *Interessensgruppen*. Es gilt zu ermitteln, welche internen und externen Einflußfaktoren für das Unternehmen im allgemeinen relevant sind und welche speziell für die Montage gelten. Wo immer möglich, sollten bereits hier konkrete Aussagen hinsichtlich geforderter Kosten- und Leistungsgrößen getroffen werden. Der in Kap. 3 gezeigte Ansatz erlaubt es sogar, die dynamischen Wechselwirkungen zwischen Montageleistung, Markt und Wettbewerbern zu analysieren.

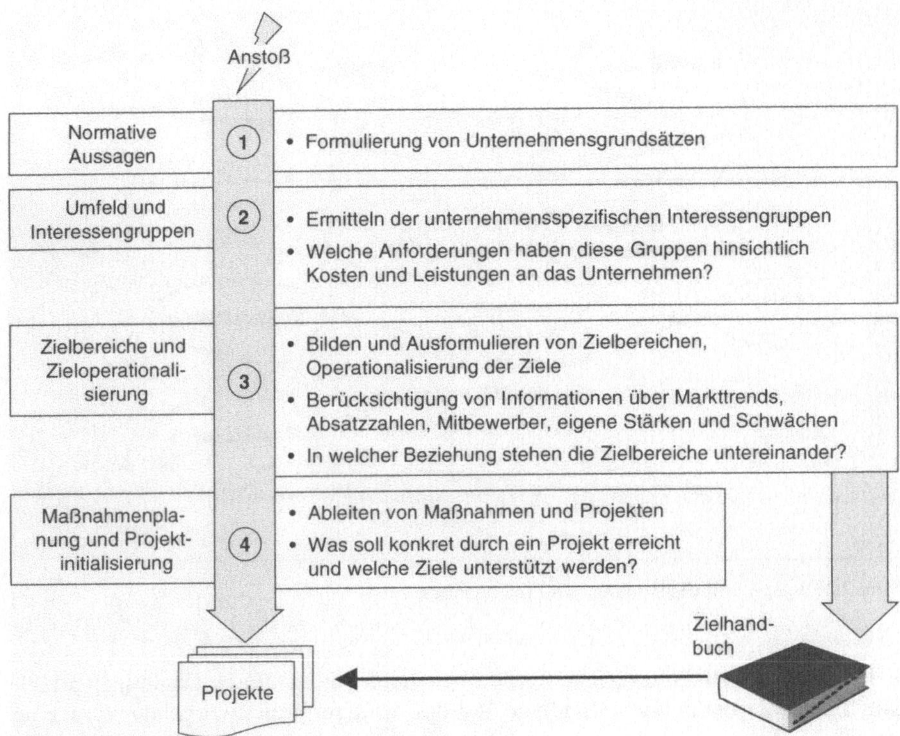

Abb. 2.2. Bildung und Verwendung eines Zielsystems

Im Anschluß daran werden *Zielbereiche* gebildet und davon diejenigen für eine weitere Konkretisierung herausgegriffen, denen man die höchste Priorität einräumt. Dabei fließen Informationen über aktuelle Markttrends, Mitbewerber sowie das eigene Stärken-Schwächen-Profil mit ein. Ein Projektbeispiel für die Bildung von Zielbereichen zeigt Abb. 2.3. Darin wird deutlich, daß an oberster Stelle der Zielhierarchie die Anforderungen des Marktes respektive der Kunden in Verbindung mit den Forderungen der Geldgeber stehen. Daraus entwickeln sich die anderen Zielbereiche wie die Produktmengen und Mengenflexibilität, die Ziele für die interne Kostenstruktur usw. Im gezeigten Beispiel wird der Unternehmenskultur eine besondere Schlüsselstellung eingeräumt, indem sie in Beziehung zu allen anderen abgeleiteten Zielbereichen gesetzt wird. Nachdem der Zielbildungsprozeß für das Unternehmen erfolgt ist, wird eine Operationalisierung für den zu gestaltenden Montagebereich vorgenommen. Dabei wird die geforderte Produkt- und Mengenflexibilität in Verbindung mit den Lieferzeiten festgelegt. Es sind Aussagen zur gegenwärtigen und angestrebten Montagequalität sowie zu der zu realisierenden Kostenstruktur der zukünftigen Montage zu treffen. Der Zielbereich Organisation/Mitarbeiter konzentriert sich auf die erforderlichen Randbedingungen, die für einen reibungslosen Informationsfluß sowie die Motivation und Qualifikation der Mitarbeiter in der Montage gegeben sein müssen.

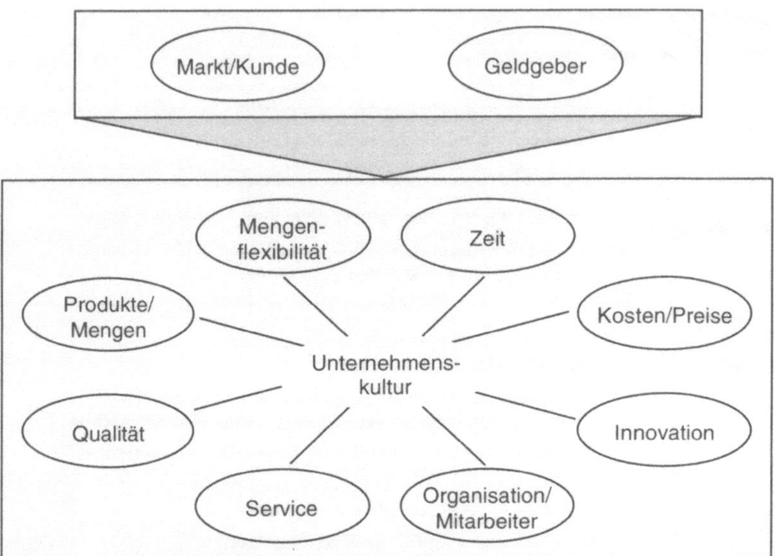

Abb. 2.3. Beispiel für die Bildung von Zielbereichen

Die so konkretisierten Ziele werden in einem *Zielhandbuch* zusammengefaßt. Mit dieser verbindlichen Grundlage für das weitere Projektvorgehen wird eine tragfähige Basis zur gemeinsamen Zielausrichtung aller an der Montageplanung beteiligten Mitarbeiter geschaffen. So zentral auch das Aufstellen eines solchen Handbuchs ist, umso wichtiger ist dessen Einbindung in eine umfassende Informations- und Kommunikationsstrategie. Die im obersten Führungskreis aufgestellten Ziele müssen mit den Mitarbeitern diskutiert und ggf. revidiert werden können. So können neue Erkenntnisse zu einem späteren Zeitpunkt durchaus zu Zieländerungen oder Prioritätsverschiebungen führen, die dann ein Aktualisieren der Zielwerte erfordern. In jedem Fall gilt jedoch: Nur verstandene und prinzipiell als notwendig und realisierbar erkannte Ziele werden von der breiten Mitarbeiterbasis auch akzeptiert und unterstützt.

Im vierten Schritt erfolgt die *Maßnahmenplanung* als Folge einer festgestellten Differenz zwischen Anforderungen an die Montage und ihrer aktuellen Leistungsfähigkeit. Wo Maßnahmen in konkrete Projekte münden, muß auch gesagt werden, welcher Zielbeitrag durch deren erfolgreiche Durchführung jeweils erbracht wird. Zur Beantwortung dieser Frage kann ebenfalls das Zielhandbuch herangezogen werden, wobei die dort spezifizierten Werte für das jeweilige Teilprojekt weiter zu operationalisieren sind (Abb. 2.4). Wird bspw. eine Auftragsdurchlaufzeit von 9 Arbeitstagen gefordert, so könnten davon 2 Arbeitstage auf administrative und dispositive Tätigkeiten entfallen, 5 Arbeitstage auf die Teilefertigung und die verbleibenden 2 Arbeitstage auf die Montage und das Herstellen der Versandbereitschaft. Somit ergäben sich hinsichtlich der Zielgröße Durchlaufzeit konkrete Vorgaben für die Teilprojekte *Montagesystemgestaltung, prozeßorientierte Segmentierung* sowie *Planung und Steuerung*.

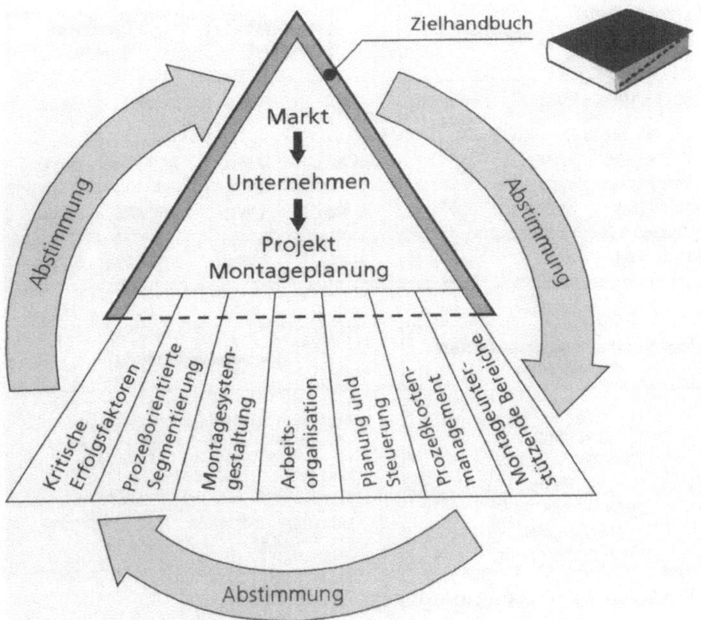

Abb. 2.4. Das Zielhandbuch als Ausgangsbasis für die Montageplanung

2.2.2
Mengen- und Zeitflexibilitätsziele

Im Zentrum der marktorientierten Montageplanung müssen vom Markt abgeleitete Flexibilitätsziele in den Bereichen Produktmengen, Produktvarianten sowie Zeit stehen. Diese wesentlichen Inhalte eines Zielhandbuchs werden zur besseren Illustration im folgenden anhand des in Abb. 2.5 gezeigten Projektbeispiels besprochen.

Als Ausgangsbasis der kapazitiven Anforderungen an die Montage dient die Übersicht über die Hauptproduktgruppen sowie deren Absatzmengen. Durch intensiven Dialog mit dem Vertrieb werden nicht nur die vergangenen und für das laufende Jahr geplanten Geräte-Verkaufszahlen zugeordnet, sondern es wird auch ein begründetes Urteil über die zukünftigen Verkaufschancen gefällt. Der somit formulierte Verkaufstrend gibt bereits erste Hinweise auf die bei der Montageplanung zu berücksichtigen, strategischen Ausbaupotentiale. Eine weitere zentrale Leistungsgröße eines Unternehmens ist die Lieferzeit, ausgedrückt in Arbeitstagen oder Wochen ab Bestelleingang. Diese Kenngröße muß jedoch in zwei Richtungen weiter detailliert werden: Unterstellt man eine geforderte Liefertermintreue von annähernd 100%, so macht es zunächst Sinn, zwischen der Lieferzeit von Standard-Produkten einerseits und Sondervarianten andererseits zu unterscheiden.

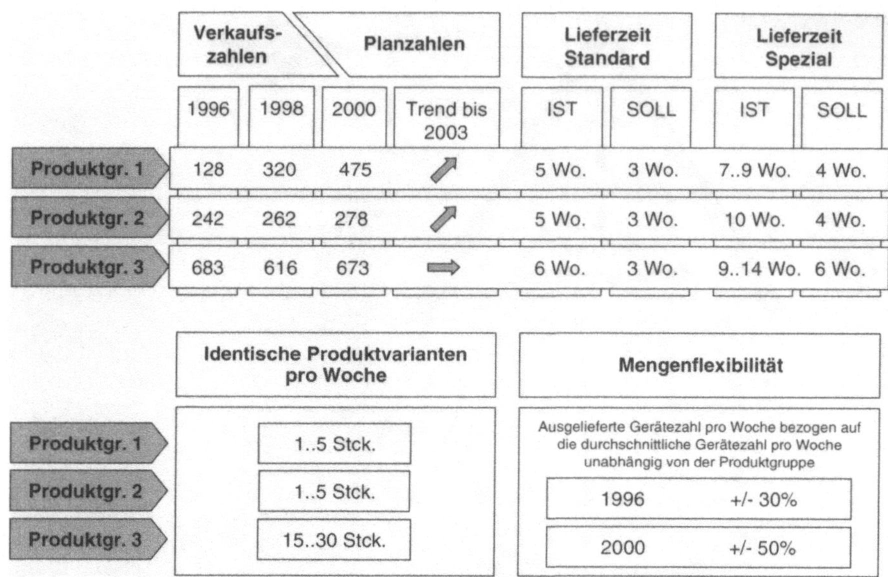

Abb. 2.5. Beispiel für Produktmengen- und Zeitflexibilität (Werte modifiziert)

Diese Werte können sich je nach Produktgruppe oder -variante unterscheiden und sind, wie oben schon dargestellt, auf die einzelnen Betriebs- und Verwaltungsbereiche zu beziehen. Für die Montage verbleibt damit z.B. nur noch ein Anteil an der Gesamtlieferzeit von 2 Arbeitstagen. Erst im Anschluß kann eine Aussage über die gegenwärtige und geforderte Mengenflexibilität in der Montage gemacht werden. Implizit ist man sich damit bewußt, daß diese Flexibilitätsangabe, hinter der sich letztendlich die Dimensionierung von Kapazitäten, Arbeitszeitmodellen usw. verbergen, in Ansätzen auch für die vorgelagerten Produktionsbereiche gilt. Bei der Angabe der geforderten Mengenflexibilität ist auf eine präzise Formulierung unter Nennung der Bezugsgrößen zu achten; folglich ist in dem in Abb. 2.5 gezeigten Praxisbeispiel die Varianz auszuliefernder Geräte pro Woche von ± 50% auf die durchschnittliche Gerätezahl pro Woche bezogen, und zwar unabhängig von der Produktgruppe (wobei auch eine differenzierte Aussage möglich gewesen wäre).

Ein weiterer Punkt, der in diesem Rahmen besprochen werden muß, ist die Frage der Losgrößen in der Montage und der saisonalen Verteilung der Lieferungen. Eine große Anzahl identischer Geräte innerhalb eines Bezugszeitraums steigert den möglichen Routinisierungsgrad in der Montage, wirkt entspannend auf die Zeit- und Mengenziele und erhöht in der Regel die Effizienz. In dieselbe Richtung kann eine bekannte und jährlich wiederkehrende saisonale Nachfrageverteilung wirken. Im gezeigten Beispiel waren jedoch keine saisonalen Regelmäßigkeiten im Nachfrageverhalten erkennbar und die Möglichkeit, Wiederholeffekte über identische Geräte abzuschöpfen, wurde als nur sehr eingeschränkt eingeschätzt.

2.3
Projektmanagement bei der Montageplanung

Nachdem die Ziele der Montageplanung in einem Unternehmen erarbeitet und in Form eines Zielhandbuchs dokumentiert worden sind, kann mit der eigentlichen Neugestaltung des Montagesystems begonnen werden. Wie oben dargelegt, handelt es sich hierbei um eine durch hohe Interdisziplinarität und Komplexität gekennzeichnete Aufgabe. Dies ist ursächlich auf die starke inhaltliche Verknüpfung der Gestaltungsobjekte untereinander, aber auch auf zahlreiche soziale und emotionale Momente zurückzuführen, die eine ganzheitlich angelegte Montagegestaltung mit sich bringt. Ein unverzichtbares Hilfsmittel zur Bewältigung dieser Komplexität stellt das Projektmanagement dar. Ein Projekt kann dabei als Vorhaben verstanden werden, welches im wesentlichen durch den temporären Charakter des ihm zugrundeliegenden Bedingungsgefüges gekennzeichnet ist und in diesem Rahmen spezifische Ziele verfolgt. So weist auch die Montagplanung alle wesentlichen Merkmale eines Projekts auf (DIN 69 901):

– Inhaltliche Zielvorgaben – abgeleitet aus den Unternehmenszielen und festgehalten im Zielhandbuch.
– Zeitliche, finanzielle, personelle oder andere Einschränkungen – es steht fest, welche Ressourcen das Unternehmen für den Planungsprozeß zu investieren bereit ist und in welchem Zeitraum mit den Ergebnissen gerechnet wird.
– Abgrenzung gegenüber anderen Vorhaben – die Montageplanung hat spezifische Ziele und befindet sich außerhalb des operativen Tagesgeschäfts.
– Projektspezifische Organisation – die an der Montageplanung beteiligten Mitarbeiter werden nach inhaltlichen Gesichtspunkten in einer zeitlich befristeten Sekundärorganisation zusammengefaßt.

Unter Projektmanagement wird dabei die Gesamtheit von Führungsaufgaben, -organisation, -techniken und -mitteln für die Abwicklung eines Projekts verstanden (DIN 69 901). Der verantwortliche Projektmanager stellt dabei, kybernetisch gesprochen, den Regler im Projektregelkreis dar. Konzentrierte sich das Projektmanagement traditionell schwerpunktmäßig auf die inhaltliche Steuerung und Kontrolle von Projekten, so erfährt es in jüngerer Zeit zunehmend eine Erweiterung in Richtung eines prozeßorientierten Vorgehens. Insgesamt lassen sich dem Projektmanagement fünf Kernelemente zuordnen (Abb. 2.6): Aus *statischer Sicht* verfügt ein Projekt über eine projektspezifische Aufbauorganisation sowie über einen Projektstrukturplan, der die inhaltlich abzuarbeitenden Aufgaben näher spezifiziert. Aus *dynamischer Sicht* sind diese Arbeitspakete entlang eines Zeitstrahls verteilt und einzelnen Projektphasen zugeordnet. Die Prozeßorientierung drückt sich in einer besonderen Berücksichtigung gruppen- und unternehmensdynamischer Phänomene aus. Aufgrund seiner großen Bedeutung für den Erfolg der Montageplanung ist diesem Aspekt ein eigener Abschnitt im Rahmen des vorliegenden Kapitels gewidmet. Die Projektziele für die Montageplanung schließlich wirken integrierend und koordinierend auf die verschiedenen Handlungsfelder im Projekt (Teilprojekte) und beziehen sich sowohl auf die statischen als auch auf die dynamischen Elemente.

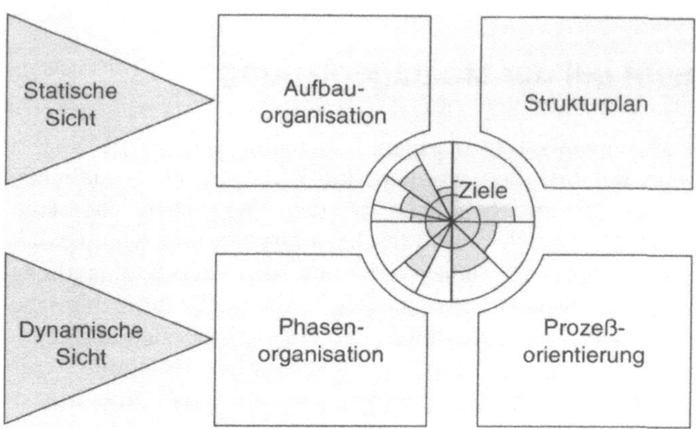

Abb. 2.6. Projektmanagement-Elemente

2.3.1
Projektaufbauorganisation

Die Projektaufbauorganisation legt fest, in welcher Beziehung die am Projekt beteiligten Personen und Parteien zueinander stehen und welche Aufgaben- und Machtverteilung ihnen zukommt. Zu diesem Zweck werden Gremien gebildet und Entscheidungsinstanzen definiert. Die Projektorganisation stellt damit eine zeitlich begrenzte Sekundärorganisation in der gegebenen Primärorganisation eines Unternehmens dar.

Die wesentlichen Elemente der Projektaufbauorganisation, die bereits zu Beginn jedes Projektes berücksichtigt werden müssen, sind der Lenkungsausschuß, die Projektleitung und die Projektteams (Abb. 2.7). Hinzu kommt häufig, wie auch bei den dem vorliegenden Buch vorausgegangenen Projekten, die Integration externer Berater.

Der *Lenkungsausschuß* überwacht als Entscheidungs- und Steuerungsgremium den Projektfortschritt anhand der im wesentlichen von ihm bzw. der Unternehmensspitze gesteckten Ziele. Er ist in der Regel vom Auftraggeber eingesetzt und besteht aus ranghohen Vertretern der am Projekt beteiligten oder vom Projekt betroffenen Bereiche. Sind Auftraggeber und Geschäftsleitung in einer Person vereint, wird diese im Lenkungsausschuß eine Doppelfunktion wahrnehmen. Gerade bei Reorganisationsprojekten ist die Beteiligung des Personalverantwortlichen sowie von Vertretern des Betriebsrates vorzusehen. Wichtig ist, daß in diesem obersten Gremium ausschließlich Promotoren und Befürworter des Projektes sitzen.

Die operative Leitung des Projektes obliegt dem *Projektleiter*. Er muß fachlich, persönlich, sowie zeitlich in der Lage sein, die verschiedenen Projektteams zu koordinieren, durch Zielvorgaben im vereinbarten Zeit- und Kostenrahmen zu leiten und den Teams die zur Arbeit notwendige Unterstützung zuteil werden zu lassen. Mitarbeiter, auf welche die genannten Punkte nicht zutreffen, sollten von der Geschäftsleitung nicht zum Projektleiter ernannt werden.

Falls sich die aus einer vorangegangenen – oder in eine frühe Projektphase integrierten – Geschäftsprozeßstrukturierung hervorgegangenen Teilprojekte gut voneinander abgrenzen lassen, können die zukünftigen Prozeßverantwortlichen gut als Teilprojekt-Verantwortliche fungieren und den Projektleiter unterstützen. Erfolgt eine starke Einbindung externer Berater in das Projekt, so wird in der Regel die enge Kooperation von zwei Projektleitern nötig. Der externe Projektleiter fungiert dabei als Partner des internen Projektleiters und hat die Aufgabe, sein methodisches sowie inhaltliches Know-How sowie seine Erfahrungen mit vergleichbaren Projekten einzubringen und darüber hinaus sein eigenes Beraterteam zu koordinieren. Ebenfalls ist sein Einsatz als Teilprojektleiter und Workshop-Moderator möglich und häufig auch aus kapazitiven Gründen für das Partnerunternehmen vorteilhaft.

In den *Projektteams*, die aus Mitarbeitern verschiedener Abteilungen sowie Externen zusammengesetzt sind, findet die eigentliche Projektarbeit statt. Von ihnen sind zuerst grundsätzliche Lösungsalternativen zu erarbeiten, die dem Erreichen des Gesamtzieles (der Vision) dienen; später müssen Detailaufgaben übernommen werden, wie sie aus dem Projektstrukturplan hervorgehen. Die direkte Verbindung zu den übergeordneten Instanzen erfolgt über die Teamleiter, die in regelmäßigen Abständen zu einer Besprechung vom zuständigen Projektleiter einberufen werden. Bei kleineren Projekten ist es häufig sinnvoll, daß der zuständige Projektleiter gleichzeitig die Moderatorenrolle in den Projektgruppen wahrnimmt. Die in Abb. 2.7 gezeigten Projektteams werden bei der Montageplanung von einer auf die spezifische Unternehmensfragestellung angepaßten Auswahl der in Abb. 2.4 gezeigten Handlungsfeldern gebildet.

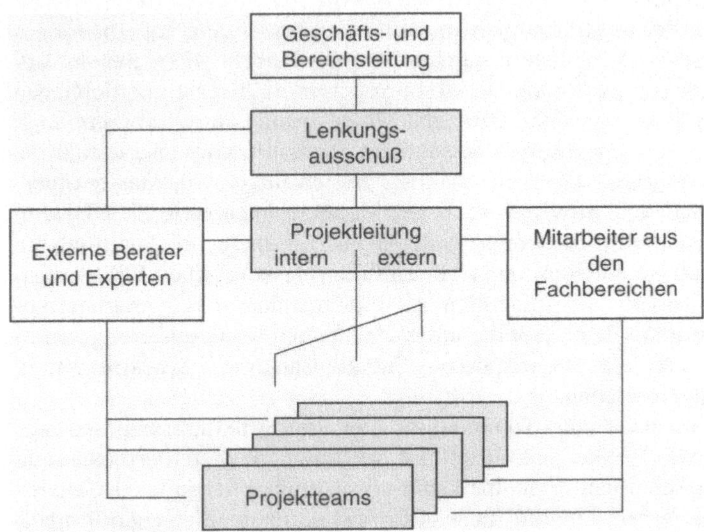

Abb. 2.7. Projektaufbauorganisation

Als weitere beteiligte Partei sind *externe Berater* zu nennen, welche die Arbeit auf allen Ebenen unterstützen und im Sinne einer Prozeßbegleitung häufig eine Mittlerrolle zwischen Projektteams und Geschäftsleitung einnehmen. Werden externe Berater als Moderatoren eingesetzt, so kommt ihnen eine besondere Rolle bei der Weiterentwicklung der Sozialkompetenz und der Lenkung von Gruppenprozessen zu.

2.3.2
Projektstrukturplan

Der Projektstrukturplan ist eine hierarchische Gliederung notwendiger Projektaufgaben. Gerade bei größeren, interdisziplinären und langerfristig angesetzten Projekten unterstützt ein solcher Strukturplan die Übersichtlichkeit des Gesamtprojekts. Zu dessen Erarbeitung wird das Projekt (P) noch vor seinem offiziellen Start in kleine, überschaubare Teilaufgaben (TA) gegliedert, die wiederum auf der untersten Ebene in Arbeitspakete (AP) münden (Abb. 2.8). Arbeitspakete sind dann vollständig beschrieben, wenn sie in folgenden Punkten konkretisiert worden sind (Keßler/Winkelhofer 1999):

– Inhaltliche Aufgabenbeschreibung
– Termine, Kosten sowie geschätzter Bearbeitungsaufwand
– Umfang und Art der Bearbeitung
– Verantwortlicher sowie bearbeitendes Projektteam

Die Arbeitspakete stellen damit eine zentrale Grundlage für die Planung der Projektphasen sowie für die Projektüberwachung hinsichtlich Terminen, Kosten und Ergebnissen dar. Der Projektstrukturplan offenbart ferner Interdependenzen zwischen den verschiedenen Arbeitspaketen, die ebenfalls bei der weiteren Planung zu berücksichtigen sind.

Ein Projekt kann im Projektstrukturplan entweder objektorientiert, aufgabenorientiert oder phasenorientiert gegliedert werden (Daenzer/Huber 1997). Bei der objektorientierten Sicht unterteilt man das Montagesystem nach seinen betrieblichen Funktions- und Aufgabenbereichen, also nach Montagestufe, Arbeitsvorbereitung, Fertigungssteuerung usw. Der aufgabenorientierte Strukturierungsansatz stellt die Schritte in den Vordergrund, die zur Entstehung des jeweiligen Objektes erforderlich sind. Bezieht man dies bspw. auf das in der Montage eingesetzte PPS-System, dann wäre hier zuerst eine Steuerungsstrategie auszuwählen, im Anschluß ein detailliertes Konzept zu erstellen, dann ein anforderungskonformes PPS-System auszuwählen, anzupassen und schließlich zu implementieren. Ein phasenorientierter Projektstrukturplan beschreibt die unterschiedlichen Konkretisierungsstufen im Projektablauf, also die Projektphasen Situationsanalyse, Grobkonzeption, Feinkonzeption und Umsetzung.

In der Praxis wird meist eine Kombination aller drei Strukturierungsalternativen angewandt (Keßler/Winkelhofer 1999). Da bei umfangreicheren Projekten die Anzahl an Arbeitspaketen häufig in eine kaum noch zu überblickende Größenordnung ansteigt, ist es ferner sinnvoll, für jede Projektphase einen eigenen Projektstrukturplan zu erstellen.

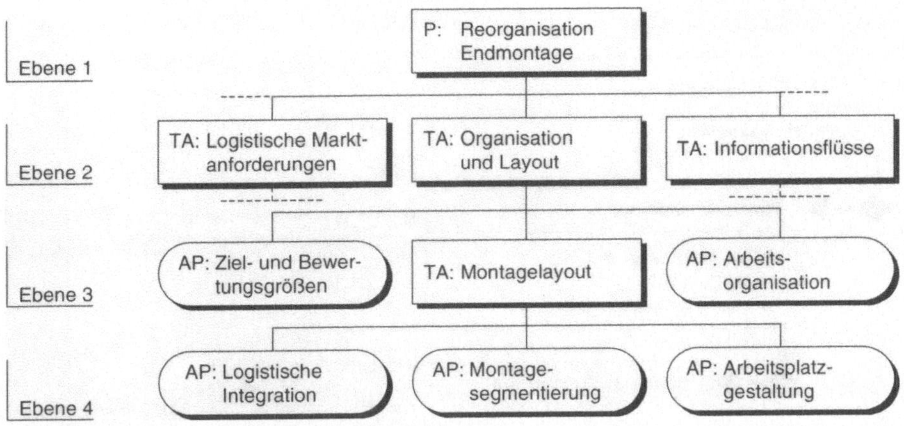

Abb. 2.8. Beispiel für einen Projektstrukturplan

2.3.3
Projektphasenorganisation

Die Strukturierung eines Projektes nach einzelnen Projektphasen ist ein weiterer Ansatzpunkt, um die Komplexität eines umfangreichen Montageplanungsprojekts zu reduzieren.

Abbildung 2.9 zeigt eine typische Projektphasenorganisation, wie sie mit großem Erfolg in den hier vorgestellten Projekten zum Einsatz kam. Der Projektablauf ist dabei als ein dynamischer Prozeß zu verstehen, in dem es durch den ständig wachsenden Erkenntnisstand der Beteiligten immer wieder zu Iterationsschleifen kommen kann. Zwischen den einzelnen Projektphasen ist sogar prinzipiell ein Abbruch des Projektes möglich. Das inhaltliche Aufeinanderfolgen der Phasen 1 bis 4 orientiert sich an dem Grundsatz „Vom Groben zum Detail" (Daenzer/Huber 1997). Dieses auch als Top-Down-Ansatz bezeichnete Vorgehensprinzip beruht auf der Erkenntnis, daß es zu Beginn einer Lösungsentwicklung wenig sinnvoll ist, sich gleich mit Detailfragen zu beschäftigen, solange die grundliegenden, der Detaillösung logisch übergeordnete Fragen noch nicht geklärt sind. Die Vorteile des Top-Down-Ansatzes kommen um so stärker zum Tragen, je größer und komplexer das Planungsvorhaben selbst ist.

Projektdefinition: Ausgangspunkt für die Initiierung eines Projektes ist häufig eine als „schwierige Situation" empfundene Differenz zwischen der aktuellen Leistungsfähigkeit des Unternehmens sowie den Markt- und Kundenanforderungen. Bei Bekanntwerden dieser Probleme sollte sich die Unternehmensführung dazu entschließen, ein Projekt ins Leben zu rufen, welches die genauen Ursache-Wirkungs-Zusammenhänge analysiert und entsprechende Maßnahmen zur Wiederherstellung der Wettbewerbsfähigkeit vorschlägt. In Phase 1 wird ferner formuliert, welche Aufgabe das Projekt genau zu erfüllen hat, welche Betriebs- und Funktionsbereiche oder Prozesse Gegenstand der Betrachtung sein sollen und welche Randbedingungen zunächst als unveränderlich zu akzeptieren sind.

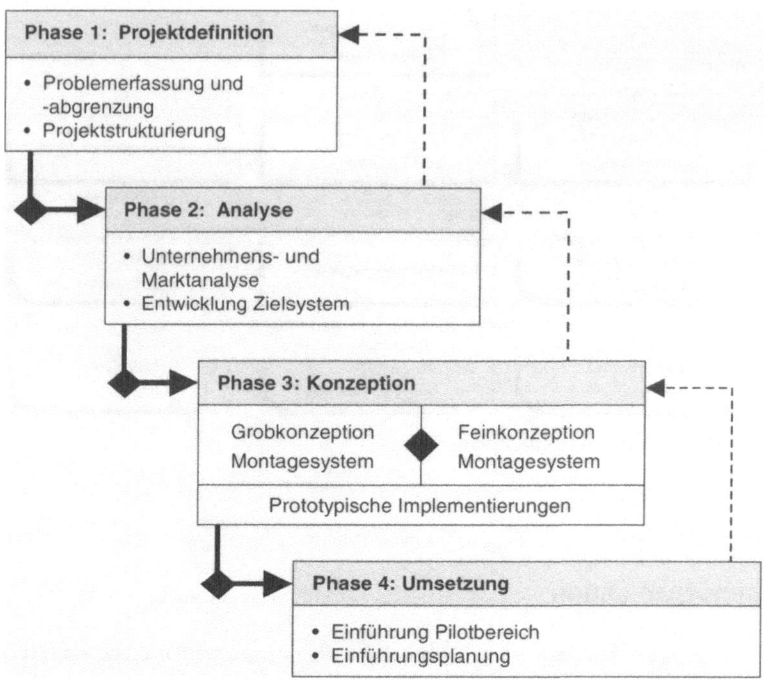

Abb. 2.9. Projektphasen

Diese erste Phase ist auch dann zu durchlaufen, wenn die Montage bereits als Hauptveränderungsobjekt ausgemacht wurde. Sofern noch nicht geschehen, muß hier die inhaltliche, zeitliche und organisatorische Projektstrukturierung vorgenommen werden.

Analyse: Nachdem der Grundstein für das Projekt gelegt wurde, gilt es jetzt, aussagekräftige Analysen über die unterschiedlichen internen und externen Einflußgrößen auf das Unternehmen und das Montagesystem durchzuführen. Den zentralen Einflußfaktor stellt in diesem Zusammenhang der Markt dar. Im vorliegenden Buch werden zwei Möglichkeiten zur Markt- und Unternehmensanalyse vorgestellt: in Kap. 3 die Ermittlung kritischer Erfolgsfaktoren mit Hilfe der Simulation und in Kap. 4 der Vergleich mit anderen Unternehmen mittels Benchmarking. Hinzu kommen in der Analysephase Material- und Informationsflußanalysen für das Montagesystem sowie dessen Umfeld. In allen Fällen ist die Erhebung betriebsinterner und -externer Daten erforderlich. Da die Erfahrung lehrt, daß gerade in mittelständischen Unternehmen die Datenverfügbarkeit häufig ein Problem darstellt, sollte der Zeitplan in diesem Punkt großzügig genug gestaltet werden.

Auf Basis der so ermittelten Problembereiche besteht nun die Aufgabe darin, die Unternehmensstrategie derart zu konkretisieren, daß klare Aussagen hinsichtlich der Projektziele entstehen. Das so erarbeitete und in Form des Zielhandbuchs dokumentierte Zielsystem ist dann verbindliche Planungsgrundlage für alle betei-

ligten Teilprojekte. Sollten zu einem späteren Zeitpunkt (Konzeptionsphase oder während der Implementierung) neue oder bessere Erkenntnisse über Sinnhaftigkeit oder Realisierbarkeit der einmal gesetzten Ziele vorliegen, so muß eine Anpassung derselben in Erwägung gezogen werden. Die Analysephase endet formal mit einer Entscheidung über das weitere Vorgehen im Projekt.

Konzeption: Die Konzeptionsphase unterteilt sich in die zwei Schritte Grobkonzeption und Feinkonzeption. Diesem Vorgehen liegt das Prinzip der Variantenbildung zu Grunde, dessen Kerngedanke darin besteht, sich nicht mit der erstbesten Lösungsidee zufriedenzugeben, sondern sich einen möglichst umfassenden Überblick über Lösungsmöglichkeiten zu verschaffen, die auf einer bestimmten Betrachtungsstufe denkbar sind (Daenzer/Huber 1997). Bei der Grobkonzeption entwickelt und untersucht man dementsprechend prinzipielle Lösungsalternativen und läßt jene ausscheiden, deren Weiterverfolgen aus Sicht vorher definierter Bewertungskriterien als nicht sinnvoll erscheint. Während der Feinkonzeption detailliert man die bis dahin favorisierten Alternativen derart, daß nach Durchlaufen eines weiteren Auswahlprozesses ein umsetzungsreifes Lösungskonzept verbleibt.

Begleitend zur den häufig parallel ablaufenden Konzeptionsphasen mehrerer Teilprojektteams sind bilaterale Abstimmungstreffen erforderlich. Hierbei werden wichtige Informationen über die Wechselwirkungen verschiedener Lösungsansätze mit angrenzenden Teilprojekten gewonnen. Diese können dann in die jeweils eigene Bewertung einfließen und tragen somit zum Entstehen eines Gesamtoptimums bei. Häufig wird es Vorteile haben, ausgewählte Lösungsansätze bereits in der Konzeptionsphase einer prototypischen Implementierung zuzuführen und die dabei gewonnenen Erfahrungen in die Feinkonzeption miteinfließen zu lassen. Dies kann bis zur pilothaften Einführung und Ausgestaltung eines einzelnen Montagesegments einschließlich Arbeitsorganisation und Planungskonzept reichen. Auch Phase 3 schließt mit einer Begutachtung der erreichten Ergebnisse (dem Lösungskonzept) und der formalen Freigabe der nächsten Phase.

Implementierung: Das Montageplanungsprojekt im engeren Sinne endet mit der Implementierung einer erarbeiteten Lösung. Bei der Einführungsplanung kommt es in besonderem Maße darauf an, alle Einflußgrößen und Randbedingungen zu erfassen, welche auf die Implementierung einwirken. Nicht jede Lösung kann in einem einzigen Schritt in die betriebliche Praxis umgesetzt werden. Häufig ist ein stufenweises Vorgehen zu empfehlen, wodurch einerseits das begrenzt vorhandene Personal- und Zeitbudget nur in Maßen beansprucht wird und andererseits mit einer erhöhten Akzeptanz der betroffenen Mitarbeiter durch schnell sichtbare Erfolge zu rechnen ist. In diese Richtung zielt auch das frühzeitige Auskoppeln einzelner Pilotanwendungen und -bereiche (z.B. der Endmontage nur einer Produktlinie mit 15 Mitarbeitern).

Da das vorliegende Buch in erster Linie auf organisatorische Lösungskonzepten im Bereich von Montagesystemen eingeht, entfällt hier eine separate Gestaltungsphase im technischen Sinne. Eine Außnahme bilden betriebswirtschaftliche Softwaresysteme und deren Modulkomponenten, die Voraussetzung für die Funktionstüchtigkeit der erarbeiteten Informationsflüsse sind. Zu nennen sind hier bspw. die Unterstützung von Planungs- und Steuerungsaktivitäten in Vertrieb und Produktion oder die hier vorgeschlagene Form der Prozeßkostenrechnung. In solchen Fällen ist in der Implementierungsphase ein Schritt für die entsprechenden Erstellungs- oder Auswahltätigkeiten vorzusehen.

Das Projekt gilt formal als abgeschlossen, wenn das angestrebte Projektziel erreicht und in die Praxis umgesetzt worden ist. Projektleiter und Projektteam sind vom jeweiligen Auftraggeber zu entlasten und die zu Beginn eingeführte Projektorganisation kann aufgelöst werden.

2.4
Prozeßorientierung bei der Projektdurchführung

Neben den weitestgehend methodisch-instrumentellen Aspekten wie der Projektaufbauorganisation und dem Projektphasenplan, tritt die Prozeßorientierung als wesentlicher Erfolgsfaktor immer stärker in den Vordergrund. Einer der häufigsten Gründe für diese Entwicklung ist in der Art und Aufgabe der anstehenden Projekte in den Unternehmen zu suchen. Das reine Projektmanagement ist traditionell darauf ausgelegt, Projekte mit relativ gut abgrenzbaren technischen Entwicklungsaufgaben abzuwickeln. Bei der hier vertretenen integrativen Montageplanung kommt jedoch hinzu, daß die am Projekt beteiligten Mitarbeiter über ihre eigene Form der Zusammenarbeit (Auf- und Ablauforganisation, Entlohnungsart, Arbeitszeiten usw.) sowie möglicherweise die ihrer Kollegen entscheiden und damit die rein inhaltliche Dimension des Projektes von einem stark emotionalen Moment dominiert wird. Die Mitarbeiter zerfallen je nach persönlicher Überzeugung und dem Vorteil, den sie sich von den angestrebten Maßnahmen versprechen, in unterschiedliche Lager: „Missionare" und „Gläubige" unterstützen die Veränderungen, wohingegen „Widerstandkämpfer" und „offene Gegner" alles in ihrer Macht stehende unternehmen, um das Projekt zum Scheitern zu bringen.

Erfahrungsgemäß muß auch häufig akzeptiert werden, daß ein ursprünglich als Problem angesehener Sachverhalt gar nicht die wahre Ursache eines Mißstandes, sondern nur ein weiteres Symptom ist. Genauso passiert es, daß ein zu Projektbeginn als sinnvoll angesehenes Ziel sich im weiteren Verlauf aufgrund von Marktveränderungen als sinnlos erweist und die erbrachten Anstrengungen damit (fast) hinfällig werden. In beiden Fällen ergibt sich eine günstige Argumentationsbasis für Projektgegner.

Anliegen des prozeßorientierten Projektmanagements ist es daher, Inhalt und Prozeß angemessen zu integrieren und steuerbar zu halten. Ein Reorganisationsprojekt wird dabei insgesamt als iterativer Problemlösungs- und Lernprozeß begriffen, der auch dann seine Existenzberechtigung hat, wenn sich die erhofften Erfolge erst mit Zeitverzug einstellen. Für die Projektleitung bedeutet dies, daß sie mit der dem Projekt eigenen Dynamik und Vernetzung umzugehen hat. Dafür ist es hilfreich, sich bereits vor dem offiziellen Projektbeginn folgende Leitfragen zu vergegenwärtigen (Doppler/Lauterburg 1995):

– *Energie:* Wo liegt die „ownership" – wer betrachtet dieses Projekt als „seine Sache"? Wer ist am Erfolg des Projektes interessiert und bereit, sich persönlich dafür zu engagieren?

– *Macht:* Wer hat welchen Einfluß auf das Geschehen? Welches sind die „Schlüssel-Hierarchien", welches die informellen „Opinion-Leaders" – und wie können sie gewonnen werden?
– *Kräftefeld:* Was gibt es insgesamt für unterstützende, was für hindernde Einflüsse – und welche Konsequenzen ergeben sich aus diesem Kräftefeld für die Umsetzbarkeit von Maßnahmen?
– *Vernetzung:* In was für ein Umfeld ist das Projekt eingebettet? Wer muß bei welchen Fragen aktiv einbezogen werden? Was für Informations- und Kommunikationskanäle müssen etabliert werden, damit eine reibungsarme Projektarbeit sichergestellt werden kann?

2.4.1
Vorgehensprinzipien

Eine unabdingbare Voraussetzung für das Gelingen einer umfassenden Montageplanung stellt die Bereitschaft für Veränderungen dar. Zwischen der Wahrscheinlichkeit, daß die betroffenen Mitarbeiter eine positive Einstellung zu den anstehenden Veränderungen entwickeln und sogar konstruktiv an ihnen mitwirken, und der dem Projekt zugrundeliegenden Vorgehensweise besteht dabei ein enger Zusammenhang (Abb. 2.10).

Das *Top-Down-Vorgehen* orientiert sich bei Analyse und Konzeptentwicklung direkt an der Unternehmenshierarchie. Was ein Problemsymptom und was eine Problemursache ist, wird aus Sicht der Unternehmensführung und Produktionsleitung entschieden. In gleicher Weise erfolgt die Konzepterstellung. Im Extremfall wird so mit Unterstützung eines externen Fachberaters bspw. das Feinkonzept für eine neue Montagstruktur einschließlich deren Arbeitsorganisation quasi „am grünen Tisch" entworfen, von der Unternehmensspitze verabschiedet und anschließend an das mittlere Management zur Umsetzung weitergeleitet.

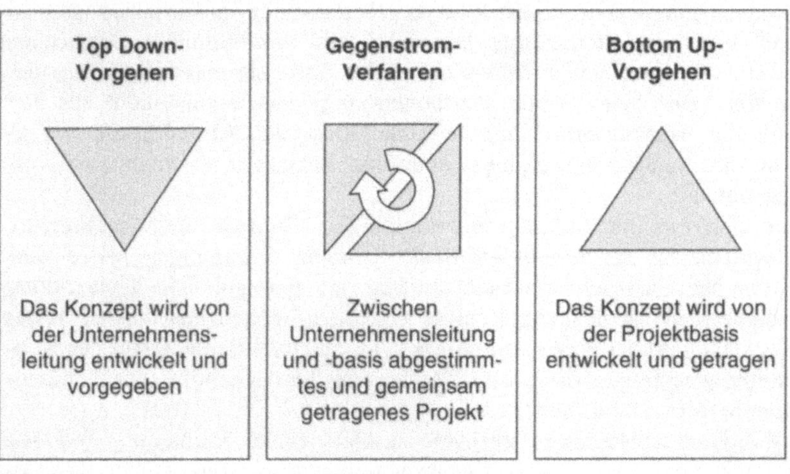

Abb. 2.10. Vorgehensweise bei der Montageplanung

Formale Kommunikationswege	Schriftlich	• Mitarbeiterzeitung • Aushänge am Schwarzen Brett • Rundschreiben • Broschüren • Protokolle • Fragebögen
	Mündlich	• Betriebsversammlung • Gezielte Informationsversammlungen • Firmeninterne Workshops und Klausurtagungen • Mitarbeiterbefragung • Interne Betriebsbesichtigungen • Einsetzung von Ansprechpartnern • Einsetzung von Moderatoren • Information durch den Vorgesetzten
Informelle Kommunikationswege	Mündlich	• Betriebsrundgänge • Informelle Gesprächsrunden • Telefongespräche mit Mitarbeitern • Feste und Ausflüge • Begegnungsräume im Arbeitsumfeld

Abb. 2.11. Wege der Projektkommunikation (Nedeß/Mallon/Strosina 1995)

Die Vorteile dieses Vorgehensprinzips liegen in der schnellen Konzeptfindung sowie einer in den Anfangsphasen einfachen Projektsteuerung. Die Unternehmensspitze wird ferner durch ihre spezifische Sichtweise einen stark strategischen und abteilungsübergreifenden Lösungsansatz favorisieren. Dem stehen jedoch auch zahlreiche Nachteile gegenüber, die jedoch erst in der Implementierungsphase deutlich werden. Weil die Konzeptentwicklung ohne Beteiligung der operativen Montage- und Produktionsmitarbeiter erfolgt ist, fehlen notwendige Detailkenntnisse aus dem Betrieb und es muß von einer nur eingeschränkt praxistauglichen Lösung ausgegangen werden. Hinzu kommen Widerstände in Form des „not invented here"-Syndroms: berechtigte Hinweise auf konzeptionelle Schwächen sowie hineininterpretierte Fehler führen auf breiter Basis zu massiven Widerständen. Sollte dies trotz eines reinen Top-Down-Vorgehens einmal nicht der Fall sein, so sind aller Wahrscheinlichkeit nach die Mitarbeiter bereits derart demotiviert, daß sie das Äußern von eigenen Ideen und Bedenken als nicht erfolgversprechend erachten.

In dezentralisierten Unternehmen mit tragfähigen Gruppen- und Teamarbeitskonzepten wird häufig der *Bottom-Up-Ansatz* gewählt. Wandlungsprozesse werden dabei von der Unternehmensbasis initiiert und getragen. Die Entwicklung neuer Konzepte zeichnet sich durch starke Praxistauglichkeit aus und ist in der Regel maßgeschneidert für einen bestimmten Unternehmensbereich. Bei der Konzeptenwicklung wird bereits die spätere Realisierung berücksichtigt, was zu kürzeren Implementierungszeiten führt.

Diesen Vorteilen stehen aber auch nicht zu übersehende Nachteile gegenüber. Durch die Basisorientierung dieses Ansatzes fehlt der Überblick über das Gesamtunternehmen und potentielle Synergieeffekte bleiben ungenutzt. In der Regel reicht die Kompetenz zur Durchführung wirklich einschneidender Verbesserungen nicht aus und man verbleibt somit im Rahmen eines kontinuierlichen Verbesserungsprozesses. Eine wesentliche Voraussetzung für den Bottom-Up-Ansatz ist ferner das Vorhandensein operationalisierter Unternehmensziele. Fehlen diese, so divergieren die Stoßrichtungen parallel ablaufender Teilprojekte und es entstehen starke Reibungsverluste.

Um die Vorteile beider Vorgehensweisen zu nutzen, werden diese zum Teil kombiniert oder in alterierender Folge eingesetzt. Die Synthese der beiden Planungsverfahren wird als *Down-Up-Planung* oder als *Gegenstromverfahren* bezeichnet. Der Anstoß für ein Montageplanung erfolgt dabei offiziell durch die Geschäftsleitung. Die abgesteckten Unternehmensinteressen werden als Zielsystem formuliert und Top-Down an die Mitarbeiter in Form von Ergebnisvorgaben für unterschiedliche Teilprojekte weitergeleitet. Dabei findet bereits bei diesem Operationalisierungsschritt eine intensive Diskussion statt. Die grobe Konzeptentwicklung erfolgt je nach Unternehmensgröße im Rahmen der Meister oder Vorarbeiter sowie mit Unterstützung situativ hinzugezogener, interner und externer Fachexperten. Hat die Lösungsentwicklung einen erkennbaren Reifegrad erreicht, so erfolgen intensive Gespräche zwischen der Geschäftsleitung und den operativen Mitarbeitern, um die Weiterentwicklung in Richtung eines umsetzungsfähigen Feinkonzeptes voranzutreiben. Eine abschließende Beurteilung, welches Vorgehen prinzipiell oder situativ zu bevorzugen ist, kann und soll hier nicht vorgenommen werden. Die im Rahmen der vorliegenden Transferprojekte gesammelten Erfahrungen zeigen eine gute Eignung des Gegenstromverfahrens für Veränderungsprojekte im Mittelstand. Dies mag unter anderem daran liegen, daß die dabei durchgeführten Informations- und Kommunikationsprozesse unternehmensgrößen- und strukturbedingt alle relevanten Mitarbeiter und Akteure erreichen können. Schließlich dient die intensive Kommunikation mit und zwischen allen Hierarchieebenen nicht nur einem sachlich-inhaltlichen Zweck, sondern sie transportiert auch Interesse an der Meinung anderer Mitarbeiter und damit persönliche Wertschätzung. Einen Überblick über die eingesetzten Kommunikationswege und -medien gibt Abb. 2.11. Es soll aber nicht verschwiegen werden, daß ein auf dem Gegenstromprinzip beruhendes Projektvorgehen für die Projektleitung gerade in frühen Projektphasen sehr zeitaufwendig ist. Die Früchte können jedoch mit großer Sicherheit in der Implementierungsphase geerntet werden – auch dies ist eine positive Schlußfolgerung aus den Transferprojekten.

2.4.2
Workshops

Ein wichtiger Grundsatz beim prozeßorientierten Projektmanagement ist es, Betroffene zu Beteiligten zu machen (Fatzer 1993). Auf diese Weise wird die Motivation der Mitarbeiter gefördert und die Qualität von Problemlösungen gesteigert. Als unterstützende, im Rahmen des Gegenstromverfahrens häufig genutzte, Methode hat sich hier die Durchführung moderierter Workshops bewährt.

Workshops sind zeitlich begrenzte Veranstaltungen, deren Dauer in der Regel zwischen einem halben und drei Tagen variiert. Sie dienen der Ideenfindung, dem

Erfahrungsaustausch und dem Erarbeiten von Problemlösungen. Die Einberufung eines oder mehrerer Workshops ist angebracht, wenn für die Bearbeitung von Themen mit einer entsprechend definierten Fragestellung eine Vielzahl von Informationen erforderlich ist, welche die individuelle Kompetenz eines jeden Einzelnen aufgrund der Komplexität des Themas übersteigt. Daraus leitet sich ab, daß nicht jedes Problem die Durchführung eines Workshops rechtfertigt. Häufig kommt man mit Arbeitstreffen in kleinerem Rahmen schneller zum Ziel.

Um eine optimale Gesprächssituation zu schaffen, werden häufig firmeninterne hierarchische Strukturen für die Dauer des Workshops aufgegeben. Das Team sollte frei von externen Zwängen unter der Leitung eines unabhängigen Moderators zusammenkommen, um in offener Atmosphäre anstehende Probleme und deren Lösung zu erörtern. Neben der Moderation selbst stehen zahlreiche methodische Hilfsmittel zur Verfügung, um die verschiedenen Projektphasen effektiv zu unterstützen (Higgins/Wiese 1996, Daenzer/Huber 1997, GPS 1995). Workshops sind damit oft Schlüsselveranstaltungen im Rahmen mittel- und langfristiger Entwicklungs- und Veränderungsprozesse, in denen gemeinsam ein Konzept erarbeitet oder ein wichtiges Konzeptelement zur Umsetzungsreife gebracht wird.

2.4.3
Beratereinsatz

70-80% der von Beratern entwickelten Konzepte für eine Reorganisation stießen in der Praxis auf heftigste Widerstände, die in letzter Konsequenz das Projekt zum Scheitern verurteilten. Der Schlüssel zum Verständnis dieser erschreckenden Zahl liegt u.a. in der Art und Weise, wie Berater und Unternehmensmitarbeiter in den gesamten Veränderungsprozeß miteinbezogen werden sowie der daraus folgenden Diagnosequalität und Maßnahmenplanung. Um die Differenzierung der verschiedenen Beraterleistungen und -rollen etwas zu verdeutlichen, werden nachfolgend einige Beispiele genannt (Lange 1995):

– Eine *Fachberatung* in Form von Gutachten. Sie ist besonders wirksam bei rein technologischen Aspekten und zur allgemeinen Entscheidungsvorbereitung.
– Eine *prozeßorientierte Fachberatung*, die von einem Spezialisten auf Zeit bis hin zur eindeutigen Trennung von Prozeß- und Fachberatung geht.
– Ein *organisationsentwicklungsorientierter Beratungsansatz*, der den Schwerpunkt auf Verhaltens- und Einstellungsveränderung legt, dabei aber kaum Anspruch auf inhaltliche Problemlösungskompetenz erhebt.
– Ein *kombinierter Beratereinsatz*, bei dem Berater mit unterschiedlichen Ansätzen und Zielen im Verbund tätig sind.

Im Vergleich zum traditionellen Beratungsmodell, das schwerpunktmäßig den Einsatz von hochspezialisierten Inhaltsexperten (Fachberatern) favorisiert, sind heute Berater gefordert, die eine prozeßorientierte Vorgehensweise unterstützen (Fatzer 1993). Das heißt der Berater muß die Fähigkeit besitzen, das Unternehmen bei der Fixierung des Problems mit einzubeziehen und die Beziehung zu ihm derart zu gestalten, daß die gelieferte Hilfe eine wirkliche Antwort auf die Unternehmensbedürfnisse darstellt.

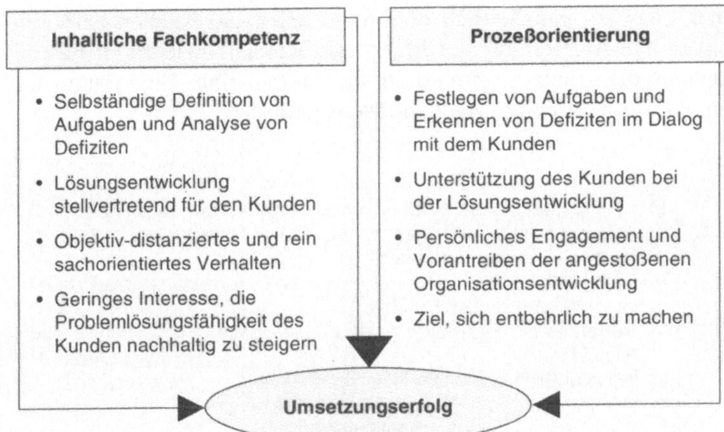

Abb. 2.12. Kompetenzfelder in der Beratung

In der Prozeßberatung kann zwischen Inhalt und Prozeß unterschieden werden. Der Inhalt stellt dabei das tatsächlich zu lösende Problem dar, der Prozeß dagegen die Art, wie die Beziehung zum Unternehmen strukturiert wird und auf welchem Wege das Problem zu lösen ist.

Der Prozeßberater hat sowohl die Aufgabe, die gruppendynamischen Prozesse eines Unternehmens zu beobachten, auszuwerten und zu gestalten, als auch den gesamten Veränderungsprozeß zu begleiten und dabei die Betroffenen zu Beteiligten zu machen. Gerät der Prozeßberater in Situationen, in denen er selbst keine ausreichende Fachkompetenz aufweist, so kann er auf einen Inhaltsexperten zurückgreifen und diesen gezielt einbeziehen. Die praktischen Erfahrungen in den Transferprojekten haben gezeigt, daß nur eine Verknüpfung von Fachkompetenz und Prozeßorientierung zu einem nachhaltigen Umsetzungserfolg für das Unternehmen führen kann (Abb. 2.12). Dabei soll nicht das Problem verschwiegen werden, daß häufig ein und derselbe externe Berater sich permanent auf dem schmalen Grat zwischen Inhalts- und Prozeßberatung aufhält und situativ in die eine oder die andere Rolle schlüpfen muß. Gerade für mittelständische Unternehmen ist daraus die Schlußfolgerung zu ziehen, daß sie sich beim Einsatz von Externen über deren Rollenverständnis im klaren sein müssen und kritisch ihre eigenen Kompetenzen und Kapazitäten hinsichtlich einer effektiven Prozeßführung hinterfragen sollten.

2.5
Zusammenfassung

Aufgabe von Kap. 2 war es, methodische Durchführungsaspekte der Montageplanung vorzustellen und zu diskutieren. Demnach beruht eine zeitgemäße Montagesystemgestaltung auf der zentralen Erkenntnis, daß nur ein integrativer Gestaltungsansatz in der Lage ist, ganzheitlich optimierte Montagesystemen hervorzubringen. Die notwendige Ausrichtung auf Markt und Kunde sowie deren Flexibilitätsanforderungen an die Montage wird durch den Aufbau eines Zielsystems und dessen Dokumentation in Form eines Zielhandbuchs gefördert.

Projekt- initiierung	☑ Ist das auslösende Moment für das Projekt nachvollziehbar und entsteht durch das Projekt ein sichtbarer Nutzen? Ist der Nutzen kunden- und marktorientiert? ☑ Was genau soll mit dem Projekt erreicht werden? Ist das Projekt visions- oder problemorientiert? ☑ Bedarf es zur Bearbeitung der aufgeworfenen Fragestellung eines Projektes? ☑ Wir das Projekt von der Unternehmensleitung unterstützt? Wie kommt deren Engagement zum Ausdruck? ☑ Was darf auf gar keinen Fall passieren?
Projekt- beteiligte	☑ Wer ist von der Projekt-Fragestellung direkt und indirekt betroffen? ☑ In welchem Umfang und in welchen Gremien sollen die betroffenen Parteien in das Projekt integriert werden? ☑ Stimmen persönliche Kompetenzen und zugeteilte Rollen überein? ☑ Ist der Projektleiter fachlich und persönlich in der Lage, dem Projekt zum Erfolg zu verhelfen? ☑ Von welchen Beteiligten sind eher fachliche Beiträge zu erwarten, von welchen Prozeßunterstützung? ☑ Ist es sinnvoll, externe Berater zu integrieren und wenn ja, in welcher Funktion?
Projekt- planung	☑ Besteht ein strukturierter Überblick über die Projektinhalte sowie Projektphasen? ☑ Ist der Zeitplan auf die verfügbaren Kapazitäten abgestimmt? ☑ Gibt es regelmäßige Termine für bestimmte Gremien? Welche Abstimmungsrunden werden situativ und bilateral einberufen? ☑ Sind die Projektziele hinreichend operationalisiert? Auf welchen Annahmen beruhen diese? ☑ Müssen möglicherweise spezielle Methoden zur Analyse oder Problemlösung eingesetzt werden? ☑ Nach welchem Vorgehensprinzip (Top-Down, Bottom-Up, Down-Up) soll verfahren werden und welche Implikationen ergeben sich daraus?
Informations- und Kommunikations- struktur	☑ Wer pflegt welche Projektdokumente (Zeitplan, Budget, Zielerreichung, Workshop-Protokolle, Analyseergebnisse usw.)? Welche Dateiformate werden zum Standard erklärt? ☑ Verfügen alle Beteiligten über eine Kommunikationsliste? Wer steht auf welchen E-mail-Verteilern? ☑ Welche formalen und informellen Kommunikationswege sollen zum Informationsaustausch genutzt werden? Welche Wege sind im Unternehmen bereits etabliert?

Abb. 2.13. Checkliste prozeßorientiertes Projektmanagement

Ein erprobtes Handwerkszeug für das Durchführen komplexer Planungsvorhaben stellt das Projektmanagement dar. Es gliedert sich in fünf Kernelemente, die bei den dem vorliegenden Buch zugrundeliegenden Reorganisationsprojekten erfolgreich angewendet wurden. Als zentrales Koordinationsinstrument für alle an der Montageplanung beteiligten Mitarbeiter und Fachdisziplinen diente dabei das Zielhandbuch. Die zwei statischen Kernelemente – die Projektaufbauorganisation und der Projektstrukturplan – befassen sich mit der personellen Besetzung der verschiedenen Gruppen und Teams sowie mit der sachlogischen Gliederung des Projektgegenstandes. Aus dynamischer Sicht erfolgt die Projektstrukturierung nach Phasen und Abschnitten. Durch den hier hervorgehobenen Aspekt der Prozeßorientierung wird deutlich, daß gerade in integrativen Montageplanungsprojekten der sozio-emotionalen Komponente eine besondere Bedeutung zukommt, die im Sinne des Projekterfolgs entsprechend zu würdigen ist. Abbildung 2.13 zeigt daher zusammenfassend eine Checkliste mit wichtigen Kernfragen für prozessorientiertes Projektmanagement.

Literatur

Bullinger, H.-J.: Arbeitsgestaltung : personalorientierte Gestaltung marktgerechter Arbeitssysteme. Stuttgart: Teubner 1995.

Daenzer, W.F.; Huber, F. (Hrsg.): Systems Engineering : Methodik und Praxis. 10. Aufl. Zürich: Industrielle Organisation 1999.

Deutsches Institut für Normung (Hrsg.): DIN 69 901 : Projektwirtschaft : Projektmanagement : Begriffe. Berlin: Beuth 1987.

Doppler, K.; Lauterburg, C.: Change Management : den Unternehmenswandel gestalten. 4. Aufl. Frankfurt New York: Campus 1995.

Fatzer, G. (Hrsg.): Organisationsentwicklung für die Zukunft : ein Handbuch. Köln: Ed. Humanistische Psychologie 1993.

Higgins, J.M.; Wiese, G.G.: Innovationsmanagement : Kreativitätstechniken für den unternehmerischen Erfolg. Berlin Heidelberg New York: Springer 1996.

Keßler, H.; Winkelhofer, G.: Projektmanagement : Leitfaden zur Steuerung und Führung von Projekten. 2. Aufl. Berlin Heidelberg New York: Springer 1999.

Lange, D. (Hrsg.): Management von Projekten : Know-how aus der Beraterpraxis. Stuttgart: Schäffer-Poeschel 1995.

Nedeß, C.; Mallon, J.; Strosina, C.: Die Neue Fabrik : Handlungsleitfaden zur Gestaltung integrierter Produktionsstrukturen. Berlin Heidelberg New York: Springer 1995.

Rinza, P.: Projektmanagment : Planung, Überwachung und Steuerung von technischen und nichttechnischen Vorhaben. 4. Aufl. Berlin Heidelberg New York: Springer 1998.

Warnecke, H.-J. (Hrsg.): Aufbruch zum Fraktalen Unternehmen : Praxisbeispiel für neues Denken und Handeln. Berlin Heidelberg New York: Springer 1995.

Zentrum Wertanalyse, VDI-GSP (Hrsg.): Wertanalyse : Idee - Methode - System. 5. Aufl. Düsseldorf: VDI 1995.

Teil B

Fachspezifische Ansätze zur Montageplanung

3 Ausrichtung der Montage auf den Markt mit Hilfe der Simulation

Bernd Gagsch, Claus Herbst

3.1 Einleitung und Motivation

Turbulente Umfelder und sich ständig verändernde Marktanforderungen zwingen Unternehmen heute zu immer kürzeren Reaktionszeiten und zu immer ausgeprägterer Flexibilität. Als letztes Glied in der Produktionskette muß insbesondere die Montage die vorhandenen Turbulenzen weitestgehend ungefiltert bewältigen. Um sich schnell auf neue Markt- und damit neue Montagesituationen einstellen zu können, müssen diese jedoch zunächst im Unternehmen erkannt und richtig eingeschätzt werden. Daher ist es Aufgabe eines Unternehmens, kritische Erfolgsfaktoren (KEF) verschiedener Märkte systematisch zu identifizieren und damit das Finden situationsgerechter Montagekonfigurationen zu erleichtern.

Die Schwierigkeit besteht nun darin, daß sich die Anforderungen des Marktes - und mit ihnen auch die kritischen Erfolgsfaktoren - permanent ändern. Es wäre daher falsch, sich zu sehr auf die aktuelle Marktsituation zu konzentrieren. Eine Montage kann nur dann nachhaltige Flexibilität erreichen, wenn es ihr gelingt, die Strukturen und Mechanismen des Marktes zu erkennen und kontinuierlich zu analysieren. Erst so ist sie in der Lage, Trends und Veränderungen im Markt rechtzeitig wahrzunehmen, richtig zu interpretieren und die eigene Konfiguration darauf abzustimmen.

Eine statische Betrachtung der Montagestrukturen reicht also bei weitem nicht aus. Sie stellt lediglich eine Analyse vergangenheitsorientierter „Momentaufnahmen" dar, die keine Aussagen über mögliche zukünftige Anforderungen zuläßt. Um bei der Montageplanung vorausschauende Entscheidungen treffen zu können, ist es notwendig, die wechselseitigen Beziehungen zwischen Markt und Montage in ihren zeitlichen Abhängigkeiten zu berücksichtigen. Diesem Zweck dienen Simulationsmodelle, die sowohl die zu untersuchende Montage, die montageunterstützenden Bereiche als auch den Markt möglichst einfach und vollständig abbilden. Mit ihrer Hilfe lassen sich die dynamischen Wechselwirkungen zwischen montage- und marktseitigen Faktoren darstellen.

Ein derartiges Simulationsmodell stellt somit ein Instrument zur umfassenden Entscheidungsunterstützung des Managements in Montagefragen dar. Es bietet konkrete Hilfestellungen bei der Beurteilung und Auswahl von Konfigurationsalternativen. Auf einfache Weise erlaubt es, unterschiedliche Montagekonfigurationen in Form alternativer Szenarien schnell und kostengünstig zu analysieren und zu bewerten. Das Einsatzspektrum reicht dabei von der Analyse und Beurteilung unterschiedlicher Konzepte bei der Planung und Ausgestaltung von Umstrukturierungsmaßnahmen - unter Berücksichtigung der jeweiligen Marktanforderungen - bis hin zum Austesten der potentiellen Wirkungen möglicher künftiger Montage- konfigurationen. Fehler lassen sich dadurch zwar nicht gänzlich ausschließen, aber zumindest weitestgehend vermeiden.

Ziel des vorliegenden Kapitels ist es, die Vorgehensmethodik für die Erstellung von Simulationsmodellen anhand eines Praxisbeispiels zu erläutern.

3.2
Vorgehen bei der Erstellung eines Simulationsmodells für die Montage

Die ständig steigende Komplexität im Montageumfeld erschwert es zunehmend, Zusammenhänge und Wirkungsmechanismen vollständig zu erfassen, zu verste- hen und dementsprechend die Montageplanung darauf abzustimmen. Oftmals fehlen den Verantwortlichen grundlegende Erkenntnisse über gegenwärtige marktseitige Entwicklungen und Veränderungen. Ihr Wissen basiert auf individu- ellen Erfahrungen, die sie im Laufe der Zeit gesammelt und in Form von mentalen Modellen gespeichert haben. Die Qualität und Aktualität dieser mentalen Abbil- dungen entscheidet über die Eignung der in bestimmten Situationen eingesetzten Montagestrukturen und damit über deren Erfolgsaussichten. Doch weder die Ent- scheidungsträger selbst, noch andere Personen sind in der Lage, die Korrektheit dieser individuellen Wissensbestände zu untersuchen bzw. zu überprüfen (Ster- man 1985). Aus diesem Grund ist es hilfreich, die zugrunde liegenden mentalen Modelle offenzulegen und damit implizites Wissen zu explizieren (Forrester 1961).

Ein geeignetes Instrument hierzu stellt der System Dynamics-Ansatz dar. Er ermöglicht es, komplexe Systeme schrittweise zu analysieren, zu strukturieren und in Form von konkreten Modellen anschaulich darzustellen. Mit Hilfe dieser Mo- delle ist die vereinfachte Abbildung von Montage- und Marktstrukturen unter Verwendung von Ursache-Wirkungsbeziehungen möglich. Während des Abbil- dungsvorgangs werden die verschiedenen Sichtweisen der Beteiligten zusammen- geführt, wodurch es gelingt, Unterschiede in den individuellen mentalen Modellen aufzudecken, anzugleichen und auf diese Weise zu geteilten mentalen Modellen zu gelangen (Richardson 1996).

Aus diesem Umstand heraus ergibt sich die besondere Leistungsfähigkeit von System Dynamics. Sie liegt darin, daß neben den harten und deshalb in der Regel relativ gut quantifizierbaren Größen auch sogenannte „weiche“ Kriterien in die Betrachtung mit einbezogen werden können. Zu diesen zählen bspw. Faktoren wie Kundenorientierung oder Flexibilität, die für Unternehmen oft eine wettbewerb- sentscheidende Rolle spielen. Die mangelhafte Handhabbarkeit dieser Kriterien darf nicht dazu führen, sie aus dem Untersuchungsraum auszugrenzen, da deren Berücksichtigung meist ebenso wichtig ist wie die der harten und gut meß- und damit bewertbaren Größen.

Ein weiteres Potential, das durch den Einsatz von System Dynamics erschlos- sen werden kann, ist darin zu sehen, daß nicht nur die Entscheidungsträger am

Entscheidungsprozeß teilnehmen, sondern auch die Montagemitarbeiter wichtiges Detailwissen sowie neue Aspekte in den Prozeß der Modellerstellung einbringen und dadurch oftmals aufschlußreiche Team-Diskussionen anstoßen. Dies führt in der Regel zu einem gemeinsamen Problemverständnis mit gemeinsamem Problemlösungsverhalten, das in einer höheren Akzeptanz der Entscheidungen seitens der Mitarbeiter mündet.

Um ein Simulationsmodell vom Typ „System Dynamics" jedoch sinnvoll und erfolgversprechend erstellen und einsetzen zu können, bedarf es einer systematischen sowie wissenschaftlich fundierten Vorgehensweise. Eine solche wird mit dem Phasenkonzept der Modellierung zur Erstellung und Anwendung von Simulationsmodellen vorgestellt. Bei der Erstellung eines Simulationsmodells werden, wie aus Abb. 3.1 ersichtlich, vier Phasen durchlaufen. In jeder dieser Phasen kommen unterschiedliche Methoden zum Einsatz, deren Erläuterung nachstehend erfolgt.

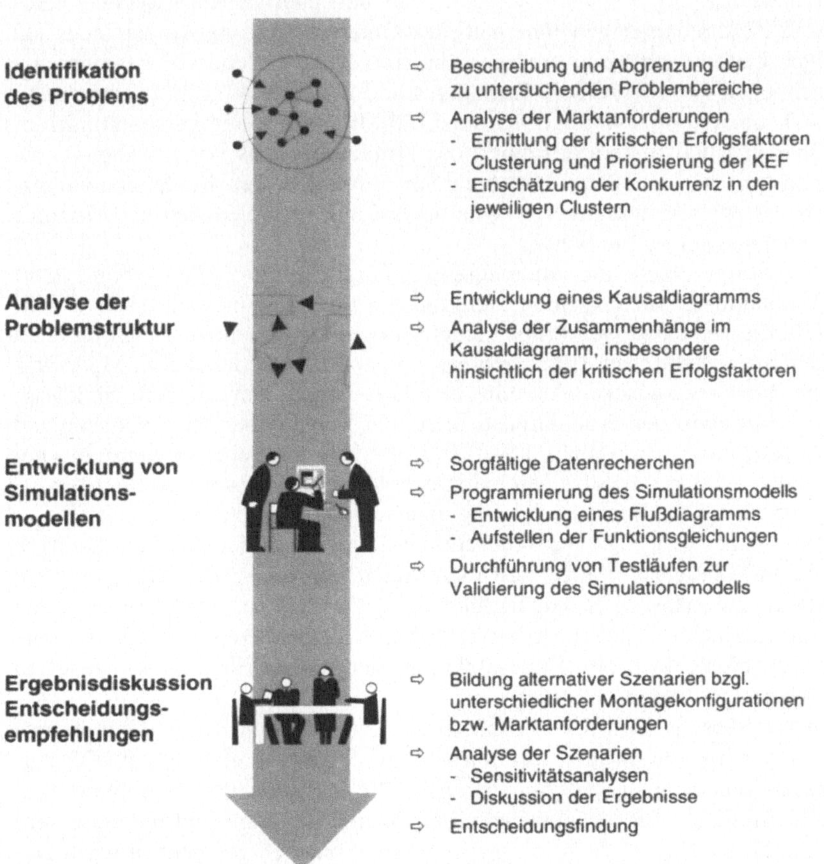

Abb. 3.1. Phasenkonzept zur Erstellung von Simulationsmodellen

3.2.1
Identifikation des Problems

In einem ersten Schritt müssen die zu untersuchenden Problembereiche identifiziert, beschrieben und abgegrenzt werden. Häufig ist es nicht ausreichend, den Fokus ausschließlich auf den Montagebereich zu legen; gleichermaßen sind die relevanten Märkte zu untersuchen. Es liegt daher nahe, bspw. Vertriebsmitarbeiter oder Marketingexperten bei der Identifikation des Problems hinzuzuziehen. Allerdings erscheint es nicht sinnvoll, sämtliche Aspekte des abzubildenden Problembereiches in gleichem Maße betrachten zu wollen. Dies würde die Übersichtlichkeit der Systemstrukturen und somit letztlich die Aussagekraft der Untersuchung beeinträchtigen. Insofern bedarf es einer Ausgrenzung derjenigen Merkmale und Bereiche, die für die Montageplanung lediglich eine untergeordnete Bedeutung besitzen. Auf diese Weise ist es möglich, den Fokus der Analyse problemorientiert festzulegen.

Die Differenzierung zwischen wesentlichen und eher nebensächlichen Parametern und Zusammenhängen innerhalb des Untersuchungsobjekts ist indes ein schwieriges Unterfangen. Ziel muß es sein, trotz verschiedener vorgenommener Vereinfachungen ein möglichst vollständiges und unverzerrtes Bild der zu analysierenden Thematik zu schaffen. Dies setzt die Mitarbeit vieler Personen mit unterschiedlichen Blickwinkeln bezüglich des Problembereichs voraus. Hier ist die Einbindung von Vertretern der Unternehmensführung in den Modellerstellungsprozeß ebenso wichtig wie die von Mitarbeitern aus verschiedenen der Montage vor- und nachgelagerten Bereichen.

Idealerweise geschieht dies in mehreren interdisziplinären Workshops. Dort werden Problembereiche ausgelotet und konkrete Probleme thesenartig festgehalten. Es gilt, die verschiedenen Problemperspektiven zusammenzutragen und allen Beteiligten zu verdeutlichen. Eine wichtige Aufgabe kommt dabei dem Moderator zu, der die Barrieren zwischen den einzelnen Bereichen – insbesondere die klassischen Konflikte zwischen Produktionsbereich und Vertriebsbereich – abbauen und so eine konstruktive Atmosphäre schaffen kann. Zur Vermeidung hierarchischer Zwänge bietet es sich an, auf einen externen Moderator zurückzugreifen, der als neutrale Instanz auf die Berücksichtigung unterschiedlicher Interessen achtet.

Um einen Überblick über die Wünsche und Anforderungen der Kunden bzw. der einzelnen Märkte zu erlangen, ist es hilfreich, die kritischen Erfolgsfaktoren dieser Märkte zu erfassen (einschließlich ihrer Treiber), anhand derer sich die Kundenanforderungen näher spezifizieren lassen (Rockart 1979). In Abb. 3.2 sind exemplarisch einige kritische Erfolgsfaktoren aufgeführt, die immer wieder in Projekten genannt werden.

Neben der Identifikation der kritischen Erfolgsfaktoren in den oben angesprochenen Workshops kommt ihrer exakten Definition große Bedeutung zu. Oft entstehen durch unterschiedliche, bei einzelnen Workshopbeteiligten implizit vorhandene Definitionen für ein und denselben Begriff unnötige und teilweise sehr langwierige Diskussionen, da keine „gemeinsame Sprache" gesprochen wird. Das einheitliche Verständnis der kritischen Erfolgsfaktoren ist jedoch Grundvoraussetzung für das zu entwickelnde Simulationsmodell.

Kritische Erfolgsfaktoren	Maßgrößen
Qualität	Verarbeitung Qualitätskonstanz Lebensdauer Garantie Geräumigkeit
Preis	Kaufpreis Instandhaltungskosten Wiederverkaufswert
Zeit	Lieferzeit Modellzyklen Neuheitsgrad
Technik	Leistung Verbrauch Umweltschutz/-schonung
Service	Ersatzteilversorgung Kundenbetreuung Serviceintervalle
Sonstige Faktoren	Design Sicherheit Komfort Funktionalität

Abb. 3.2. Kritische Erfolgsfaktoren eines Produktionsunternehmens

Die bloße Kenntnis der kritischen Erfolgsfaktoren ist für die Untersuchung der spezifischen Marktanforderungen meist nicht ausreichend. Einzelne Produktgruppen fokussieren gewöhnlich auf unterschiedliche Kundengruppen. Weiterhin werden innerhalb einer Produktgruppe häufig verschiedene Produktspezifikationen differenziert. So läßt sich bei der Produktspezifikation etwa ein Spektrum von einfachen Standard-Aufträgen über Anpassungskonstruktionen bis hin zu Spezialanfertigungen unterscheiden. Aus diesem Grund ist es notwendig, eine Matrix mit unterschiedlichen Clustern für die einzelnen Kundengruppen aufzustellen (Abb. 3.3). Innerhalb jedes Clusters müssen die kritischen Erfolgsfaktoren hinsichtlich ihrer Bedeutung priorisiert werden.

Die Einordnung der kritischen Erfolgsfaktoren in Cluster sowie deren Priorisierung sollte zusätzlich nach unterschiedlichen Märkten erfolgen (Abb. 3.4). Je nach Branche und Marktgegebenheiten ist dies möglicherweise sogar zwingend erforderlich. So können bspw. auf europäischen Märkten für eine Produktgruppe und -spezifikation grundlegend andere Erfolgsfaktoren relevant sein, als auf amerikanischen oder asiatischen Märkten.

		„Standard"-Auftrag	Anpassungs-konstruktion	Spezial-anfertigung
		Produktspezifikation		
Produktgruppe	**A**	**Cluster A** 1. Preis 50% 2. Lieferzeit 20% 3. Qualität 15% ...	**Cluster B** 1. Systemlösungen 35% 2. Preis 30% 3. Qualität 10% ...	**Cluster C** 1. Systemlösungen 50% 2. Qualität 30% 3. Kundenservice 15% ...
	B	**Cluster ...**	**Cluster ...**	**Cluster ...**
	C	**Cluster ...**	**Cluster ...**	**Cluster N** 1. Kundenservice 30% 2. Qualität 20% 3. Preis 15% ...

Abb. 3.3. Matrix nach Produktgruppen und Produktspezifikationen

Darüber hinaus ist es, im Sinne eines konsequenten Benchmarkings, notwendig, bei der Analyse der kritischen Erfolgsfaktoren die Leistungen der Konkurrenz in den einzelnen Clustern einzuschätzen (vgl. Kap. 4). Erst mit diesem Hintergrundwissen wird es möglich, fundierte Aussagen über die tatsächlichen Markanforderungen und die Leistungsfähigkeit der eigenen Montage zu machen.

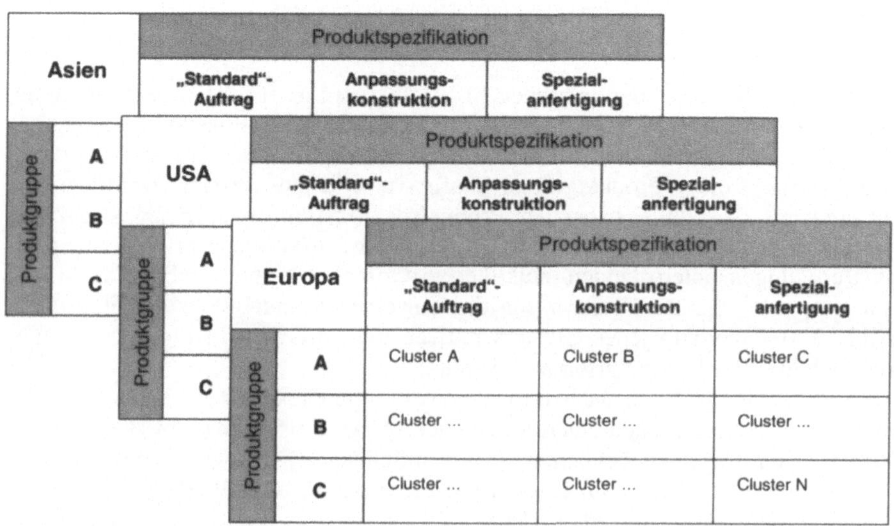

Abb. 3.4. Clusterbildung auf unterschiedlichen Märkten

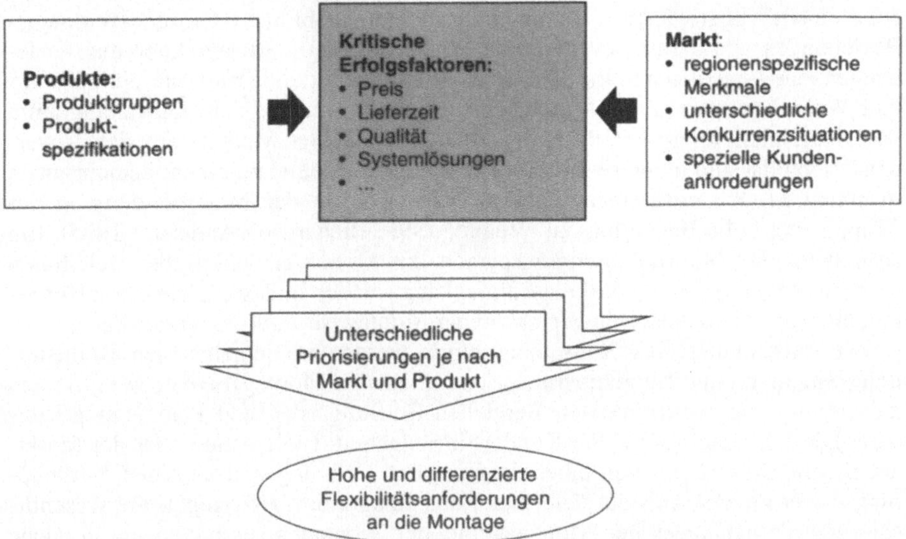

Abb. 3.5. Anforderungen an kritische Erfolgsfaktoren

Die Priorisierung der kritischen Erfolgsfaktoren in den unterschiedlichen Märkten sowie die Beurteilung der Leistungen der Konkurrenz kann durch Experteninterviews mit erfahrenen Vertriebsmitarbeitern der jeweiligen Märkte/Regionen ermittelt und durch die Auswertung vorhandener sowie mit der Durchführung zusätzlicher Kundenbefragungen fundiert werden.

Die kritischen Erfolgsfaktoren hängen somit einerseits von regionenspezifischen Merkmalen, unterschiedlichen Konkurrenzsituationen und speziellen Kundenanforderungen sowie andererseits von unterschiedlichen Produktgruppen mit verschiedenen Produktspezifikationen ab. Je nach Produkt und Markt ergeben sich hieraus häufig stark voneinander abweichende Anforderungen an die Montageleistung. Eine einheitliche Fokussierung auf bestimmte Erfolgsfaktoren ist aus diesem Grund oft nicht sinnvoll. Vielmehr ist je nach Markt- und/oder Produktanforderung ein individuelles Mix von kritischen Erfolgsfaktoren zu erfüllen, um ein Maximum an Kundenzufriedenheit zu erreichen. Hieraus leiten sich, wie in Abb. 3.5 dargestellt, differenzierte und in vielen Fällen hohe Flexibilitätsanforderungen an die Montage eines Unternehmens ab.

3.2.2
Analyse der Problemstruktur

Aufbauend auf den Ergebnissen der ersten Phase wird in der zweiten – der Modellerstellungsphase – die zugrunde liegende Problemstruktur in Form einer detaillierten Untersuchung aller Bereiche, die mit den identifizierten Problemen direkt oder indirekt in Beziehung stehen, analysiert. Hierzu ist zunächst ein sogenanntes Kausaldiagramm zu entwickeln, welches die relevante Problemstruktur auf einem aggregierten Betrachtungsniveau abbildet. Ursache-Wirkungs-Beziehungen und daraus resultierende Wirkungsketten und Rückkopplungsbeziehungen eines spezifischen Problembereiches können identifiziert, auf einfache Art und Weise strukturiert und graphisch dargestellt werden. Das Kausaldiagramm darf dabei nicht allein auf Basis einzelner individueller Modelle entwickelt werden. Vielmehr sind mehrere individuelle mentale Modelle zu einem gemeinsamen mentalen Modell zusammenzuführen; daher kommt der Modellbildung in der Gruppe eine hohe Bedeutung zu (Vennix 1999, Richardson/Anderson 1995). Ein so entwickeltes Kausaldiagramm spiegelt das Grundverständnis der Beteiligten über die Montage- und Marktzusammenhänge wider und stellt die Basis für simulationsgestützte Analysen verschiedener Montagestruktur-Szenarien dar.

Zur Entwicklung des Kausaldiagramms werden in gemeinsamen Brainstorming-Sitzungen mit Teilnehmern aus verschiedenen Montagebereichen sowie den diesen vor- und nachgelagerten Bereichen Einflußgrößen und Parameter gesammelt. Diese könnten bspw. die Kundenzufriedenheit, Lieferzeiten oder der Marktanteil sein. Ausgehend von einer thematischen Ordnung und kausalen Verknüpfung dieser Größen entsteht dann das Kausaldiagramm. Es spiegelt die wesentlichen Zusammenhänge der Montage und der montageunterstützenden Bereiche wider und sollte eine von allen Beteiligten akzeptierte Struktur des betrachteten Problembereichs zum Ergebnis haben.

Die Entwicklung des Kausaldiagramms erfolgt üblicherweise in mehreren Schritten. Zunächst müssen die Projektbeteiligten in die Methodik zur Erstellung von Kausaldiagrammen eingeführt werden. Diese ist im Grunde genommen leicht zu verstehen und einfach zu handhaben, sollte aber dennoch ausführlich erklärt werden, da der sichere Umgang mit diesem Instrument elementare Voraussetzung für alle weiteren Schritte und Prozesse ist. Im folgenden sind die einzelnen Elemente von Kausaldiagrammen aufgezeigt:

A, B, C, ...   Variable (Ursache- und/oder Wirkungsvariable)

A → B   Kausalbeziehungen zwischen Variablen (A wirkt auf B)

A — (+/-) → B   (+)   Gleichgerichtete Kausalbeziehung:
Die Änderung einer Variablen bewirkt die Veränderung einer anderen Variablen in *gleicher* Richtung
⇨ Gleichgerichtete Argumentation

(-)   Entgegengesetzte Kausalbeziehung:
Die Änderung einer Variablen bewirkt die Veränderung einer anderen Variablen in *entgegengesetzter* Richtung
⇨ Argumentationsumkehr

Zur Erstellung des Kausaldiagramms müssen in einem ersten Schritt die einzelnen Variablen (A, B, C, ...) und im Anschluß daran deren kausale Beziehungen identifiziert werden. Ein mögliches Ergebnis hieraus ist in Abb. 3.6 an einem einfachen Beispiel veranschaulicht:

Ausgangspunkt bei der Erläuterung des dargestellten Kausaldiagramms bildet die Variable „Kunden". Steigt die Anzahl der Kunden (z.B. durch eine gestiegene Produktqualität), steigt gewöhnlich auch die Anzahl der Aufträge, die in der

Montage bearbeitet werden müssen. Die erhöhte Anzahl der Aufträge führt zu einer Steigerung des Auslastungsgrads in der Montage. Dieser wirkt sich in der Regel negativ (d.h. in einer Verlängerung) auf die Montage- und damit auf die Lieferzeit aus. Kunden, die ihre Produkte/Leistungen nicht termingerecht geliefert bekommen, sind im allgemeinen unzufrieden und werden bei diesem Unternehmen tendenziell weniger Bestellungen aufgeben, d.h. die Anzahl der Kunden sinkt. Hier liegt dementsprechend ein begrenzender (negativer) „feedback loop" vor, da nach einmaligem Durchlaufen des „feedback loops" eine Argumentationsumkehr stattfindet. Dahingegen ist der zweite dargestellte „feedback loop" verstärkend (positiv). Eine Steigerung bei der Kundenanzahl bewirkt zunehmende Auftragszahlen und damit, unter der Prämisse eines gleichbleibenden Gesamtmarktvolumens, ein Wachstum des Marktanteils. Auf diese Weise nimmt der Bekanntheitsgrad des Unternehmens zu, wodurch neue potentielle Kunden von dem Unternehmen erfahren – die Zahl der Kunden steigt weiter.

Eine wichtige Rolle in einem sowohl den Markt als auch einzelne Unternehmensbereiche betreffenden Kausaldiagramm spielen die in der ersten Phase analysierten kritischen Erfolgsfaktoren (vgl. Abb. 3.2). Zwischen einzelnen kritischen Erfolgsfaktoren sowie Montage- und Marktgrößen existiert eine Vielzahl von Beziehungen. Eine sorgfältige Analyse und kritische Reflexion dieser Beziehungen im Kausaldiagramm ist, insbesondere mit Blick auf das zu erstellende Simulationsmodell, unbedingt erforderlich. Wesentliches Augenmerk muß dabei auf den Stellgrößen liegen, die in der Montage zur Verfügung stehen, um die Erfüllung der kritischen Erfolgsfaktoren und damit die Zufriedenheit der Kunden zu beeinflussen.

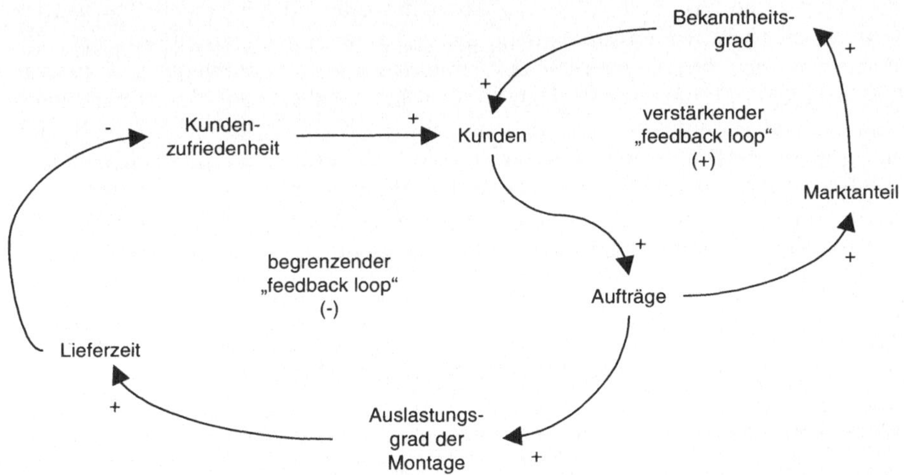

Legende:
+   *positive Wirkungsbeziehung*
-   *negative Wirkungsbeziehung*

Abb. 3.6. Beispiel für ein Kausaldiagramm

<table>
<tr><td>

Projektbeteiligte

• Benennung zentraler Themen

• Identifikation wichtiger Einflußgrößen

• Beschreibung von Ursache-Wirkungs-
  Zusammenhängen

• Team-Diskussion zur Erstellung
  eines Kausalmodells im Workshop

• Bewertung der Zwischenergebnisse

• Feedback

   **Problemverständnis
          Expertenwissen**

</td><td>

Moderator

• Workshop-Vorbereitung und Moderation

• Auswertung und Vorstrukturierung von
  Informationen

• Aufbereitung der Ergebnisse

• Präsentation der Ergebnisse

• Erstellung eines Teilmodells zur Simulation

• Durchführung verschiedener
  Simulationsläufe

   **Strukturierungsmethodik
          (Kausaldiagramm)**

</td></tr>
</table>

Abb. 3.7. Aufgabenspektrum bei der Entwicklung des Kausaldiagramms

Besondere Berücksichtigung im Rahmen des Diskussionsprozesses bei der Erstellung sowie im Zuge der Interpretation des Kausaldiagramms sollten auch die Auswirkungen finden, die sich bei einer Erfüllung bzw. Nichterfüllung der kritischen Erfolgsfaktoren ergeben (in Form von Rückkopplungsbeziehungen vom Markt zum Unternehmen).

Wie schon bei den anfänglichen Gruppendiskussionen ist auch bei der Entwicklung des Kausaldiagramms das Hinzuziehen eines Moderators, der mit System Dynamics vertraut ist, anzuraten. Er wendet ferner spezielle Methoden an, mit deren Hilfe das Expertenwissen der Mitarbeiter gezielt eingebracht werden kann. Häufig wird es notwendig sein, dieses Know-how extern zu beziehen. Besonders bei der Programmierung des Simulationsmodells empfiehlt sich externe Unterstützung. Der externe Projektpartner sollte an allen vier Phasen zur Erstellung und Anwendung des Simulationsmodells beteiligt sein, um schon von Beginn an für mögliche Problembereiche sensibilisiert zu werden und die Entscheidungs- und Entwicklungsprozesse bei der Modellerstellung nachvollziehen zu können.

In Abb. 3.7 ist die Aufgabenverteilung bei der Entwicklung eines Kausaldiagramms für die unternehmensinternen Projektbeteiligten sowie für den Moderator dargestellt.

3.2.3
Entwicklung und Einsatz des Simulationsmodells

Wesentlicher Bestandteil der dritten Phase ist die Erstellung des Simulationsmodells. Die kritischen Erfolgsfaktoren aus der ersten Phase sowie die während der zweiten Phase im Kausaldiagramm abgebildeten Strukturen stellen dafür die Basis dar. Beides findet Eingang in ein Computermodell, das mit Hilfe sorgfältiger Datenrecherchen im Zuge der Programmierung eine immer weitere Verfeinerung erfährt.

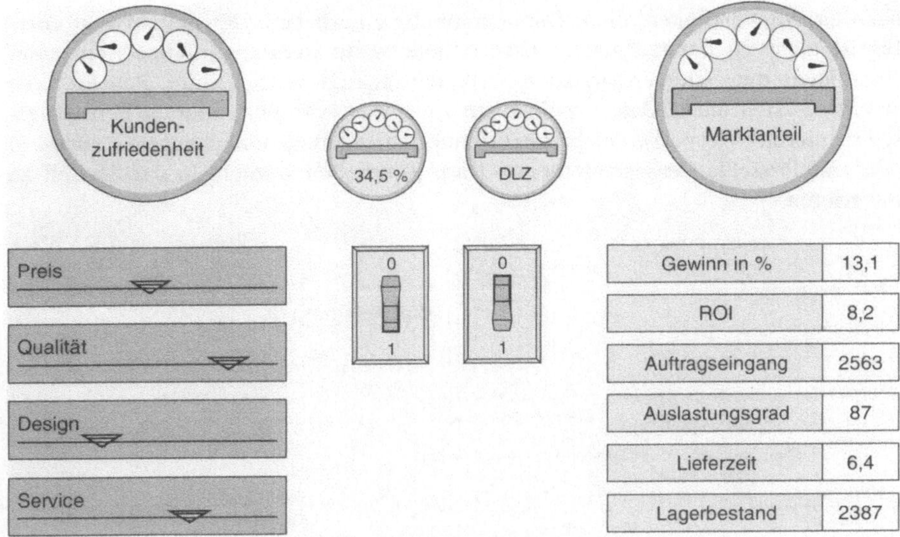

Abb. 3.8. Management Flight Simulator

Die Untersuchung komplexer Systeme zeigt, daß Rückkopplungen, Verzögerungen und Verstärkungen, also Regelvorgänge, eine bedeutende Rolle spielen. Eine Analysemethode, die diese Tatsache berücksichtigt, muß sich eines Modells bedienen, das aus miteinander vermaschten Regelkreisen besteht, wie sie das Systemverhalten in der Realität bestimmen.

Nachfolgend wird die Entwicklung von Simulationsmodellen vom Typ „System Dynamics" näher erläutert. Diese bieten die Möglichkeit, die Struktur und das Verhalten von komplexen ökonomischen, ökologischen, sozialen und technischen Systemen unter Berücksichtigung der Feedback-Struktur im Beziehungsgefüge ihrer Elemente abzubilden und zu analysieren.

Eine geeignete Basis für die Programmierung von System Dynamics-Simulationsmodellen bildet das Simulationstool STELLA. Die Leistungsfähigkeit von STELLA manifestiert sich vornehmlich in der komfortablen und unkomplizierten Handhabung: Es ist möglich, das zu erstellende Modell aus verschiedenen Modulen zusammenzusetzen, wodurch die Komplexität erheblich reduziert und die Übersichtlichkeit bedeutend gesteigert werden kann. Darüber hinaus ist die Benutzeroberfläche frei zu gestalten und auf die eigenen Wünsche und Belange individuell zuzuschneiden. So dient etwa ein „Cockpit" mit Steuerungsgrößen zur anschaulichen Präsentation der Ergebnisse sowie, durch Parametervariation in der laufenden Simulation, zur interaktiven Bildung von Szenarien (Abb. 3.8).

Die Programmierung des Simulationsmodells erfordert einen umfangreichen Dateneinsatz. Häufig sind Daten in der Montage und den montageunterstützenden Bereichen (etwa Daten über Durchlaufzeiten, Kapazitäten, Kostenstrukturen, Montageflexibilität oder Mitarbeiterzufriedenheit) nicht vollständig verfügbar, schwer zu quantifizieren oder liegen nicht direkt erfaßbar vor. Hieraus entsteht dann die Notwendigkeit, diese Daten erstmalig zu erheben. Der Zeitaufwand hierfür ist nicht zu unterschätzen, insbesondere wenn implizites Wissen einzelner Mitarbeiter mit Hilfe empirischer Methoden erfragt werden muß. Als hilfreich erweist es sich auch, Daten, welche im Zuge der prozeßorientierten Fertigungssegmentierung (Kap. 5), der prozeßorientierten Planung- und Steuerung (Kap. 8) oder des Prozeßkostenmanagements (Kap. 9) erhoben werden, in das Modell zu integrieren.

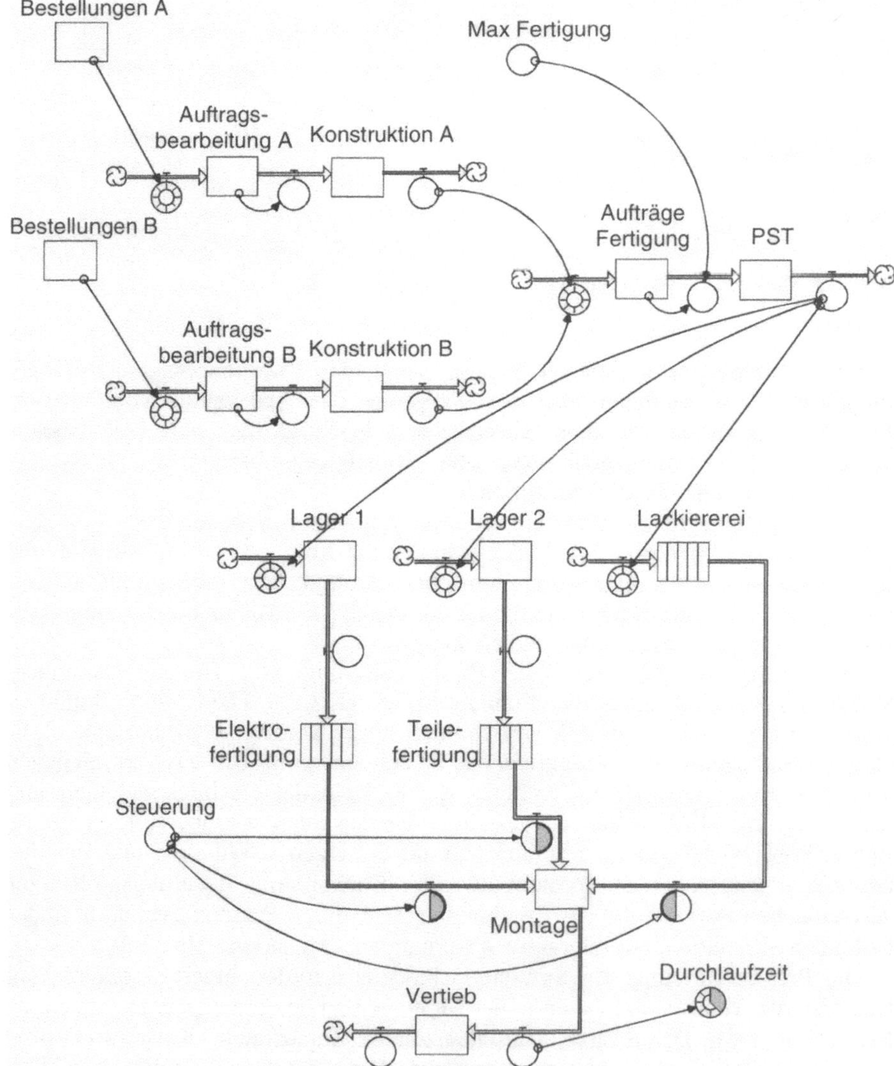

Abb. 3.9. Beispiel eines Flußdiagramms für die der Montage zuarbeitenden Bereiche

Die hohe Qualität der Datenbasis, die sowohl aus quantitativen als auch aus qualitativen Größen besteht, ist für die Aussagekraft des Modells und den später daraus gewonnenen Simulationsergebnissen von größter Bedeutung. Eine mangelhafte Datenbasis führt schnell zum Verlust der Glaubwürdigkeit bezüglich der Modellergebnisse. Dies hat einen Vertrauensbruch zur Folge, macht das Simulationsmodell angreifbar und letztendlich für die Entscheidungsunterstützung unbrauchbar.

Das auf dem Kausaldiagramm aufbauende und mit der entsprechenden Datenbasis versehene Simulationsmodell dient nicht nur dazu, die bestehende Ist-Situation und die sich daraus ergebenden Folgen für die Montage darzustellen. Es ist gleichermaßen in der Lage, potentielle Soll-Konzeptionen, wie sie im Rahmen der Montageplanung durch Segmentierung, Layoutänderungen, Veränderungen in der Disposition usw. entstehen, abzubilden und bezüglich ihrer Zielerfüllung zu bewerten. Voraussetzung hierzu ist, daß die jeweils erforderlichen Daten vorhanden sind oder zumindest hinreichend genau geschätzt werden können.

Im programmierten Modell zur Ist-Situation können mit Hilfe des Simulationstools einzelne Bereiche, die von organisatorischen Veränderungen betroffen sind (wie z.B. die Materialbereitstellung in der Montage), ausgetauscht werden, um zum Modell der Soll-Konzeption zu gelangen. Dies hat zusätzlich den Vorteil, daß die Modellergebnisse auf weitgehend identischen Bedingungen basieren und somit vergleichbar sind.

Das Simulationsmodell sollte, wie bereits verdeutlicht wurde, aus mehreren, einfach austauschbaren Strukturbausteinen bestehen. In jedem Strukturbaustein sind die Zusammenhänge bzw. Strukturen der einzelnen Bereiche in Form eines Flußdiagramms (Abb. 3.9) abgebildet. Jede Größe in dem Flußdiagramm ist wiederum mit Funktionsgleichungen oder mathematischen Graphen hinterlegt. Auf eine detaillierte Erläuterung des Flußdiagramms sowie der darin hinterlegten Funktionsgleichungen wird an dieser Stelle verzichtet.

Das Ergebnis der dritten Phase ist ein modular aufgebautes Simulationsmodell. Mit Hilfe dieses Simulationsmodells können die aus unterschiedlichen Konzepten resultierenden Szenarien für die Ist-Situation wie auch für mögliche Soll-Konzeptionen analysiert und kritisch reflektiert werden. Von besonderem Interesse ist dabei die Variation der Parameter, die für die Leistungsfähigkeit der Montage relevant sind, sowie die Untersuchung ihrer Auswirkungen auf den Unternehmenserfolg.

3.2.4
Darstellung und Diskussion der Ergebnisse aus dem Simulationsmodell

Mit Unterstützung eines Simulationsmodells vom Typ „System Dynamics" können sowohl differierende Marktentwicklungen (Variation zentraler Parameter des Marktes wie etwa konjunkturelle Einflüsse, saisonale Schwankungen, Aktivität der Wettbewerber oder Turbulenzen durch unvorhergesehene Ereignisse) als auch unterschiedliche Montagekonfigurationen (Variation relevanter Parameter wie etwa Kapazität, Preis oder Layout) simuliert und hinsichtlich ihrer Auswirkungen analysiert werden. Dies führt zur Bildung von Szenarien (Abb. 3.10), anhand derer sich alternative Marktsituationen sowie mögliche Konsequenzen einzelner Montagekonfigurationen anschaulich darstellen lassen. Die daraus resultierenden Erkenntnisse erlauben Schlußfolgerungen bezüglich der Eignung alternativer Konfigurationen und tragen damit zur Planung und Gestaltung der Montageprozesse und -strukturen bei. Aufgrund umfassender Sensitivitätsanalysen, die im Rahmen der Simulation erfolgen, ist es zudem möglich, zentrale Stellhebel zur Steigerung der Leistungsfähigkeit der Montage zu identifizieren und die dort vorgehaltenen Ressourcen zielgerichtet und effizient einzusetzen. Insbesondere läßt sich die Erfolgswirksamkeit angestrebter Änderungsmaßnahmen (Soll-Konzeption) aufzeigen.

Mit Hilfe der Simulation kann über eine festgelegte Zeitspanne unter Berücksichtigung systemimmanenter Beziehungen und Wechselwirkungen getestet werden, hinsichtlich welcher Montageleistungen die Kunden besonders sensibel reagieren, beziehungsweise bei welchen Faktoren sie Veränderungen größtenteils ignorieren. Dementsprechend erhalten die Entscheidungsträger in der Montage Anregungen und Hinweise, welche Faktoren als kritische Erfolgsfaktoren zu verstehen sind und welche eher untergeordnete Bedeutung besitzen. Abbildung 3.11 zeigt das Simulationsergebnis zweier Montagekonfigurationen mit unterschiedlichen Schwerpunkten bezüglich der Kombination von Erfolgsfaktoren. Während sich Montagekonfiguration 1 fast ausschließlich auf die kritischen Erfolgsgrößen fokussiert, ist Montagekonfiguration 2 darauf ausgerichtet, alle Erfolgsfaktoren gleichermaßen zu erfüllen. Die sich daraus jeweils ableitende Kundenzufriedenheit ist dem nachfolgenden Graphen zu entnehmen. Es ist ersichtlich, daß mit Montagekonfiguration 1, welche die Ressourcen marktgerecht einsetzt, in absehbarer Zukunft eine deutlich höhere Kundenzufriedenheit erreicht werden kann.

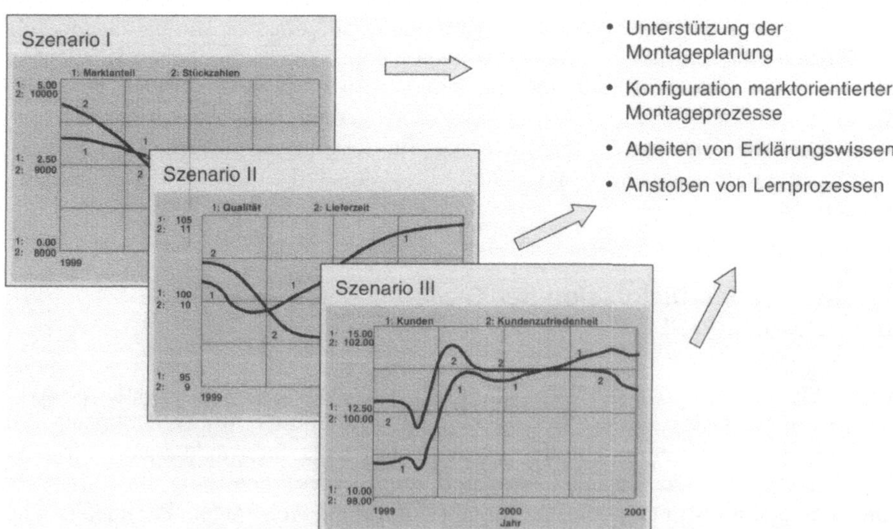

Abb. 3.10. Szenarien zur Unterstützung der Entscheidungsfindung

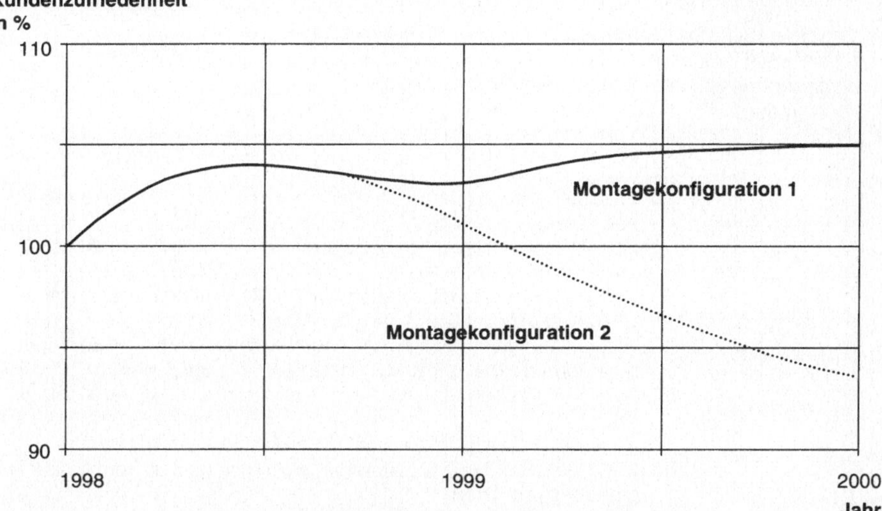

Abb. 3.11. Kundenzufriedenheit bei unterschiedlichen Montagekonfigurationen

Abschließend bleibt festzuhalten, daß sich die Simulation durch ihre Anwendungsvielfalt einerseits für die Untersuchung vielschichtiger Problemstellungen eignet und andererseits Möglichkeiten eröffnet, auch die Dynamik von unternehmensinternen und -externen Zusammenhängen einer langfristigen Analyse zugänglich zu machen. Auf diese Weise erleichtert sie es den Entscheidungsträgern eines Unternehmens, sich einen Überblick über die Gesamtstruktur des Unternehmens zu verschaffen und wichtige Einblicke in die Systemzusammenhänge zu erhalten. Mit dem Simulationsinstrumentarium steht einem Unternehmen somit eine Methode zur umfassenden Entscheidungsunterstützung zur Verfügung, die es erlaubt, unterschiedliche Unternehmenskontexte in Form alternativer Szenarien schnell und kostengünstig zu analysieren und zu bewerten.

Zusammenfassend ist in Abb. 3.12 eine Checkliste mit den Kernfragen dargestellt, die bei der Durchführung von Simulationsstudien im Rahmen der Montageplanung zu berücksichtigen sind.

3.3
Umsetzungsrelevante Aspekte

Wie aus den vorangegangenen Ausführungen deutlich wurde, kann der Einsatz von Simulationsmodellen den Entscheidungsträgern in der Montage helfen, wesentliche unternehmensinterne und -externe Zusammenhänge zu erkennen sowie deren Wirkungsmechanismen zu verstehen. Doch all die Chancen und Potentiale, die in dem Instrumentarium der Simulation stecken, können nur dann voll ausgeschöpft werden, wenn die erforderlichen Vorarbeiten ernsthaft und gründlich durchgeführt werden.

Festlegung des Untersuchungs- bereichs	☑ Welche Unternehmensbereiche beeinflussen die Montage bzw. werden von der Montage beeinflußt? ☑ Wie weit soll der Untersuchungsbereich gesteckt werden? ☑ Welche Märkte sind relevant? ☑ Lassen sich Märkte zu Clustern zusammenfassen? ☑ Welche kritischen Erfolgsfaktoren herrschen jeweils vor? ☑ Welche Rolle spielt die Konkurrenz auf diesen Märkten?
Analyse der Montage- und Marktstrukturen	☑ Welche Personen verfügen in den ausgewählten Bereichen über besondere Kenntnisse? ☑ Ist es möglich, diesen Personenkreis in mehreren Workshops zusammenzubringen? ☑ Wer kommt für die Moderation und die Betreuung der Erstellungs- phase des Kausaldiagrammes in Frage? ☑ Welche kausalen Zusammenhänge bestehen zwischen der Mon- tage und anderen relevanten Unternehmensbereichen? ☑ Welche kritischen Erfolgsfaktoren werden direkt von der Montage beeinflußt? ☑ An welchen Erfolgsfaktoren ist die Montage auszurichten? ☑ Welche Abläufe und Strukturen in der Montage sind vom Mana- gement veränderbar? ☑ Gibt es besonders wichtige „Stellhebel" in der Montage? ☑ Welches sind die Meßkriterien zur Beurteilung der Leistungsfähig- keit der Montage?
Entwicklung des Simulations- modells	☑ Wer verfügt über das Know-how zur Programmierung des Simula- tionsmodells? ☑ Welche Daten der Montage, der montageunterstützenden Bereiche sowie vom Markt sind für die Programmierung des Simulationsmo- dells notwendig? ☑ Welche Daten sind bereits vorhanden bzw. welche müssen noch erhoben werden? ☑ Mit welchem Aufwand ist die Erhebung der noch fehlenden Daten verbunden? ☑ Ist eventuell das Schätzen einiger Daten sinnvoll? ☑ Ist das Simulationsmodell ausreichend getestet und sind die Er- gebnisse glaubwürdig?
Testen alternati- ver Montage- konfigurationen	☑ Welche Montagekonfigurationen sollen im Modell untersucht wer- den? ☑ Welche Parameter stellen sich für die Montage als besonders sensibel heraus? ☑ Sind die Ergebnisse für die Montagemitarbeiter nachvollziehbar? ☑ Inwiefern können die Simulationsergebnisse in die Entscheidungs- findung mit eingebracht werden? ☑ Sind die Ergebnisse bzw. mögliche Folgen von Umstrukturierun- gen für die Mitarbeiter in der Montage transparent?

Abb. 3.12. Checkliste zur marktorientierten Montagegestaltung mit Hilfe der Simulation

Einer der häufigsten Fehler ist in diesem Zusammenhang, daß zu Beginn der Arbeiten keine hinreichend klare Eingrenzung auf das eigentlich zu untersuchende Problem stattfindet. Dadurch kommt es oftmals zu außerordentlich komplexen Modellen, die in der Regel wenig aussagekräftig sind und den Anwender später eher verwirren, als ihm die wesentlichen Strukturen und Mechanismen zu verdeutlichen. Auch uneinheitliche Betrachtungsebenen in ein und derselben Diskussion führen teilweise zu sogenannten Aggregationsbrüchen, die dem Verständnis der wesentlichen Zusammenhänge im Wege stehen. Aus diesem Grund sollte man sich von Anfang an auf die für den Problembereich zentralen Größen und Beziehungen konzentrieren und die weniger wichtigen bewußt ausgrenzen. Zweifellos bestehen bei den Beteiligten u.U. konträre Ansichten hinsichtlich der Relevanz verschiedener Faktoren. Diese Differenzen müssen jedoch nach Möglichkeit in einer frühen Phase des Modellerstellungsprozesses durch offene Diskussionsprozesse beseitigt werden. Hierbei ist das „Vergessen" von Hierarchieunterschieden ebenso wichtig wie das Mitbringen einer großen Kompromißbereitschaft. Zudem liegen jedem Simulationsmodell aus Gründen der Vereinfachung einschränkende Annahmen zugrunde. Diese Annahmen sind jedoch nichts anderes, als eine Sammlung konsensfähiger Meinungen, mit denen sich die „Modellbauer" einverstanden erklären. Zwar werden sie in der Regel kritisch hinterfragt, doch lassen sich auch hier letztendlich Irrtümer nicht gänzlich ausschließen. Folglich können die Ergebnisse, die sich aus dem entwickelten Simulationsmodell ergeben, nur so gut und richtig sein, wie es die geleisteten Vorarbeiten zulassen.

Neben dem nicht klar genug definierten Untersuchungsfokus ist unzureichend eingeplanter Zeitaufwand seitens der Projektverantwortlichen ein weiterer häufiger Grund für unbefriedigende Projektergebnisse. Insbesondere wird der Diskussionsbedarf, der zwischen den am Projekt beteiligten Personen besteht, oftmals erheblich unterschätzt. Die Projektbeteiligten kommen idealerweise aus verschiedenen Unternehmensbereichen und besitzen damit in der Regel unterschiedliche Betrachtungswinkel auf die Montage, die es im Laufe der Diskussionsprozesse auszutauschen, zu vervollständigen und aneinander anzugleichen gilt. Unter Zeitdruck finden diese notwendigen Diskussionsprozesse in nicht ausreichendem Maße statt, worunter die Entwicklung einer gemeinsamen und ganzheitlichen Sichtweise leidet. Die Folge davon sind unvollständige Modellstrukturen, die später zu verzerrten oder widersprüchlichen Aussagen führen können. Dies führt dazu, daß von Beginn an kein Vertrauen in die Richtigkeit des Modells entsteht und somit auch Modellergebnisse vorschnell als unglaubwürdig oder falsch abgetan werden, ohne über deren Zustandekommen ernsthaft nachzudenken und die Ursachen für die Ergebnisse zu erforschen.

Eine andere Quelle für Widersprüche und Mißverständnisse bei den Beteiligten ist das Fehlen einheitlicher Begriffsdefinitionen. Schlagworte wie „Flexibilität" oder „Qualität" sind zwar jedermann durchaus geläufig, erfahren aber teilweise vom Einzelnen vollständig unterschiedliche Interpretationen. Dies bringt zumindest Mehrdeutigkeit, oft sogar Verwirrung mit sich und erfordert in der Regel ein erneutes Überdenken der Zusammenhänge. Insofern sollte von Beginn an jeder im Modell verwendete Begriff festgehalten und kurz definiert werden. Auf diese Weise lassen sich Verständnisprobleme und damit verbundene unnötige Diskussionen vermeiden.

Hat man die Phase der Problemeingrenzung und der Gruppendiskussionen erfolgreich zu Ende gebracht, tauchen bei der Analyse der Markt- und Montagestrukturen häufig weitere Probleme auf. Zum einen wird teilweise versäumt, die vermeintlich bekannten Marktstrukturen tatsächlich noch einmal ernsthaft zu hinterfragen. Immer wieder herrschen tradierte Sichtweisen vergangener Tage vor; früher erkannte Zusammenhänge werden unreflektiert ins Modell übernommen, ohne sich die Mühe zu machen, den Markt erneut zu beobachten und Kunden zu befragen. Insofern sollte die Phase der Entwicklung des Kausaldiagramms dazu genutzt werden, die aktuellen Marktstrukturen nachhaltig zu erforschen und das Modell nicht durch die Annahme veralteter und damit oft falscher Marktzusammenhänge von vornherein unbrauchbar werden zu lassen.

Zum anderen besteht im Zuge der Modellerstellung die Chance, bei der Durchleuchtung der Montagestrukturen nicht nur deren Abbildung in vereinfachter Form vor Augen zu haben, sondern darüber hinaus einen Blick für konkrete Verbesserungsmöglichkeiten der bestehenden Strukturen sowie Hinweise auf vorhandene Stärken und Schwächen zu gewinnen. Auf diese Weise entstehen durch die Entwicklung des Kausaldiagramms neue Ideen und daraus resultierend neue Maßnahmen für die Montageplanung.

Die Montagestrukturen bleiben zweifellos nicht für immer bestehen. Über der Zeit verändern sie sich und mit ihnen müssen natürlich auch die Modellstrukturen angepaßt werden. Um diesen Prozeß zu vereinfachen, bietet es sich an, das Modell modular aufzubauen, so daß immer nur einzelne Bausteine verändert werden müssen und die modifizierten Module vergleichsweise problemlos in das ansonsten unverändert gebliebene Gefüge integriert werden können. Wenngleich dieses Vorgehen einfach erscheint, darf der Aufwand von Anpassungen in der Modellstruktur nicht unterschätzt werden. Die Anpassungen und Modifikationen setzen detailliertes Wissen über bisher getroffene Annahmen, aktuell zugrunde liegende Zusammenhänge und die neuen Gegebenheiten voraus. Zudem muß der Mitarbeiter, der für die Modellpflege zuständig ist, im Umgang mit dem Simulationsmodell vertraut und erfahren sein. Sinnvollerweise sollten sogar mehrere Mitarbeiter in die Modellpflege involviert sein, um plötzlichen Wissensverlust beim Personalwechsel zu verhindern. Nur so kann sichergestellt werden, daß das Modell in seinen Strukturen immer auf dem neusten Stand ist und für lange Zeit als „Entscheidungsbegleiter" nutzbar bleibt.

Geht es anschließend darum, das entstandene Modell mit Daten zu hinterfüttern, muß man sich bewußt sein, daß mit der Datenqualität die Aussagekraft des Modells steht und fällt. Aus diesem Grund sollte die Datenerhebung entsprechend fundiert vollzogen werden, um aus den verschiedenen Unternehmensbereichen verläßliche Informationen zu erhalten. Dabei ist auf eine durchgängige Aktualität der Daten zu achten, da bei der Verwendung von (in zeitlicher Hinsicht) heterogenen Datenbeständen die Gefahr erheblich verzerrter Aussagen und, damit verbunden, falscher Rückschlüsse besteht.

Weiterhin darf bei der Ergebnisinterpretation nicht der Fehler gemacht werden, sich auf die vermeintlich konkreten Zahlen zu fokussieren. Viele Annahmen können in den anfänglichen Gruppendiskussionen oft nur vage quantifiziert werden. Zwar müssen im Modell in letzter Konsequenz konkrete Zahlen eingesetzt werden, diese sind dann jedoch häufig eher als Richtgrößen, denn als exakte Werte zu verstehen. Dementsprechend ist auch das Ergebnis nur im Sinne eines Wertekorridors aufzufassen. Im Falle einer Realisierung von im Modell getesteten Entscheidungen werden sich die betrachteten Größen voraussichtlich innerhalb dieses Korridors bewegen.

Auf Basis der so ermittelten qualitativen Trendaussagen ist das generelle Verhalten des Modells zu ermitteln und vor allem zu verstehen. Dazu lassen sich immer neue Szenarien generieren, deren Analyse grundsätzliche Einsichten in Abhängigkeiten und Beziehungszusammenhänge ermöglicht. Das Arbeiten mit diesen sogenannten „Gaming Modellen" kann in relativ kurzer Zeit wertvolle neue Erkenntnisse bringen, birgt jedoch die Gefahr eines „video game syndroms" in sich, bei dem der „spielende" Entscheider den Spaß des Spielens mit dem Modell konsumiert, nicht aber die kausalen Zusammenhänge begreift.

3.4
Zusammenfassung und Ausblick

Menschen besitzen zwar grundsätzlich die Fähigkeit, Systemzusammenhänge mental zu simulieren, sind dabei jedoch beim Umgang mit komplexen Systemen häufig überfordert. Insbesondere wenn es um das Abschätzen langfristiger Effekte von Eingriffen in das komplexe System „Montage" geht, tun sie sich schwer und brauchen Unterstützung. Der Einsatz von computergestützten Simulationsmodellen kann beim Durchspielen immer wieder modifizierter oder vollkommen neuer Montagekonfigurationen helfen. Derartiges Experimentieren an einem von der realen Montage getrennten Ersatzsystem eröffnet vielfältige Möglichkeiten. Zum einen wird dynamisches Verhalten wiederholbar, wodurch intensive Analysen möglich sind. Daher kann ein Simulationsmodell Einsichten vermitteln, welche im Realsystem „Montage" – etwa wegen hoher Komplexität oder Überlagerung verschiedener Effekte – nicht eindeutig zu gewinnen sind. Zum anderen sind in der Realität unveränderliche Größen wie Zeit oder Raum im Modell beeinflußbar, weshalb auch zeitlich auseinanderfallende Ursachen und Wirkungen in Zusammenhang gebracht oder räumlich auseinanderliegende Ereignisse in ein Modell integriert werden können. Die Möglichkeit, mit alternativen Montagekonfigurationen intensiv, systematisch und risikolos experimentieren zu können, erlaubt auch den Test von in der Realität irreversiblen oder extremen Situationen.

Trotz der enormen Potentiale, die sich mit dem System Dynamics-Ansatz nutzen lassen, dürfen die Gefahren nicht außer acht gelassen werden: Erstellte Simulationsmodelle können, z.B. aufgrund der zu treffenden Annahmen oder der erforderlichen Daten, niemals vollkommen mit der Realität übereinstimmen. Somit ist die Zulässigkeit des Rückschlusses auf das Realsystem, um den es im Grunde genommen aber geht, stets kritisch zu prüfen. Zudem entsteht für die Modellierung und die Durchführung von Simulationen in der Regel ein hoher Recherche- und Entwicklungsaufwand, der die Methode zeitaufwendig und mitunter auch kostspielig werden läßt. Dennoch sind Simulationen mit geringeren Kosten und weniger Zeitaufwand verbunden als Versuche am realen System, sofern diese überhaupt risikolos möglich sind.

Zusammenfassend kann der beschriebene System Dynamics-Ansatz als Instrument verstanden werden, das – sorgfältig angewandt – die interdisziplinäre Entscheidungsfindung in der Montageplanung unterstützt, Lernprozesse anstößt, beschleunigt und auf diese Weise die Lerneffizienz der Mitarbeiter und Entscheidungsträger in der Montage nachhaltig verbessert.

Literatur

Forrester, J.W.: Industrial Dynamics. Portland: MIT Press 1961.
Richardson, G.P.: Problems for the future of system dynamics. In: System Dynamics Review, 12 (1996) 2, S. 141-157.
Richardson, G.P.; Andersen, D.F.: Teamwork in Group Model Building. In: System Dynamics Review, 11 (1995) 2, S. 113-137.
Rockart, J.F.: Chief executives define their own data needs. In: Harvard Business Review, 57 (1979) 3-4, S. 81-92.
Sterman, J.D.: A Skeptic´s Guide to Computer Models. In: Warkentin, M.E. (Hrsg.): Proceedings of the 1985 International Conference of the System Dynamics Society. Keystone 1985, S. 852-877.
Vennix, J.A.M.: Group Model - Building: Tackling Messy Problems. In: System Dynamics Review, 15 (1999) 4, S. 379-401.

4 Benchmarking als Ausgangsbasis für die Neuorganisation montageunterstützender Bereiche

RONALD GLEICH, GERD AUPPERLE

4.1 Einleitung

Neuorganisationen verursachen generell einen tiefgreifenden Wandel im Unternehmen. Dabei wird der kontinuierliche Entwicklungsprozeß eines Unternehmens unterbrochen. Neuorganisationsprojekte lassen sich durch unterschiedliche Ansatzpunkte differenzieren (Kirsch/Börsig 1980):

- Neuorganisationen aufgrund einer Einführung von Geschäftsbereichen oder Sparten (strukturelle Neuorganisation).
- Neuorganisationen aufgrund der Einführung computergestützter Informationssysteme sowie von Planungssystemen (system- oder technologiebezogene Neuorganisationen). Gerade dieser Punkt erweist sich – auch heute noch – bei der variantenreichen Serienfertigung als ausgesprochen wichtig, unterstützen doch geeignete Informationssysteme, speziell CAD und PPS, die effiziente Beherrschung der Varianten in der Konstruktion, der Auftragsabwicklung und der Produktion.
- Veränderte Marktanforderungen. Veränderte kritische Erfolgsfaktoren erfordern die Neudefinition von Zielen und Leistungsmerkmalen speziell auch hinsichtlich Zeit und Flexibilität des Unternehmens und der Montage und erfordern so eine Neuorganisation.

Das Ziel einer Neuorganisation ist in der Regel die völlige Neugestaltung von Prozessen. Ausgangspunkte sind hierbei Schwachstellen, Probleme oder Redundanzen bezüglich (Lohoff/Lohoff 1993)

- des Prozeßinputs (Schnittstelle vorgelagerter Prozeß),
- der Informations- oder Materialverarbeitung und deren informationstechnischer Unterstützung sowie
- des Prozeßoutputs (Schnittstelle nachgelagerter Prozeß).

Eine Neugestaltung der Prozesse setzt vorwiegend an den fünf in Abb. 4.1 dargestellten Verbesserungsformen an (Lohoff/Lohoff 1993). Diese sind an für sich wenig überraschend. Der Nutzen liegt nicht in der theoretischen Kenntnis dieser Verbesserungsformen, sondern in deren konsequenter Anwendung für den zu optimierenden Prozeß. Jede einzelne Aktivität ist auf den Prüfstand zu stellen: Ist sie notwendig? In dieser Form? Soll und kann sie automatisiert werden?

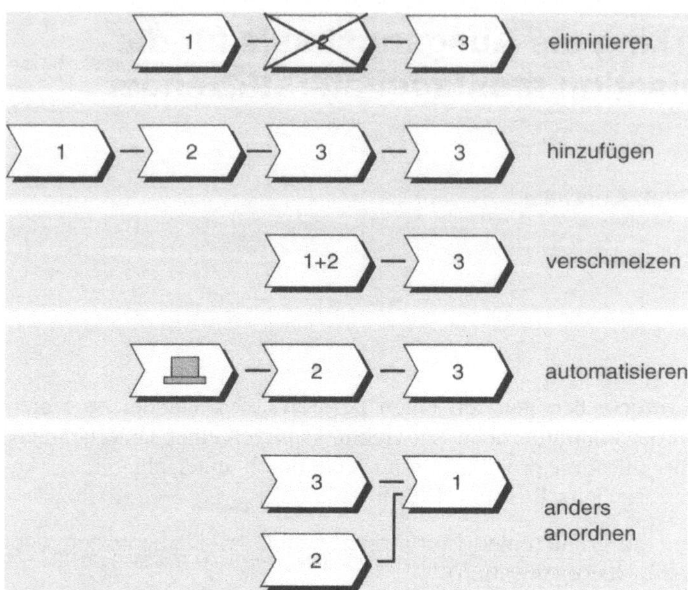

Abb. 4.1. Vorwiegende Formen der Prozeßneuorganisation

Eine Prozeßeliminierung ist besonders bei nicht wertschöpfenden Aktivitäten oder Prozessen sinnvoll, die den Ablauf von Prozeßketten erschweren und/oder nicht kundengewünscht sind. Als Beispiel sei genannt, daß die Konstruktion nicht festzulegen braucht, welche Blechtafeln für Zuschnitte genommen werden sollen, da der Bereich „Blechzuschnitt" diese wesentlich besser verschachteln und dabei Restmengen berücksichtigen kann. Erkannt werden können solche nicht notwendigen Aktivitäten bspw. durch eine Analyse der Kunden-Lieferanten-Beziehungen, bei denen der Kunde, im vorliegenden die Montage, die Leistungen seiner Informations- und Materiallieferanten hinsichtlich Art, Qualität, Nutzen oder Aktualität bewerten soll. Ausgehend von den Wünschen kann auch eine Erweiterung der Prozeßkette oder die Verschmelzung zweier oder mehrerer Prozesse zu einem neuen, effizienteren Prozeß mit größerem Nutzen für den Kunden sinnvoll und notwendig sein. Stets sollten mit prozeßbezogenen Neuorganisationen Zeit-, Prozeßleistungs- und/oder Kostenvorteile verbunden sein.

Auch eine Automatisierung (Prozeß bleibt bestehen, Techniken und/oder Hilfsmittel der Informations- oder Materialbearbeitung ändern sich, bspw. durch den Einsatz von Variantengeneratoren im Bereich der Auftragsabwicklung, Anpassungskonstruktion oder in der Arbeitsplanung) oder eine veränderte Anordnung von Prozessen oder Aktivitäten können diese erzielen.

Neuorganisationen in montageunterstützenden Bereichen von Unternehmen (die sich in fertigungsnahe und fertigungsferne Gemeinkostenbereiche einteilen lassen) unterscheiden sich nicht grundsätzlich, d.h. in ihren Ansatzpunkten, von Neugestaltungen hierarchisch höherer organisatorischer Gebilde wie z.B. Geschäftsbereichen oder Unternehmen.

Den Ausgangspunkt von Neuorganisationen in montageunterstützenden Bereichen bilden selten strategische Überlegungen oder Einschätzungen von Führungskräften oder Mitarbeitern im Unternehmen. Statt dessen überwiegen hier Veränderungsprojekte aufgrund (Schmidt 1996)

– unvorhergesehener Situationen, z.B. Markteinbrüche aufgrund veränderter Marktanforderungen und kritischer Erfolgsfaktoren, Unternehmenskäufe oder -verkäufe, Produkt- oder Prozeßinnovationen der Wettbewerber oder
– allgemeiner Probleme, z.B. Trägheit der Organisation allgemein oder der montageunterstützenden Bereiche speziell bei verschiedensten Anlässen, stetig steigende Gemeinkosten aufgrund einer stetig steigenden Anzahl von Varianten oder hohe Reklamationsquoten.

4.2
Kombinierte Ansatzpunkte zur Neuorganisation montageunterstützender Bereiche

Wie dargestellt, lassen sich drei Ansatzpunkte für eine Neuorganisation montageunterstützender Bereiche nennen: Die Änderungen von Strukturen, Technologien oder Abläufen/Prozessen. Die daraus resultierenden Maßnahmen für eine Neuorganisation lassen sich in einem Würfel veranschaulichen (Abb. 4.2). Ausgehend von der derzeitigen Situation (alte Strukturen, alte Abläufe, alte Technologien) können sieben strategische Stoßrichtungen bei der Neuorganisation unterschieden werden, nämlich die alleinige oder kombinierte Erneuerung von Strukturen, Prozessen oder Technologien. Von besonderer Bedeutung ist derzeitig – aufgrund der häufigen Anwendung, nicht unbedingt wegen des optimalen Nutzens – die Einführung von moderner Informations- und Kommunikationstechnologie (bspw. SAP R/3) bei gleichbleibenden Strukturen und ggf. Abläufen. Diese Strategie wird oft deshalb verfolgt, weil man die gleichzeitige Veränderung von Prozessen aus mannigfaltigen Gründen fürchtet. Oft wird argumentiert, daß eine Neuorganisation die Mitarbeiter überfordern würde und daher mit einem zu großen Risiko verbunden sei. Ein Nicht-Ausschöpfen potentieller Nutzeffekte nimmt man dabei bewußt oder unbewußt in Kauf. Der höchste Aufwand (und potentielle Nutzen) für eine Neuorganisation entsteht bei der simultanen Erneuerung aller Gestaltungsparameter.

Drei zu beantwortende Fragen sind eng mit Neuorganisationsvorhaben verbunden (Schmidt 1996):

– Wo stehen wir heute?
– Was machen wir nicht gut genug?
– Wohin wollen wir?

Die Beantwortung dieser Fragen muß immer anhand der Anforderungen der Märkte und der kritischen Erfolgsfaktoren erfolgen. Diese setzen den Maßstab. Dazu sind umfangreiche Analysen erforderlich und der Einsatz verschiedener betriebswirtschaftlicher Instrumente möglich. Die Ermittlung und Simulation kritischer Erfolgsfaktoren wurde in Kap. 3 ausführlich vorgestellt.

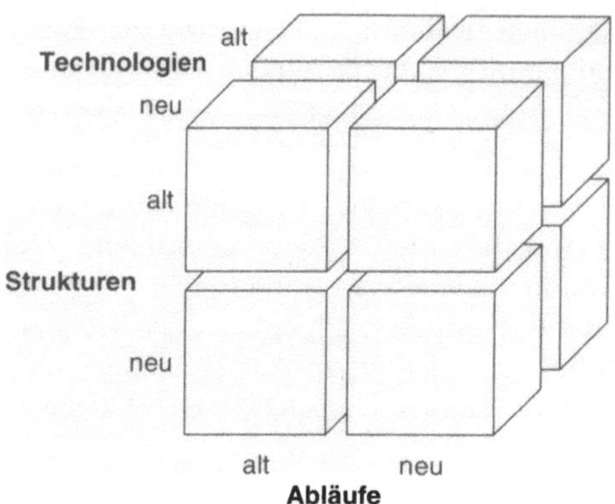

Abb. 4.2. Der Neuorganisationswürfel zur Darstellung von Neuorganisationsstrategien

Ein anderes wichtiges Instrument, welches zum einen Aufschluß über den aktuellen Leistungsstand der untersuchten Organisationsbestandteile und zum anderen Ansatzpunkte für Verbesserungen liefert, ist das Benchmarking, das den Vergleich mit anderen Unternehmen in den Mittelpunkt der Betrachtungen stellt.

4.3 Benchmarking zur kontinuierlichen Optimierung der Montage und montageunterstützenden Bereiche

Gemeinhin wird Benchmarking als "the continuous process of measuring products, services and practices against the company's toughest competitors of those companies renowned as industry leaders" bezeichnet (Camp 1992). Es sollen

– systematisch und kontinuierlich die Leistungsdifferenzen zwischen Unternehmen oder Unternehmenseinheiten wie der Montage offengelegt,
– Ursachen für die Leistungsunterschiede analysiert und
– Verbesserungen aufgezeigt und umgesetzt werden.

Systematisch und kontinuierlich bedeutet, daß Benchmarking nicht nur sporadisch bei der Neuplanung der Montage eingesetzt wird, sondern zu einem festen Bestandteil einer lernenden, sich hinsichtlich Effizienz und Marktausrichtung ständig weiterentwickelnden Montage zählt (Bürgel/Haller/Forschner 1997). Die Betonung der Ursachenanalyse zeigt zudem, daß es nicht nur um die Vorgabe von Zielwerten, sondern vielmehr um die Identifikation der Methoden, Verfahren oder Strukturen geht, die ursächlich für die Kosten- oder Leistungsunterschiede speziell auch in der Montage sind. Die Ergänzung um die Umsetzungsphase verdeutlicht außerdem, daß es beim Benchmarking nicht nur um eine „Standortbestimmung" geht, sondern die konkrete Adaption von Ansatzpunkten zur Leistungssteigerung im Vordergrund steht, bspw. zur produktorientierten Neustrukturierung der Montage.

Die unterschiedlichen Klassifizierungsansätze in der Literatur lassen sich zu einem morphologischen Kasten zusammenfassen, der eine Einordnung von Benchmarkingprojekten auch für die Montage ermöglicht (Abb. 4.3).

Das Leistungsobjekt „Prozesse" bietet sich für die montageunterstützenden Bereiche wie Auftragsabwicklung, (Anpassungs-)Konstruktion oder Arbeitsvorbereitung geradezu an. Prozesse lassen sich sehr gut hinsichtlich ihrer organisatorischen Einbettung und der technologischen Unterstützung gegenüberstellen, um Anregungen für Prozeßverschlankungen zu erhalten. Bei den montagerelevanten Leistungsdimensionen handelt es sich vorrangig um die im Markt kritischen Erfolgsfaktoren Kosten, Zeit und Qualität bzw. die übergeordnete Kundenzufriedenheit.

Ein ganz wesentliches Kriterium zur Einordnung des Benchmarking ist die Vergleichsebene, d.h. der zu suchende Benchmarking-Partner. Der Neuigkeitsgrad des Benchmarking wird in starken Maßen dadurch begründet, daß neben unternehmens- oder brancheninternen besonders branchenübergreifende Vergleiche durchgeführt werden sollten. Diese Form des Benchmarking hat den Vorteil, daß keine Konkurrenzbeziehungen zwischen den Benchmarking-Partnern vorhanden sind. Eine Vergleichbarkeit ist dabei öfter gegeben als man annimmt oder anerkennen will. So haben umfangreiche Untersuchungen gezeigt, daß Unternehmen mit unterschiedlichen Produkten aber der gleichen Fertigungsart (Einzel- und Kleinserienfertigung, variantenreiche Serienfertigung oder Massenfertigung) hinsichtlich der Prozesse durchaus einem seriösen Benchmarking unterzogen werden können. Darüber hinaus kann ein Know-How-Transfer durch die unterschiedlichen Kernkompetenzen von Unternehmen erfolgen.

Als weitere Einteilungskriterien kommen die Erhebungsform, die Erhebungsmethodik sowie die Aufbereitung und Verwendung von Benchmarkinginformationen in Frage.

Benchmarking-Parameter	Ausprägung der Parameter			
Leistungsobjekt	Produkte	Methoden	Funktionen	Prozesse
	Aufgaben	Unternehmen	Dienstleistungen	Strategien
Leistungsdimension	Kosten	Qualität	Zeit	Kunden-zufriedenheit / Andere
Benchmarking-Partner	Internes Benchmarking	Konkurrenten	gleiche Branche	andere Branche
Erhebungsform	Fremderhebung/ Neutrale Stelle	Fremderhebung Beteiligte		Eigenerhebung
Erhebungs-methodik	Interview/ Vor-Ort-Analyse	Indirekt - interne Unterlagen -		Indirekt - externe Unterlagen -
Aufbereitungsform	Offene Darstellung	Verdeckte Darstellung		Statistiken/ Verbandsauswertungen

Abb. 4.3. Morphologischer Kasten zur Einordnung von Benchmarkingprojekten (Horváth/ Herter 1992, Lamla 1995)

4.4
Ablauf des Benchmarking

Ein effektives Benchmarking ist von vielen Erfolgsfaktoren abhängig. Hervorzuheben ist die frühzeitige Verpflichtung des Managements und der einbezogenen Mitarbeiter zur aktiven Beteiligung sowie deren prinzipielle Bereitschaft zu Veränderungen. Dazu bedarf es einer grundsätzlichen Aufgeschlossenheit für neue Ideen und Konzepte, einer klaren Definition der Verantwortlichkeiten sowie eines frühzeitigen Festlegens und Bekanntmachens der Benchmarkingabläufe, des sogenannten Benchmarkingprozesses.

In Anlehnung an Horváth und Herter, welche den Benchmarkingprozeß in die Phasen Vorbereitung, Analyse und Umsetzung gliedern (Horváth/Herter 1992), lassen sich die verschiedenen inhaltlichen Komponenten in vier aufeinanderfolgende Phasen des Benchmarkingprozesses zusammenfassen (Abb. 4.4):

- In der *Vorbereitungsphase* erfolgt die Zielfestlegung, die Auswahl der relevanten Projektparameter sowie der Benchmarkingrahmenbedingungen;
- In der *Analysephase* werden die Daten erhoben und ausgewertet;
- In der *Vergleichsphase* werden die Daten verglichen, Leistungslücken identifiziert, die ihnen jeweils zugrunde liegenden Ursachen erhoben und konkrete Verbesserungen aufgezeigt;
- Die Initiierung konkreter Verbesserungen durch Austausch und Adaption bildet die abschließende *Verbesserungsphase*.

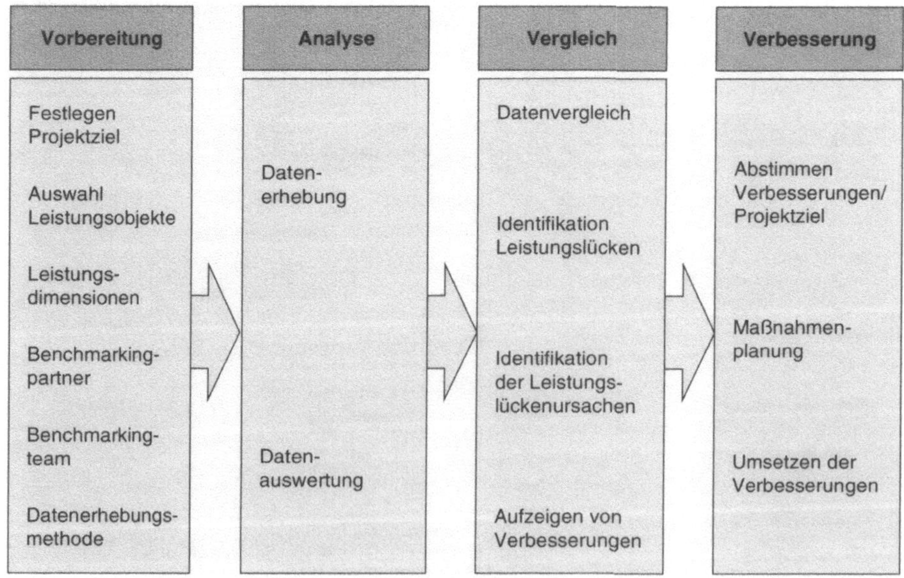

Abb. 4.4. Die vier Phasen des Benchmarkingprozesses

Bei den durchgeführten und hier reflektierten Benchmarkingprojekten erfolgte eine konsequente Ausrichtung auf diese vier Phasen. Alle Partner sind in der Maschinenbaubranche tätig. Die Unternehmen sind zueinander allerdings, was das Auftragsvolumen, die Produktkomplexität sowie die durchschnittlichen Losgrößen betrifft, eher heterogen. Dennoch lassen sich drei grundsätzliche Unternehmensgruppen unterscheiden:

– Die Gruppe der Serienfertiger innerhalb der untersuchten Benchmarkingunternehmen (durchschnittliche Auftragslosgröße größer 25 Stück).
– Die Gruppe der Kleinserienfertiger (durchschnittliche Auftragslosgröße zwischen 2 und 25 Stück) sowie
– die Gruppe der Einzelfertiger (durchschnittliche Auftragslosgröße nahe 1).

Der Reiz der Betrachtung aller drei Gruppen sowie gruppenübergreifender Vergleiche liegt darin, daß einerseits eine Vergleichbarkeit innerhalb der Gruppen nachgewiesen werden kann und dennoch gruppenübergreifend Erfahrungen und Best-Practise-Ansätze genutzt werden können.

Die Datenerhebung erfolgte durch die neutrale Forschungsstelle (Universität Stuttgart, Fraunhofer-Institut) mittels Vor-Ort-Interviews bei den Unternehmen. Man spricht in diesem Zusammenhang auch vom verdeckten Benchmarking, da die Wettbewerber voneinander keine unternehmensspezifischen Informationen erhalten. Weil hierbei auf Abstimmungsvorgänge im Teilnehmerkreis verzichtet werden konnte, wurde die Prozessdurchführung beschleunigt.

Die Datenerhebungsmethode wurde wiederum stark beeinflußt von der Methodik der Prozeßkostenrechnung (vgl. Kap. 9), d.h. Daten wurden so erhoben, dass sie gleichzeitig für die Berechnung und den Vergleich der Prozeßkosten nutzbar waren. Grundlage für die Interviews waren daher Prozeßkostenstellen-Datenblätter. Innerhalb dieser Datenblätter wurde zwischen Tätigkeiten und Teilprozessen unterschieden. Tätigkeiten stellen erfaßte Aufgaben und Verrichtungen einer Kostenstelle dar, während Teilprozesse abteilungsinterne Tätigkeitsbündel sind, die sich auf einen Aufwandtreiber (= Cost Driver) zurückführen lassen.

In einem ersten Schritt wurden in den verschiedenen Gemeinkostenbereichen Tätigkeiten analysiert; hierbei kamen auch Tätigkeitskataloge zum Einsatz. Diese wurden anhand umfassender Literaturstudien erstellt, um auch bei den ersten Kostenstellenanalysen alle wesentlichen Tätigkeitsfelder der jeweiligen Funktionsbereiche zu berücksichtigen. Die Tätigkeitskataloge erleichterten, neben dem Einsatz eines speziell entwickelten Branchenprozeßmodells, auch eine Tätigkeits- und Prozeßvorstrukturierung, die insbesondere für eine konsistente Vorgehensweise wichtig war.

Die Tätigkeiten wurden anschließend mengen-, kapazitäts- und kostenmäßig erfaßt und zu Teilprozessen verdichtet. In einem nächsten Schritt wurden auch die Teilprozesse bewertet. Als Ergebnis wurden schließlich die Teilprozeßkosten ermittelt. Am Beispiel der Arbeitsvorbereitung in einem der beteiligten Unternehmen (35,5 Mitarbeiter bei Kosten der Kostenstelle in Höhe von 3.171.000 DM) lassen sich die Ergebnisse einer prozeßorientierten Kostenstellenrechnung veranschaulichen (Abb. 4.5).

	Prozeßkosten-stellenrechnung (Arbeitsvorbereitung)	Kapazitätsbe-anspruchung (Mannjahre)	Prozeßmengen pro Jahr	Gesamtkosten des Prozesses pro Jahr	Teilprozeßkosten Imi (leistungsmen-geninduziert)	Prozeßkosten-umlage Abteilung leiten	Prozeßkosten-umla-ge Sonder-aufgaben	Prozeßkosten-umlage allgemeine Tätigkeiten	Teilprozeßkosten gesamt (Imi und Imn)
1	Arbeitsplanerstellung/-änderung (neu)	5,50	2.000	491.281,69	245,64	3,56	2,85	0,71	**235**
2	Arbeitsplanerstellung/-änderung (ähnlich)	3,00	1.500	267.971,83	178,65	2,59	2,07	0,52	**184**
3	Betriebsmittel planen (neu)	2,50	140	223.309,86	1.595,07	23,12	18,49	4,62	**1.641**
4	Betriebsmittel planen (ähnlich)	1,50	160	133.985,92	837,41	12,14	9,71	2,43	**862**
5	NC-Programme erstellen (einfach)	4,50	1.800	401.957,75	223,31	3,24	2,59	0,65	**230**
6	NC-Programme erstellen (komplex)	5,50	1.300	491.281,69	377,91	5,48	4,38	1,10	**389**
7	Kapazitätsabgleich durchführen	2,00	35.000	178.647,89	4,10	0,07	0,06	0,01	**5**
8	Fertigungssteuerung	10,00	35.000	893.239,44	25,52	0,37	0,30	0,07	**26**
	Summe Imi	**34,50**	**Umla-gesatz**	**3.081.676,06**					
9	Abteilung leiten	0,50	1,45%	44.661,97					
10	Sonderaufgaben	0,40	1,16%	35.729,58					
11	Allgemeine Tätigkeiten	0,10	0,29%	8.932,39					
	Summe Imi und Imn	**35,50**		**3.171.000,00**					

Abb. 4.5. Datenerhebung und -auswertung mit der Prozeßkostenrechnung

Demnach verursacht bspw. eine neue Arbeitsplanerstellung (Teilprozeß 1) je Durchführung 253 DM. Die Erstellung eines komplexen NC-Programms (Teilprozeß 6) kostet 389 DM. Gerade auch bei der Arbeitsplanerstellung innerhalb der Gruppe der variantenreichen Serienfertiger zeigten sich Unterschiede in den Prozeßkosten. Geringere Kosten gehen im allgemeinen einher mit stärkerem Einsatz von Informationssystemen zur automatisierten Erstellung von ähnlichen Arbeitsplänen.

Das Benchmarkingteam vor Ort setzte sich aus zwei Forschern sowie aus mehreren Unternehmensvertretern zusammen. Stets war von Seiten des Unternehmens ein Mitarbeiter des Bereiches Rechnungswesen und Controlling beteiligt. Wenn möglich, wurde noch ein Experte für die montageunterstützenden Bereiche hinzugezogen. Dazu kamen die verschiedenen Fachbereichsexperten, die für Interviews, Präsentationen oder Workshops zur Verfügung standen.

4.5
Anwendungsbeispiele für Benchmarking in montageunterstützenden Bereichen

Wie in den vorangegangenen Ausführungen bereits ausgeführt wurde, liefert das Benchmarking zahlreiche Impulse hinsichtlich der Neugestaltung von Strukturen, Abläufen/Prozessen und Technologien. Im Rahmen der oben kurz beschriebenen

Benchmarkingstudie im deutschen Maschinenbau (vgl. zu Teilnehmern, Vorgehensweise und Methodiken die ausführliche Beschreibung bei Brokemper/Gleich 1998) ließen sich für nahezu alle montageunterstützenden Bereiche benchmarkinginduzierte Neuorganisationsbeispiele finden und bei den industriellen Partnern des Transferbereichs anwenden. In den anschließenden Ausführungen werden der Lagerbereich, die Konstruktion und die Arbeitsvorbereitung als unmittelbare Informationslieferanten der Montage näher beleuchtet.

4.5.1
Neuorganisation der Lagerhaltung

In der Lagerhaltung wurden mittels einer Prozeßanalyse und einer Prozeßkostenrechnung die Prozesse der Einlagerung und der Teilebereitstellung, ergänzt um die Infrastrukturprozesse der Inventur und Lagerverwaltung, identifiziert. Bei den Prozeßkostensätzen der Einlagerung und Auslagerung stellte sich heraus, daß zwischen den Unternehmen sehr große Unterschiede existierten. Es war jedoch nicht problemlos möglich, aus den einzelnen Kennzahlen die Unternehmen ausfindig zu machen, die über die höchste Leistung verfügten und damit den Best-of-Class markierten.

Die Verdichtung der Kennzahlen kann hier jedoch Aufschluß geben. Eine interessante Methodik des Performance Measurement zur Gesamtbeurteilung der Leistung ist hierzu besonders die Data Envelopment Analysis.

Die beiden Kerntätigkeiten der Lagerhaltung – die Ein- und Auslagerung – werden in unterschiedlichen Mengen(-verhältnissen) mit unterschiedlichem Personalaufwand durchgeführt. Zur Beurteilung der Leistung lassen sich daraus zwei Teilproduktivitäten bilden:

– Die Anzahl der Einlagerungen pro Mitarbeiter;
– Die Anzahl der Teilebereitstellungen pro Mitarbeiter.

Diese beiden Teilproduktivitäten lassen sich für jedes Unternehmen ermitteln und in einem Koordinatensystem darstellen. Nachstehende Abb. 4.6 zeigt die Teilproduktivitäten für zehn im Rahmen des Benchmarking untersuchte Unternehmen.

Unternehmen verfügen in der Lagerhaltung immer dann über eine gute Leistung, wenn die Teilproduktivitäten höher sind als die aller anderen. Dies ist dann der Fall, wenn ein Unternehmen nicht von anderen Unternehmen überlagert wird. Im Beispielfall gilt dies für die Unternehmen S-1 und S-2. Während S-1 die höchste Teilproduktivität bei der Einlagerung hat, weist Unternehmen S-2 die höchste Teilproduktivität bei der Teilebereitstellung auf. Beide Unternehmen sind somit die Best-of-Class der zehn verglichenen Lagerbereiche. Alle anderen Unternehmen werden durch eine Effizienzgrenze umhüllt.

Die Analysen auf Basis der Data Envelopment Analysis können dazu genutzt werden, einen idealen Benchmarking-Partner ausfindig zu machen. Die Lage eines Unternehmens im Koordinatensystem gibt Aufschluß über das Verhältnis, in dem Einlagerungen zu Teilebereitstellungen stehen. Die Unternehmen im oberen Bereich (hellgrau gekennzeichnet) sollten sich somit mit Unternehmen S-2 vergleichen, da das Unternehmen bei einem ähnlichen Verhältnis von Einlagerungen zu

Auslagerungen die höchste Produktivität hat. Die schwarz gekennzeichneten Unternehmen müßten sich sinngemäß mit Unternehmen S-1 vergleichen. Das verbleibende Unternehmen (mittelgrau) müßte sich idealerweise mit beiden Unternehmen benchmarken.

Für die Neuorganisation der Einlagerung hinsichtlich der Strukturen, Abläufe/Prozesse und Technologien lassen sich die besten Impulse durch einen direkten Austausch gewinnen. Dennoch konnten bereits wichtige Neuorganisationsanregungen ohne einen direkten gegenseitigen (Arbeitsplatz-)Besuch der Unternehmen gewonnen werden. Auffällig war bei beiden Best-of-Class-Unternehmen, daß sie über ein zentrales Lager (Struktur), kurze Informations- und Materialflüsse (Abläufe/Prozesse) sowie teilautomatisierte Systeme (Technologien) verfügten (Ein- und Auslagerung im Palettenbereich manuell, im Kleinteilebereich bei einem Unternehmen automatisch).

Dies darf jedoch nicht dahingehend interpretiert werden, daß ein zentrales Lager immer gegenüber dezentralen Lösungen vorzuziehen ist. Zum einen kommen zu den Prozeßkosten für reine Teilebereitstellungen noch Aufwände in der Montage dazu (Transporte zum Verbauort), zum anderen bergen dezentralisierte Lager (Kaufteile montagenah, Bleche im Bereich des Segments Schneiden und Stanzen) Potentiale bei der Disposition und damit den Bestandskosten. Dies zeigte sich bei der Dezentralisierung der operativen Dispositions- und Abruftätigkeit aus dem Einkauf in das jeweilige Segment im Rahmen des Transferbereichs bei einem Industriepartner ganz klar. Die Hoheit für Preisverhandlungen und der Abschluß der Rahmenverträge muß bei einem stärker strategisch ausgerichteten Einkauf verbleiben.

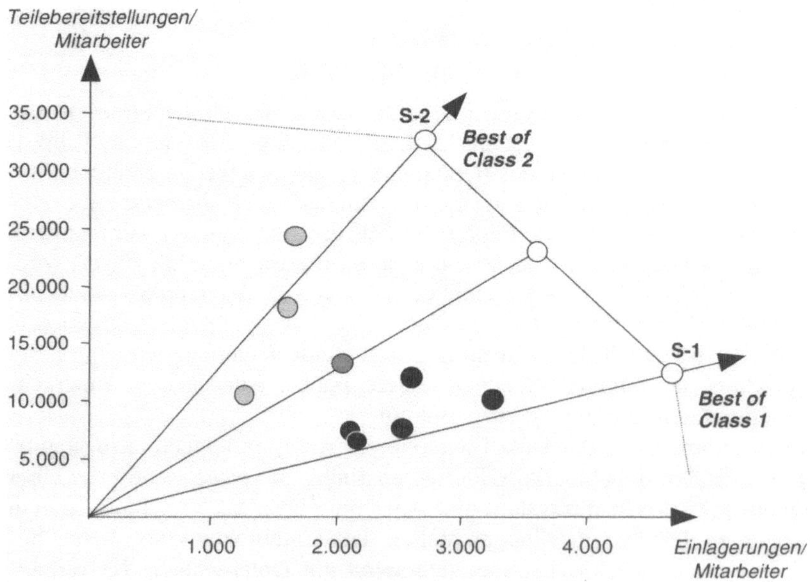

Abb. 4.6. Teilproduktivitäten für die Unternehmen im Koordinatensystem

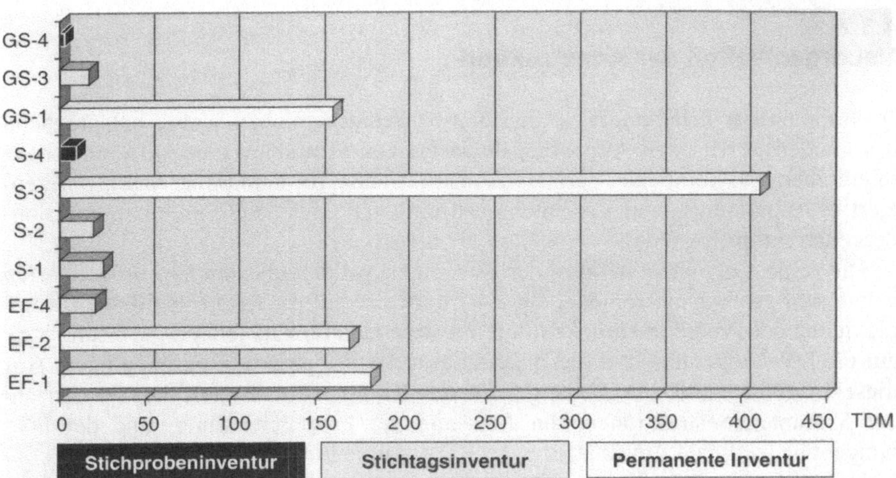

Abb. 4.7. Prozeßgesamtkosten der Inventurerhebung in zehn Unternehmen

Je nach Neuorganisationsstrategie eines Unternehmens lassen sich verschiedene Ansatzpunkte zur Um- oder Neugestaltung gewinnen. Als weiteres Beispiel für die Veränderung von Abläufen und Technologien in der Lagerhaltung kann die Inventurerhebung herangezogen werden. Wie Abb. 4.7 zeigt, variieren die Kosten der Inventurerhebung zwischen den einzelnen Unternehmen um ein Vielfaches. Dies läßt sich jedoch ohne Verständnis der Verfahren, die zur Inventurerhebung herangezogen werden, kaum erklären.

Laut geltendem Recht können bei der Inventurerhebung drei Verfahren unterschieden werden. Bei der Stichtagsinventur wird zu einem bestimmten Zeitpunkt eine Vollerhebung der Lagerwaren vorgenommen. Um die Schließung des Lagers während der Inventur zu verhindern und eine verteilte Aufnahme und damit die Nutzung von Leerzeiten zu ermöglichen, kann zur „Inventurvereinfachung" auch die permanente Inventur eingesetzt werden. Hierbei erfolgt – verteilt auf das ganze Jahr – eine Vollerhebung aller Lagerwaren. Soweit bestimmte Systemvoraussetzungen eingehalten werden, kann zudem eine Stichprobeninventur vorgenommen werden. Dabei wird nur eine Random-Stichprobe gezogen und eine Erhebung der in der Stichprobe ausgewiesenen Lagerwaren vorgenommen. Zeigt sich hierbei, daß der physische Lagerbestand mit dem im System ausgewiesenen Bestand übereinstimmt, so gilt die Inventur als abgeschlossen. Andernfalls kommt es zu einer sukzessiven Erweiterung der zu erhebenden Stichprobe. Wie Abb. 4.7 auch zeigt, hat das zugrundeliegende Inventurverfahren einen maßgeblichen Einfluß auf die Prozeßkosten. Als sehr aufwendig erweist sich die permanente Inventur. Als Ursache hierfür kommen häufige Rüstzeiten in Frage. Wesentlich günstiger ist die Stichtagsinventur. Hier liegen die Inventurkosten bei durchschnittlich 20.000 DM. Am günstigsten ist das Verfahren der Stichprobeninventur. Hier kann im Extremfall mit 5-10 Manntagen die gesamte Inventur im Lagerbereich eines Unternehmens abgewickelt werden.

4.5.2
Neuorganisation der Konstruktion

Im Rahmen der Erhebungen in den Konstruktionsbereichen wurde entsprechend des kundenspezifischen Anpassungsbedarfes von Produkten eine Differenzierung in einfache und komplexe Variantenkonstruktionen vorgenommen (auch differenziert in Anpassungs- und Variantenkonstruktionen oder Modifikationen und Sonderkonstruktion).

Die reine Gegenüberstellung der jeweiligen variantenbezogenen Prozeßkosten zeigte sehr große Unterschiede, die zwar teilweise auf die unterschiedlichen Komplexitäten der Produkte zurückzuführen waren, andererseits jedoch auch sehr stark auf die DV-Umgebung und die Erfahrung in der Konstruktion zurückgingen. Aus diesem Grund wurde die Abhängigkeit der Konstruktionskosten von der Anzahl der Variantenkonstruktionen (zur Messung der Prozeßerfahrung) und der DV-Umgebung (ordinale Einschätzung der EDV-Ausstattung) gemessen.

Um Aussagen über Kostenabhängigkeiten vorzunehmen, wurde analog zu der Vorgehensweise bei der Bestimmung von Erfahrungskurveneffekten eine Logarithmierung der Daten vorgenommen.

Wie Abb. 4.8 zeigt, läßt sich ein eindeutiger Zusammenhang zwischen den beiden Einflußfaktoren und den Prozeßkosten feststellen. Unternehmen mit höheren Prozeßmengen und einer besseren EDV-Struktur in der Konstruktion verfügen über einen signifikant geringeren Prozeßkostensatz. Der Zusammenhang zwischen der DV-Umgebung und den Prozeßmengen läßt sich zudem wie folgt beschreiben: Unternehmen mit einer höhere Prozeßmenge pro Jahr verfügen auch über eine bessere DV-Struktur (bessere CAD-Programme, mehr CAD-Konstruktionsteminals, mehr Plotter etc.).

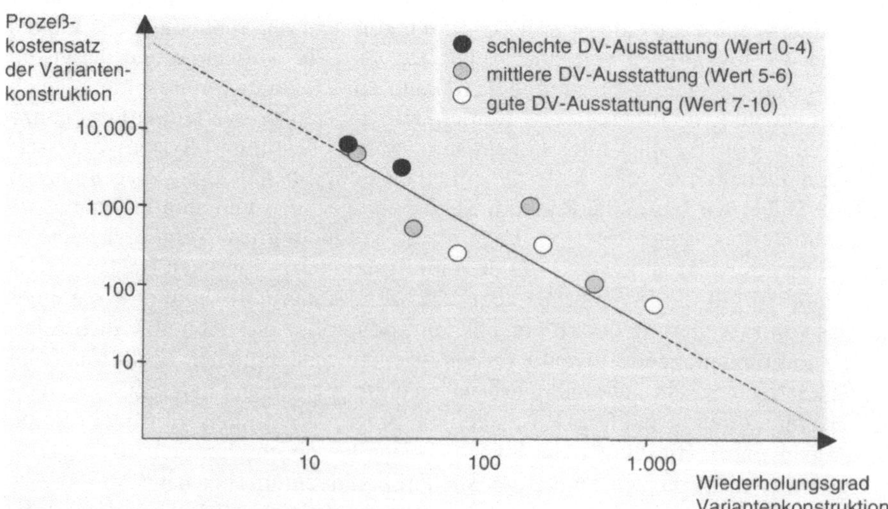

Abb. 4.8. Gegenüberstellung der Prozeßkostensätze für die Variantenkonstruktion inkl. der Prozeßmenge pro Jahr und der Einschätzung der DV-Umgebung

Dieser Zusammenhang läßt sich sehr gut für die Neuorganisation von Konstruktionsbereichen nutzen. Zunächst sollten sich Unternehmen mit wenigen Variantenkonstruktionen pro Jahr mit den Unternehmen benchmarken, die wesentlich höhere Prozeßmengen haben. Sie verfügen zum einen über eine höhere Erfahrung und zum anderen über eine bessere DV-Umgebung. Aus diesen Erfahrungen lassen sich Anregungen für die Organisation des Konstruktionsbereiches gewinnen (Spezialisierung der Konstrukteure), die Integration des Konstruktionsbereiches in den Auftragsabwicklungsprozeß (Eingliederung der reinen Anpassungskonstrukteure in produktorientierte Auftragszentren mit einer Realisierung von Synergien hinsichtlich Kosten und Zeit durch Wegfall von Schnittstellen zwischen Abteilungen, Angliederung der Konstruktion an die Arbeitsvorbereitung, Fertigungssteuerung etc.) und vor allem Anregungen hinsichtlich der angewendeten Systeme (Welche CAD-Systeme werden eingesetzt? Wie erfolgt die Zeichnungsverwaltung? Wie lassen sich aus den bestehenden Zeichnungen durch Ähnlichkeitssuche neue Zeichnungen komfortabel generieren? Wie wird mittels eines Klassifizierungssystems erreicht, daß Teile gefunden und wiederverwendet werden anstatt neu angelegt?).

Des weiteren liefert diese Beobachtung wichtige Schlußfolgerungen für das Verhalten der Kosten im Konstruktionsbereich. Unternehmen können im Konstruktionsbereich Erfahrungsvorsprünge aufbauen, wenn sie häufig Variantenkonstruktionen vornehmen. Maßgeblich hierfür sind folgende Effekte:

- *Know-how:* Werden häufig Varianten konstruiert, so führt dies zu einem kumulativen Erfahrungsaufbau, der sich in geringeren Kosten je Konstruktion niederschlägt.
- *Individuelles Lernen:* Der Konstrukteur entwickelt im Falle häufiger Wiederholungen von Konstruktionen spezielle Fertigkeiten (schnellere Bedienung der CAD-Systeme, schnellere Berechnungen, Programmierung von Makros bspw. bei der Berechnung von Maßen für Kabel aus Abmessungen von Systemen).
- *Spezialisierung:* Werden häufig Variantenkonstruktionen vorgenommen, so ermöglicht dies eine varianten- oder produktspezifische Spezialisierung.
- *Variantengerechte Produktgestaltung:* Muß ein Unternehmen häufig Variantenkonstruktionen vornehmen, so wird es versuchen, die Produkte variantengerecht zu konstruieren (Baukastenprinzipien, Modulbauweisen). Auch hier lassen sich beim Benchmarking Anregungen gewinnen. Die konsequente Durchsetzung dieses Gedankens führt mit dem konsequenten Einsatz von Informationssystemen (Teiledatenbank und Klassifizierungssysteme, CAD-Systeme) zumindest bei einer variantenreichen Serienproduktion zu Quantensprüngen in der Produktivität nicht nur in der Konstruktion, sondern auch in der Arbeitsvorbereitung und Teilefertigung.

Die Identifikation der Prozeßkostenunterschiede und die Beschreibung der Prozesse über die Häufigkeit der Durchführung und die Systemunterstützung liefern wichtige Anregungen für die Neuorganisation der Konstruktion. Insbesondere im Konstruktionsbereich zeigte sich, daß hier i.d.R. mehrere organisatorische Gestaltungsaspekte gleichzeitig die Leistungsfähigkeit beeinflussen. Sie reichen von der Aufbauorganisation, der Spezialisierung der Mitarbeiter (Produkt- oder Teilespezialisierung), der Integration in den Workflow bis hin zu den verwendeten Systemen und Technologien.

4.5.3
Neuorganisation der Arbeitsvorbereitung

Als abschließender Funktionsbereich zur Demonstration von Neuorganisationsanregungen durch das Benchmarking soll auf den montageunterstützenden Bereich der Arbeitsvorbereitung eingegangen werden. Hier konnten im wesentlichen folgende Prozesse unterschieden werden (vgl. auch die ausführliche Darstellung in Brokemper/Gleich 1998):

– Arbeitsplanerstellung: Hierbei handelt es sich um alle Tätigkeiten der Generierung eines Arbeitsplans für ein Neuteil, differenziert nach Schwierigkeitsgrad in neue Arbeitspläne und ähnliche Arbeitspläne.
– NC-Programmierung: Erstellung von NC-Programmen für die Fertigung von Neuteilen auf Dreh-, Fräs- oder Bohrbearbeitungszentren oder beim Stanzen.
– Fertigungssteuerung: Einsteuerung und Betreuung von Fertigungsaufträgen.

Während hinsichtlich des Prozesses der NC-Programmierung gleiche Ergebnisse generiert werden konnten wie bei der Variantenkonstruktion (auch hier spielen DV-Umgebung, speziell die automatische Generierung von NC-Programmen aus CAD-Daten durch Postprozessoren, Technologien und Systeme und/oder Erfahrung eine ganz wesentliche Neuorganisationsrolle), wurde für das Benchmarking der Arbeitsplanerstellung ein direkter Erfahrungsaustausch zwischen Unternehmen zur Findung von konkreten Umgestaltungsmöglichkeiten organisiert.

In einem ersten Schritt wurden 17 Kriterien zur Bewertung von Arbeitsvorbereitungsprozessen herausgearbeitet. Anhand dieser Kriterien fanden die Bewertungen des Prozesses vor Ort statt. So wurden bspw. als Basiskriterien für die Prozeßleistung aus der Prozeßkostenrechnung

– die Schnelligkeit (Prozeßdurchführungszeit),
– die Prozeßkosten sowie
– die Prozeßgesamtkosten

herangezogen. Diese stellen Ergebnisse dar, die durch verschiedene Einflußfaktoren, die Ergebnis- oder Leistungstreiber beeinflußt werden. Auf deren Erfassung und Beschreibung, insbesondere der zur Verfügung gestellten bzw. der prozeßumgebenden Infrastruktur, wurde großen Wert gelegt. Hierzu waren besonders Informationen über

– das System (Kriterium Systemunterstützung),
– die Verbindung dieses Systems mit anderen Systemen (z.B. mit dem CAD-System oder dem PPS-System) sowie
– zur erstellten Outputqualität und der Zufriedenheit der internen Kunden mit den erstellten Arbeitsplänen (z.B. Kriterien Informationsgehalt/Umfang sowie Übersichtlichkeit/Verständlichkeit)

zu erheben.

Zu jedem Kriterium wurden Befragungen durchgeführt, bei denen der Industriepartnern im Rahmen der Transferprojekte Beschreibungen erstellt und schließlich mit einer Schulnotenskala (Note 1 = sehr gut, Note 6 = mangelhaft) Bewertungen vorgenommen. Die Bewertungsskalen und die damit verbundene übersichtliche Darstellung von vermeintlichen prozeßbezogenen Stärken und Schwächen lieferten den Einstieg für den gemeinsamen Workshop der Vergleichspartner. Anhand von besonderen Stärken (Noten 1 und 2) sowie offensichtlicher Schwächen (ab Note 4) bzw. großer Unterschiede zwischen den Unternehmen bei einzelnen Kriterien (ab zwei Schulnoten Differenz) wurden die Gründe für Prozeßleistungsunterschiede umfassend diskutiert und gemeinsam Lösungen zur Verbesserung sowie zum möglichen Methodentransfer erarbeitet (Abb. 4.9).

So stellte sich bspw. bei einem Vergleich der Arbeitsplanungsprozesse heraus, daß bei einem Unternehmen oftmals Zeichnungs- und Indizierungsfehler der Konstruktion Ursache für verzögerte Arbeitsplanerstellungen oder eine höhere Reklamationsquote der Arbeitspläne waren. Diesem Problem konnte durch konkrete Hinweise des anderen Unternehmens sowie durch im Workshop gemeinsam erarbeitete Vorschläge und systembezogene Lösungen zur engeren Verbindung des CAD-Systems mit dem Arbeitsplanungssystem konkret begegnet werden.

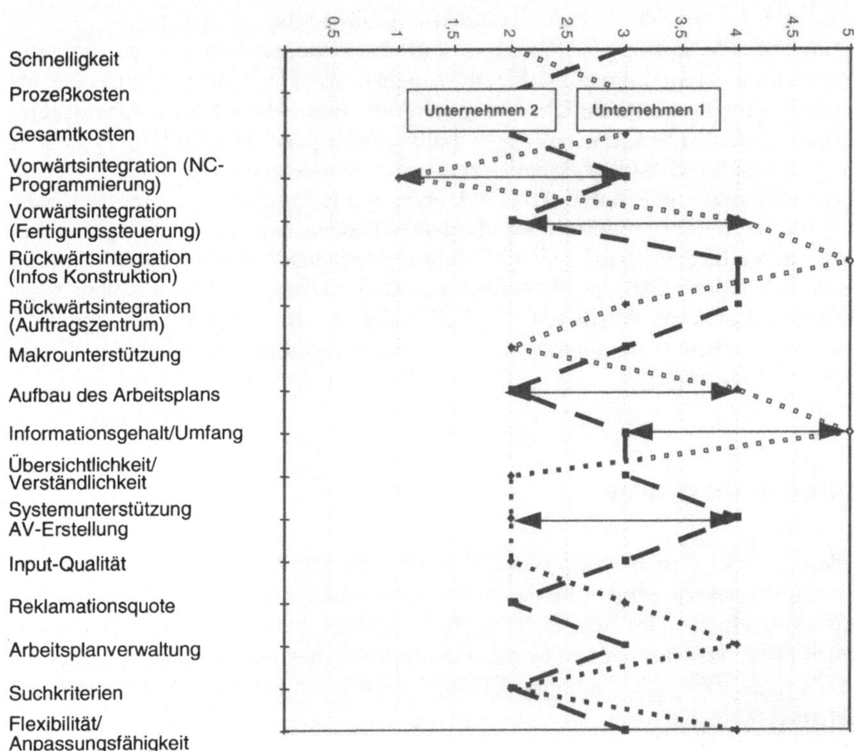

Abb. 4.9. Prozeßbezogener Stärken-Schwächen-Vergleich am Beispiel „Arbeitsplanerstellung"

Bei dem Erfahrungsaustausch stellte sich heraus, daß für nahezu alle Neuorganisationsparameter (vgl. Abb. 4.2) Anregungen gefunden werden konnten:

– *Die Aufbauorganisation:* da beide Unternehmen dazu übergegangen sind, die operative Arbeitsplanung und NC-Programmierung in die einzelnen Fertigungssegmente einzugliedern (NC-Programme werden im Segment Stanzen generiert), erfolgte hier lediglich ein Austausch der gesammelten Erfahrungen. Beide Unternehmen konnten diesbezüglich von positiven Erfahrungen berichten, auch wenn durch die größere örtliche Distanz zur Konstruktion Nachteile entstanden sind. Eines der Unternehmen verfügte zudem über eine Teilespezialisierung, die in dem anderen Unternehmen in dieser Konsequenz bislang nicht umgesetzt worden war. Hier konnten Anregungen für die Organisation und Umsetzung eines zukünftigen Pilotprojekts gesammelt werden.

– *Die Ablauf-/Prozeßorganisation:* Bei der Ablauf-/Prozeßorganisation war in erster Linie die systemtechnische Integration zu vor- und nachgelagerten Bereichen neuorganisationsbedürftig. Die systemtechnische Integration zur Konstruktion wurde in einem Unternehmen bereits für einfachere Teile durchgeführt (aus den Daten der Konstruktion werden automatisch Arbeitspläne und NC-Programme generiert). Der damit verbundene Aufwand lohnt sich jedoch i.d.R. vor allem für häufig geänderte Teile oder Teile, die sich nur hinsichtlich der Maße aber nicht hinsichtlich der Gestalt an sich unterscheiden, und bietet sich daher nur bei Teilen bzw. Varianten in großen Stückzahlen an.

– *Die Systemunterstützung/Technologie:* Für den Arbeitsaufwand in der Arbeitsvorbereitung ist in immer stärkerem Ausmaß die DV-Unterstützung verantwortlich. Eine komfortable DV ermöglicht über eine Ähnlichkeitssuche in relationalen Datenbanken, die voll- oder halbautomatische Abwandlung bestehender Arbeitsschritte, ganzer Arbeitsfolgen oder Arbeitspläne und sorgt so für eine schnelle und komfortable Arbeitsplanerstellung. Da sich in einem der Unternehmen bereits ein modernes Standard-DV-Tool in der Umsetzungsphase befand, konnte hier ein erfolgreicher Erfahrungsaustausch stattfinden. Wichtig ist hierbei vor allem, daß das Werkzeug zur Generierung von Arbeitsplänen aus Maßen und anderen Attributen des Teils oder der Baugruppe eine enge Verknüpfung zu dem System hat, welches die Materialstämme führend hält (CAD- oder PPS-System).

4.6
Zusammenfassung

Wie die einzelnen Ergebnisse aus der Benchmarkingstudie und den durchgeführten Transferprojekten zeigen, lassen sich durch das Benchmarking wichtige Neuorganisationsimpulse in den dargestellten montageunterstützenden Bereichen finden. Hierzu muß man jedoch bereit sein, ein ehrliches Benchmarking zu betreiben. Eine Checkliste mit wichtigen Erfolgsfaktoren für ein gutes Benchmarkingprojekt zeigt Abb. 4.10.

Vorbereitung	☑ Sind die Leistungsobjekte und -dimensionen, die einem Benchmarking unterzogen werden sollen, spezifiziert und für unser Unternehmen hinsichtlich Marktausrichtung und Effizienz entscheidend? ☑ Ahnen oder wissen wir um ein Defizit in diesen Leistungsobjekten oder -dimensionen? ☑ Sind die Partner für das Benchmarking leistungsstark? ☑ Halten wir die Partner für vergleichbar? ☑ Sind das Management und die Mitarbeiter bereit, aktiv mitzuwirken?
Analyse	☑ Sind wir und die Partner bereit, den Aufwand für das Benchmarking zu tragen und ehrliche Daten bereit zu stellen? ☑ Ist die Erhebung der Daten mit vertretbarer Dauer und Kosten machbar?
Vergleich und Verbesserung	☑ Sind wir bereit, von Besseren zu lernen (oder diskutieren wir Leistungslücken weg, indem wir die Vergleichbarkeit in Frage stellen)? ☑ Sind wir bereit die Ursachen der Leistungslücken zu benennen? ☑ Sind wir bereit, Verbesserungen umzusetzen und Mittel dafür einzusetzen? ☑ Sind die Mitarbeiter und das Management zu Veränderungen bereit?

Abb. 4.10. Checkliste Benchmarking zur Neuorganisation

Die Erfahrungen der Projektteams lassen sich kurz wie folgt beschreiben: In fast allen Unternehmen herrscht in den Teilbereichen ein unterschiedlicher Wissensstand und damit eine unterschiedlich hohe Leistungsfähigkeit vor. Wie hoch hierbei die Wissensvorsprünge sind, hängt zwar zu einem großen Teil von der Unternehmenskultur ab (innovatives versus traditionsbewußtes Unternehmen), dennoch spielen auch die Fähigkeiten und die Innovationsbereitschaft (oder -angst) der Abteilungs- und Funktionsbereichsleiter eine ganz wesentliche Rolle. Anhand der Kennzahlen aus dem Benchmarking ließ sich bereits feststellen, daß kein Unternehmen in allen Bereichen führend ist, ein eindeutiges Best-of-Class-Unternehmen existiert somit nicht oder nur in Ausnahmefällen. Vielmehr sind Benchmarks in der Regel funktionsbereichs- oder prozeßspezifisch. Daraus läßt sich die Schlußfolgerung ziehen, daß aus einem Erfahrungsaustausch fast immer wichtige Impulse für die Neuorganisation montageunterstützender Bereiche hervorgehen. Wenn man in dem einen Funktionsbereich Wissen preisgibt, so kann man dies an anderer Stelle durch Lernvorgänge und neu erworbenes Wissen wieder kompensieren. Ein gut durchgeführter Benchmarkingprozeß stellt damit für alle Beteiligten eine Gewinn-Situation her und unterstützt die Montageplanung wirkungsvoll.

Literatur

Brokemper, A.; Gleich, R.: Benchmarking von Arbeitsvorbereitungsprozessen in der Maschinenbaubranche. In: krp 42 (1998) 1, S. 16-25.

Bürgel, H.D.; Haller, C., Forschner, M.: Prozeßoptimierung in Forschung und Entwicklung durch Benchmarking. In: Wissenschaftsmanagement 2 (1997) 2, S. 74-81.

Camp, R.C.: Benchmarking : The Search for Industry Best Practices that Lead to superior Performance. Milwaukee Wisconsin: ASQC Quality Press 1989.

Camp, R.C.: Learning from the best leads to superior performance, in: Journal of business strategy, 13(1992)3, S. 3-6.

Horváth, P.; Herter, R.: Benchmarking - Vergleich mit den Besten der Besten. In: Controlling 4 (1992) 1, S. 4-11.

Karlöf, B.; Östblom, S.: Benchmarking - Wegweiser zur Spitzenleistung in Qualität und Produktivität. München: Vahlen 1994.

Kirsch, W.; Börsig, C.A.H.: Neuorganisationsprozesse. In: Grochla, E. (Hrsg.): Handwörterbuch der Organisation, 2. Auflage. Stuttgart: 1980, Sp. 2027-2043.

Lamla, J.: Prozeßbenchmarking. München: Vahlen 1995.

Lohoff, P.; Lohoff, H.-G.: Verwaltung im Visier – Optimierung der Büro- und Dienstleistungsprozesse. In: zfo (1993) 4, S. 248-254.

Schmidt, H.-J.: Umsetzungsaspekte : Analyse der Ausgangssituation: Aufgaben und Tätigkeiten. In: Bullinger, H.-J.; Warnecke, H.J. (Hrsg.): Neue Organisationsformen im Unternehmen : ein Handbuch für das moderne Management. Berlin u.a.: Springer 1996, S. 1023-1031.

Watson, G. H.: The benchmarking workbook. Cambridge/Mass.: Productivity Press 1992.

5 Prozeßorientierte Fertigungssegmentierung

PATRICK BALVE, GERD AUPPERLE

5.1
Einleitung

Veränderte Kundenwünsche, die durch stark schwankende Losgrößen, kurze Lieferzeiten, hohe Qualitätsansprüche, niedrige Preise und eine extrem variantenreiche Produktpalette charakterisiert sind, können oft durch in der Vergangenheit gut funktionierende Fertigungen nicht mehr erfüllt werden. Traditionell stark arbeitsteilige und damit schnittstelleninintensive Fertigungsstrukturen sind nicht dazu geeignet, mit kurzen Durchlaufzeiten zu liefern und die Komplexität zu beherrschen, die durch den Variantenreichtum der Produkte geschaffen wird (Bierschenk/Frech/Edler 1998).

Ein sehr erfolgreicher Ansatz zur Lösung dieses Problems ist es, die Komplexität bei Produkten und Auftragsspektrum durch Vereinfachen der Fertigungsstrukturen beherrschbar zu machen. Dabei werden Montage und Teilefertigung so gegliedert, daß sogenannte Segmente entstehen, die jeweils ein genau definiertes Leistungsspektrum bieten, i.d.R. für eine bestimmte Teilmenge aller Produkte. Dadurch entfallen komplexe, vernetzte und ungerichtete – also schwer steuerbare – Materialströme zwischen den Fertigungseinheiten. Weiterhin werden unterstützende Tätigkeiten in die Segmente integriert, so daß die Komplexität der Informationsflüsse ebenfalls radikal reduziert und eine schnelle Informationsverarbeitung gesichert wird. Solche Lösungen sind jedoch immer betriebsspezifisch zu entwikkeln, also auf die jeweiligen Ziele, Produkte und Randbedingungen maßzuschneidern (Kristof/Aupperle 1996).

Im Rahmen dieses Kapitels wird ein Vorgehen zur prozeßorientierten Segmentierung für Teilefertigung und Montage beschrieben. Unternehmen sollen in die Lage versetzt werden, aus ihrer individuellen Ausgangssituation heraus ein Segmentierungskonzept zu entwickeln, um so optimale strukturelle Voraussetzungen für die Erfüllung der Markt- und Kundenanforderungen zu schaffen. Das Hauptaugenmerk richtet sich dabei auf mittelständische, variantenreiche Serienfertiger mit einem hohen Kundenauftragsbezug in der Montage. Mit der Fokussierung auf diesen Betriebstyp soll der anhaltenden Tendenz zur Steigerung des Anteils kundenindividueller Produkte und Varianten und der dadurch verursachten Komplexität Rechnung getragen werden.

5.2
Grundlagen für die Segmentierung

Unter prozeßorientierten Fertigungssegmenten werden überschaubare und weitgehend selbständig agierende organisatorische Einheiten verstanden, deren Aufgabenbereiche derart aufgeteilt sind, daß die Kosten- und Produktionsvorteile einer Fließfertigung mit der hohen Flexibilität einer Werkstattfertigung vereinigt werden (Wildemann 1999). Jedes Segment umfaßt dabei mehrere Stufen der logistischen Kette und verfolgt mit seinen Erzeugnissen eine spezifische, betriebsinterne oder -externe Wettbewerbsstrategie (Ziele), die aber mit den Unternehmenszielen abgestimmt ist. Die Strukturierung geht einher mit einer (Re-)Integration indirekter Funktionen sowie häufig mit einer Übernahme von Kosten- oder sogar Ergebnisverantwortung.

Fertigungssegmente lassen sich durch fünf Definitionsmerkmale charakterisieren (Wildemann 1988):

– *Markt- und Zielausrichtung:* Durch die Bildung von Produkt-Markt-Produktions-Kombinationen sollen Fertigungsbereiche aufgebaut werden, die auf spezifische Wettbewerbsstrategien ausgerichtet sind. Es können damit in ein und demselben Betrieb Segmente gebildet werden, die ganz unterschiedliche Strategien hinsichtlich der Fertigungsanforderungen unterstützen (Durchlaufzeit, Qualität, Kostenoptimierung usw.). Dadurch soll vermieden werden, daß Bauteile oder Erzeugnisse mit unterschiedlichen wettbewerbsstrategischen Schwerpunkten durch dieselbe Fertigung laufen und somit „faule Kompromisse" hinsichtlich der Zielausrichtung eingegangen werden müssen.

– *Produktorientierung:* Mit der Orientierung der Fertigungssegmente auf jeweils spezifische Bauteile und Erzeugnisse wird die Produktverantwortung einer definierten Gruppe übertragen. Dies hat zum Ziel, den Koordinationsaufwand im Produktionsprozeß zu reduzieren und das Qualitätsbewußtsein zu erhöhen. Bei der Bildung der Segmente ist darauf zu achten, innerhalb der Segmente Synergie- und Spezialisierungsvorteile zu nutzen und die Leistungsverflechtungen zwischen den Segmenten gering zu halten. Durch die Produktorientierung wird die Fertigungsbreite der Segmente klein gehalten.

– *Integration mehrerer Stufen der logistischen Kette:* Mit der Zusammenfassung mehrerer Stufen der logistischen Kette ergibt sich eine relativ hohe Fertigungstiefe der einzelnen Segmente. In gleichem Maße, wie der operative Aufgabenumfang der im Segment beschäftigten Gruppe wächst, steigt auch deren Qualitätsbewußtsein. Ein wesentlicher Vorteil einer Komplettbearbeitung ist die Konzentration des Koordinierungsaufwandes auf Abläufe innerhalb der Fertigungssegmente. Wechselbeziehungen zu anderen Organisationseinheiten und die damit einher gehenden störungsanfälligen Schnittstellen werden reduziert.

– *Übertragung indirekter Funktionen:* Vormals zentralisierte und ausgelagerte, unterstützende Funktionen (Disposition, Arbeitsvorbereitung, Fertigungssteuerung usw.) werden integriert. Die Verursachung von Gemeinkosten wird da-

durch transparenter, Schnittstellen fallen weg, Informationswege werden kürzer und insgesamt steigt der Autonomiegrad des Segments.
- *Kostenverantwortung:* Durch entsprechende Ausgestaltung des Controlling-Instrumentariums und die Übernahme von Kostenverantwortung lassen sich die Segmente als Cost-Center konzipieren. Dies bedeutet, daß die Segmente die alleinige Verantwortung dafür tragen, daß die vereinbarten Leistungsvorgaben im Rahmen des dafür vorgesehenen Budgets erfüllt werden.

Anhand dieser Merkmale stellt sich die Fertigungssegmentierung als umfangreiches und durchgängiges Konzept zur markt- und prozeßorientierten Neustrukturierung von Fertigung und Montage dar. Dabei darf die Segmentierung selbst nur als ein Baustein gesehen werden. Erst in Kombination mit einer geeigneten Planungs- und Steuerungsstrategie und mit der Einführung von Gruppenarbeit lassen sich die darin angelegten Potentiale auch ausschöpfen (Sihn 1995).

5.3
Der Segmentierungsprozeß im Überblick

In Anlehnung an die bereits in Kap. 2 beschriebene allgemeine Projektphasenorganisation, soll nun eine Vertiefung und Konkretisierung der dort angeführten Grobkonzeptionsphase vorgenommen werden (vgl. Abb. 2.4). Die Analysephase muß nicht weiter erörtert werden, da die methodischen Grundlagen zur Marktanalyse sowie zur Entwicklung eines Zielsystems schon in Kap. 2 und 3 erarbeitet worden sind. Die generell in einer Analysephase einzuholenden Informationen über den Ist-Zustand des Unternehmens bedürfen ebenfalls keiner weiteren Erläuterung, da sich diese direkt aus den Aktivitäten in der Konzeptphase ableiten. Es hat sich als effektiv erwiesen, die Ist-Analyse zuerst grob anzulegen und erst, wenn die Konzeption detailliertere Informationen erfordert, fokussiert zu vertiefen.

Im Rahmen der Grobkonzeption werden grundsätzliche Gestaltungsalternativen für die Fertigungsstrukturen und -abläufe erarbeitet und bewertet. Dabei sind die potentiellen Segmente für die im Zielhandbuch festgelegten Mengen von zu produzierenden Produkten hinsichtlich Art und Anzahl der erforderlichen Betriebsmittel und Personen sowie der benötigten Produktionsflächen zu dimensionieren. Es werden prinzipiell mehrere Segmentierungsalternativen erarbeitet und miteinander kombiniert. Zur Auswahl einer Alternative erfolgt eine quantitative und qualitative Bewertung gemäß der Kriterien aus dem Zielhandbuch, bspw. der Erreichbarkeit von geforderten Durchlaufzeiten. Die ausgewählte Fertigungsstruktur ist aus Sicht der Segmentierung Ausgangspunkt für die anschließende Feinkonzeptionsphase, auf deren Inhalte in den Kapiteln 6, 7 und 8 näher eingegangen wird.

Das hier vorgestellte Vorgehen zur Grobsegmentierung in der Produktion läßt sich in drei Phasen unterteilen: die Vorbereitung, die Durchführung der Segmentierung selbst und die Nachbereitung (Abb. 5.1).

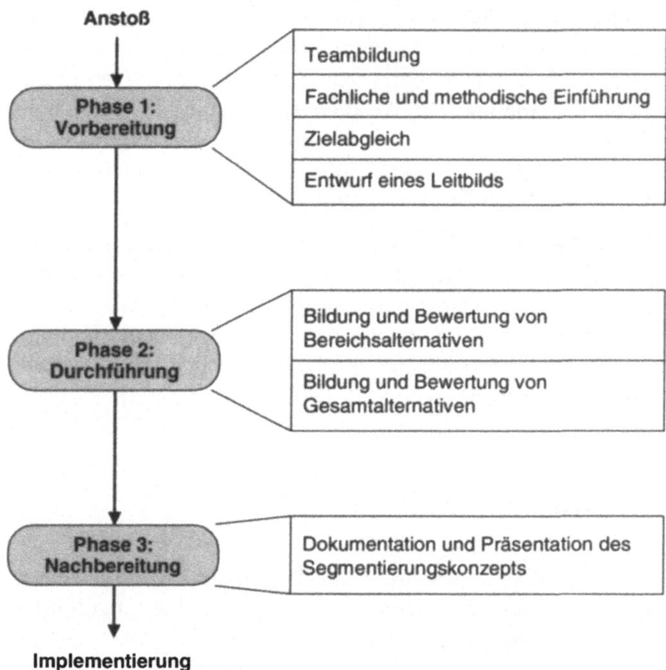

Abb. 5.1. Vorgehen bei der Segmentierung

5.4
Phase 1: Vorbereitung der Segmentierung

Eine erfolgreiche Segmentierung macht betroffene Mitarbeiter der Fertigung, zumindest Meister und Hoffnungsträger, zu Beteiligten. Da die Segmentierung für diese i.d.R. eine einmalige Aufgabe ist, gilt es vorbereitend, qualifikatorische und gruppendynamische Voraussetzungen zu schaffen sowie strategische Elemente zu vermitteln.

Vor der eigentlichen Konzeptentwicklung werden das Segmentierungsteam gebildet und Ziele und Rahmenbedingungen der weiteren Arbeit dargestellt. Basis dafür ist das Zielhandbuch. Dabei werden die Merkmale der prozeßorientierten Segmentierung sowie das Vorgehen bei der Segment-Bildung vorgestellt. Gleichzeitig erfolgt eine Einführung in die Arbeitsmethodik moderierter Workshops. Im Anschluß findet eine konstruktive Auseinandersetzung mit dem Projektauftrag und den Unternehmenszielen statt. Dabei werden die Prämissen und Randbedingungen für die Konzeption festgehalten und ein Leitbild für die Segmentierung geschaffen. Die einzelnen Schritte der Vorbereitungsphase sind in Abb. 5.2 dargestellt und werden im folgenden näher ausgeführt.

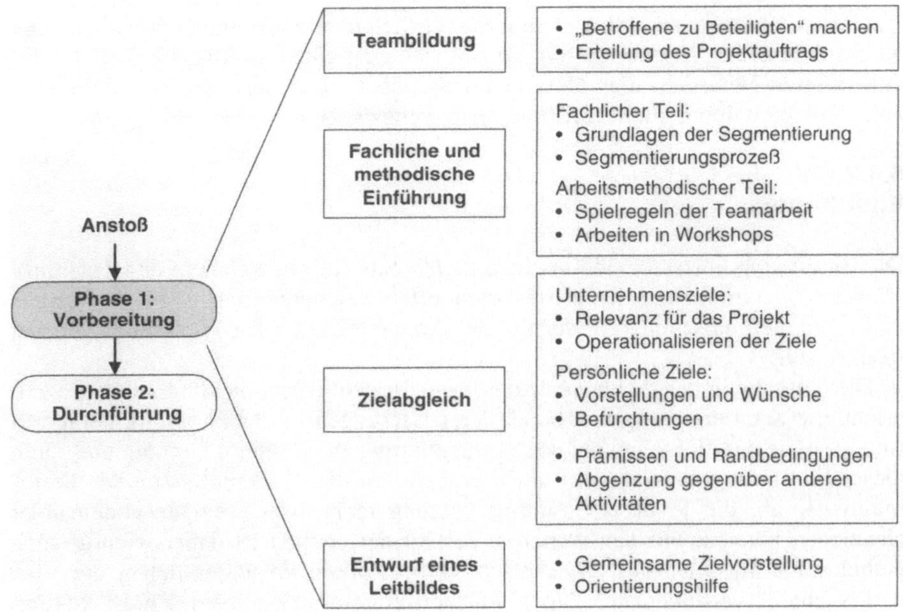

Abb. 5.2. Vorbereitungsphase

5.4.1.
Teambildung

Betroffene der Segmentierung sollen möglichst zu Beteiligten gemacht werden, damit einerseits das Fachwissen und die Kreativität der Mitarbeiter genutzt werden können. Andererseits können die Mitarbeiter so den Wandel des Unternehmens selbst mit beeinflussen und mitgestalten. Da eine direkte Einbeziehung aller Produktionsmitarbeiter nicht effizient ist, bietet es sich an, zunächst die Meister und/oder Abteilungsleiter sowie junge Hoffnungsträger der von der Umstrukturierung betroffenen Fertigungsbereiche in das Team aufzunehmen. Weiterhin hat es sich bewährt, noch weitere Spezialisten aus den direkten (Fertigung, Montage) und indirekten Bereichen wie der Konstruktion, dem Einkauf, dem Vertrieb, der Arbeitsvorbereitung, der Produktionssteuerung und der EDV-Abteilung bei Bedarf hinzuzuziehen. Die Projekt- und Workshopleitung kann sowohl von einer Person aus der Unternehmensleitung als auch von einem externen Berater übernommen werden.

Bei der Auftaktsitzung des Teilprojekts *Prozeßorientierte Fertigungssegmentierung* sollte ein Mitglied der Unternehmensführung dem Team offiziell seinen Projektauftrag erteilen. Dabei werden die Zielvorstellungen und Nutzenerwartungen der Unternehmensleitung dem Team bekanntgegeben und dessen Gestaltungsspielraum und die Rahmenbedingungen abgesteckt werden. Es hat sich außerdem als hilfreich erwiesen, bereits zu Beginn des Projekts einen engen Kontakt zum

Betriebsrat aufzubauen und auch dort ausführlich über Ziele und Hintergründe der Neustrukturierung zu informieren. So läßt sich eine günstige Ausgangslage für die konstruktive Mitarbeit aller Unternehmensebenen erreichen und die Entstehung von Gerüchten durch Nicht-Informiertsein weitestgehend verhindern.

5.4.2
Einführung

Die Einführung unterteilt sich in einen fachlichen Teil, in welchem den Teammitgliedern die Grundzüge der prozeßorientierten Segmentierung erläutert werden, und einen methodischen Teil, der mit der Arbeitsweise in den Workshops vertraut machen soll:

Die Aufgabe in der *fachlichen Einführung* besteht darin, die durch eine prozeßorientierte Segmentierung möglichen Verbesserungen in der Fertigung herauszustellen sowie das Vorgehen bei der Segmentierung zu erläutern. Umfang und Tiefe dieser Einführung hängen nicht unwesentlich von den Vorkenntnissen der Teammitglieder ab, die je nach Zusammensetzung mehr oder weniger voneinander abweichen können. Für den weiteren Verlauf der Arbeit ist daher wichtig, eine gemeinsame Wissensbasis zu schaffen. Dabei sollten im wesentlichen die Vor- und Nachteile verschiedener Typen von Fertigungsorganisationen zur Diskussion gestellt werden, z.B. eine herkömmliche funktionsorientierte Werkstattorganisation im Vergleich zu einer rein produktorientierten Fertigungsorganisation. Somit wird in der Einführungsphase ein fachlicher Rahmen geschaffen, in dem sich die gesamte folgende Projektarbeit bewegen kann. Außerdem besteht durch den damit initiierten Dialog zwischen den Projektmitgliedern die Möglichkeit, Teamarbeit aktiv einzuüben.

Der *methodische Teil der Einführung* verfolgt den Zweck, die Teilnehmer mit der Arbeit in moderierten Workshops vertraut zu machen. Es ist eine typische Erfahrung, daß neu eingesetzte Teams nicht gleich „auf Knopfdruck" funktionieren. In Teams finden Entwicklungsprozesse statt, welche die Arbeit fördern aber auch behindern können – was unter anderem mit den unterschiedlichen Fachkompetenzen, Hierarchieebenen und zeitlichen Freiräumen der Teammitglieder in Verbindung gebracht werden kann (Kämpf 1997). Die Leistungsfähigkeit eines Projektteams hängt daher sehr stark vom Klima in der Gruppe ab. Deshalb ist eine konstruktive Streitkultur, die durch entsprechende Spielregeln unterstützt wird, eine wichtige Voraussetzung für den Erfolg des Teams (Abb. 5.3). Die dargestellten Spielregeln dürften allgemein bekannt sein. Entscheidend ist die Anwendung dieser in den Workshops zur Segmentierung. Der Moderator muß die Einhaltung der Spielregeln sichern.

Um die persönlichen Sichtweisen auf die spezifischen Problemfeldern der gegenwärtigen Fertigungsstruktur zu sammeln, bieten sich verschiedene Verfahren der Kreativitätstechnik an (z.B. Brainstorming, Brainwriting, Methode 6-3-5, Morphologischer Kasten). In gleicher Weise lassen sich in kurzer Zeit inhaltliche Anregungen der Teammitglieder zur Verbesserung der Situation zusammentragen. Dies kann bspw. mit der einfachen Frage „Wie stelle ich mir unsere zukünftige Produktionsstruktur vor?" beginnen.

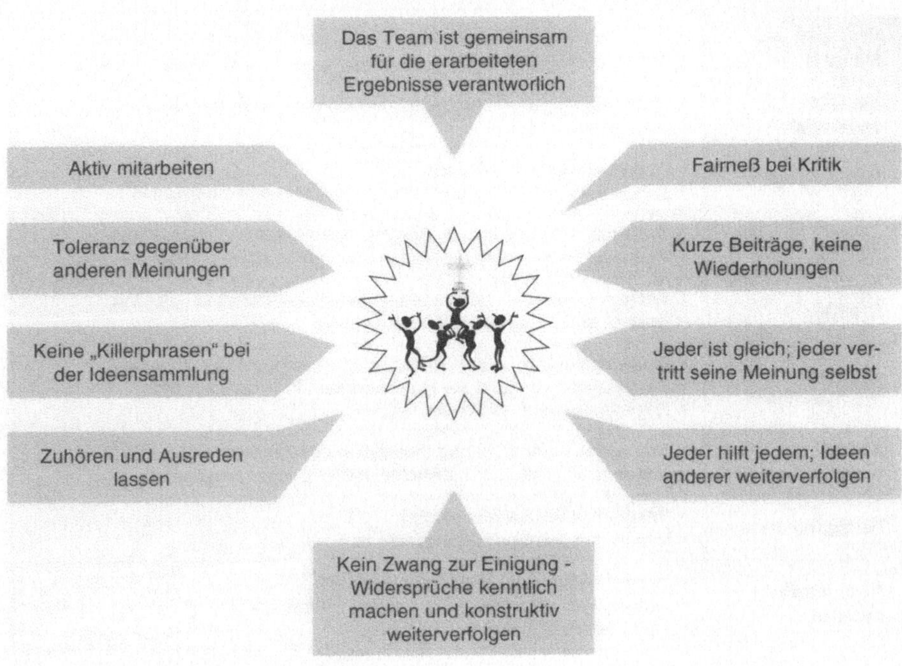

Abb. 5.3. Spielregeln für Planungsteams

5.4.3
Zielabgleich

Im Zielabgleich, der vor der Segmentierung unternommen werden muß, stehen auf der einen Seite die Unternehmensziele aus dem Zielhandbuch und auf der anderen Seite die Wünsche und Erwartungen der Mitarbeiter. Für die bereits im Zielhandbuch formulierten Unternehmensziele ist es nun notwendig, den konkreten Bezug zu den betrieblichen Produktionsprozessen und -strukturen herzustellen. Hierzu müssen die einzelnen Ziele nach ihrer Bedeutung für die Segmentierung überprüft werden. Um im Rahmen des Zielabgleichs zügig voranzukommen, hat es sich als vorteilhaft erwiesen, wenn die Beteiligten bereits im Vorfeld umfassend über die Unternehmensziele informiert worden sind.

Aus dem Zielabgleich ergibt sich ein teilprojektspezifischer Zielkatalog, der für die anschließende Lösungsentwicklung und -bewertung herangezogen wird (beispielhaft in Abb. 5.4 dargestellt). Die übrigen nicht die Segmentierung im engeren Sinne betreffenden Ziele können gleichwohl Prämissen und Randbedingungen darstellen, die damit ebenso Inhalt des Zielabgleichs sind (z.B. Forderung nach einem geeigneten Entlohnungssystem oder eine angepaßte Produktionsplanung- und -steuerung).

Produkte und Mengen	• Stückzahlen gemäß den Angaben im Zielhandbuch • Differenzierung nach Standard-, Anpassungs- und Sonder-Produkten
Mengen-flexibilität	• Bewältigen einer Mengenflexibilität von ±50% der Nennkapazität pro Woche
Innovationen	• Prozesse stabiler gestalten • Gesamtprozeß verbessern, auch in den indirekten Bereichen
Service	• Auskunftsfähigkeit über Auftragsfortschritt und Fertigungstermin • Kundendienst aufwerten, Reklamationsabwicklung verbessern
Qualität	• Fertigungs- und Montagequalität hinsichtlich Funktion und Optik • Falsch- und Fehlteile auf 0% reduzieren
Aufbau-organisation	• Größere Verantwortung der Mitarbeiter und klare Zuständigkeit • Konstruktion verstärkt auf Produktionbedürfnisse ausrichten • *Ein* Ansprechpartner für *ein* Teil
Ablauf-organisation	• Transparente Abläufe und Integration der Zulieferer • Information nicht über Hierarchie: Bildung eines Info-Pools
Fertigungstiefe	• Integrierter Produktionsprozeß • Integration von Bearbeitungsschritten steigern
Produktions-struktur	• Flussorientiert und „änderungsliebend" • Ausrichtung auf Stückzahl 1 bei den Endprodukten • Re-Integration indirekter Tätigkeiten
Mitarbeiter	• Verantwortung übernehmen und Kompetenz steigern • Gruppenarbeit mit entsprechender Entlohnungsstruktur • Produktivitätssteigerung um x-% pro Jahr
Kosten	• Umlaufbestände um mindestens 30% reduzieren • Nicht-wertschöpfende Tätigkeiten reduzieren • Differenzierte Kalkulation von A-, B-, und C-Produkten
Zeit	• Durchlaufzeit in Abhängigkeit der Auftragskategorie: Standard: 2 Wochen; Anpassung: 2-3 Wochen; Sonder: 3-4 Wochen • Termintreue von 100% gegenüber externen und internen Kunden

Abb. 5.4. Beispielhafte Ziele für die Segmentierung

5.4.4
Leitbild

In diesem Schritt liegt der Schwerpunkt auf der Entwicklung eines verbalen Leitbilds für ein Segment. Dieses Leitbild gibt eine erste Gestaltungsrichtung vor und verhindert, dass man sich zu früh im Detail verliert. In ihm sind alle wesentlichen Eigenschaften der zu bildenden Segmente genannt, an denen man sich in der weiterführenden Projektarbeit leicht orientieren kann und die auch gut mit anderen Mitarbeitern kommunizierbar sind. Das gemeinsam entwickelte und von allen Beteiligten akzeptierte Leitbild hat sich als wichtige Voraussetzung für eine erfolgreiche und schnelle Konzeption neuer Strukturen erwiesen.

Ein Segment...

- Liefert ein *vollständiges Produkt* oder Teilprodukt
- Trägt die *Verantwortung* für das *Produkt* oder
  Teilprodukt:
  - richtiges Produkt
  - mit richtiger Qualität
  - in der richtigen Menge
  - zur rechten Zeit

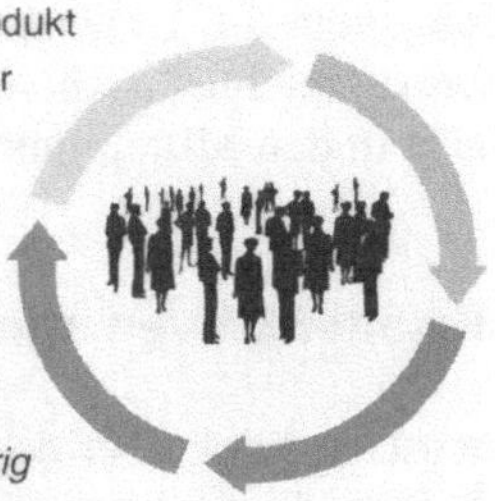

- Ist *organisatorisch zusammengehörig*
- Ist möglichst auch *räumlich zusammengehörig*
- Hat definierte *Ziele* und richtet sich danach aus
- Hat *Ressourcen* (Betriebsmittel und Mitarbeiter)
- Trägt *Verantwortung* für *Zielerreichung* und richtigen *Ressourceneinsatz*

Abb. 5.5. Leitbild einer organisatorischen Einheit

5.5
Phase 2: Konzeption von Segmenten

In dieser Phase wird die eigentliche Segmentierung der Produktionsprozesse durchgeführt (Abb. 5.6). Ausgehend von der gewachsenen Struktur wird die Fertigung analysiert und dann in Fertigungsteilbereiche untergliedert, die nichts mit der bisherigen funktionalen Aufteilung gemein haben müssen. Nach einer Vorbewertung der unabhängig voneinander erarbeiteten Segment-Alternativen (z.B. Teilefertigung und Montage getrennt) werden diese in einem anschließenden Synthese-Schritt zu mehreren Gesamtalternativen zusammengesetzt, die jetzt den gesamten Produktionsprozeß umfassen. In einer abschließenden Bewertung wird der Favorit für die zukünftige Produktionsstruktur ermittelt und dem Entscheidungsgremium vorgelegt.

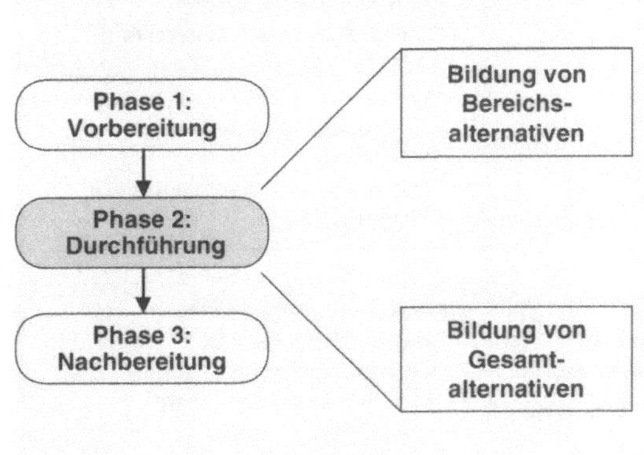

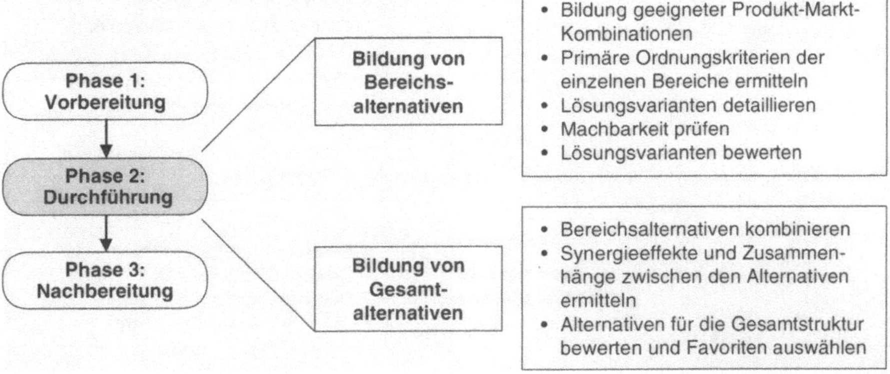

Abb. 5.6. Segmentierungsphase

Die Strukturierung des Produktionsprozesses verläuft zunächst sukzessive entgegen der Wertschöpfungskette im Unternehmen, also ausgehend von der Montage. Diese Vorgehensweise zeichnet sich dadurch aus, daß die Ausrichtung der Produktion auf den Markt in den Mittelpunkt gestellt wird.

5.5.1
Bildung von Bereichsalternativen anhand eines Beispiels

Abbildung 5.7 gibt einen Überblick über das Vorgehen zur Bildung von Bereichsalternativen in fünf Schritten. Typische, in den Projekten betrachtete Bereiche sind dabei Endmontage, Vormontage, Elektromontage, Teile- bzw. Baugruppenfertigung und Lackiererei. Im folgenden werden die einzelnen Vorgehensschritte näher erläutert:

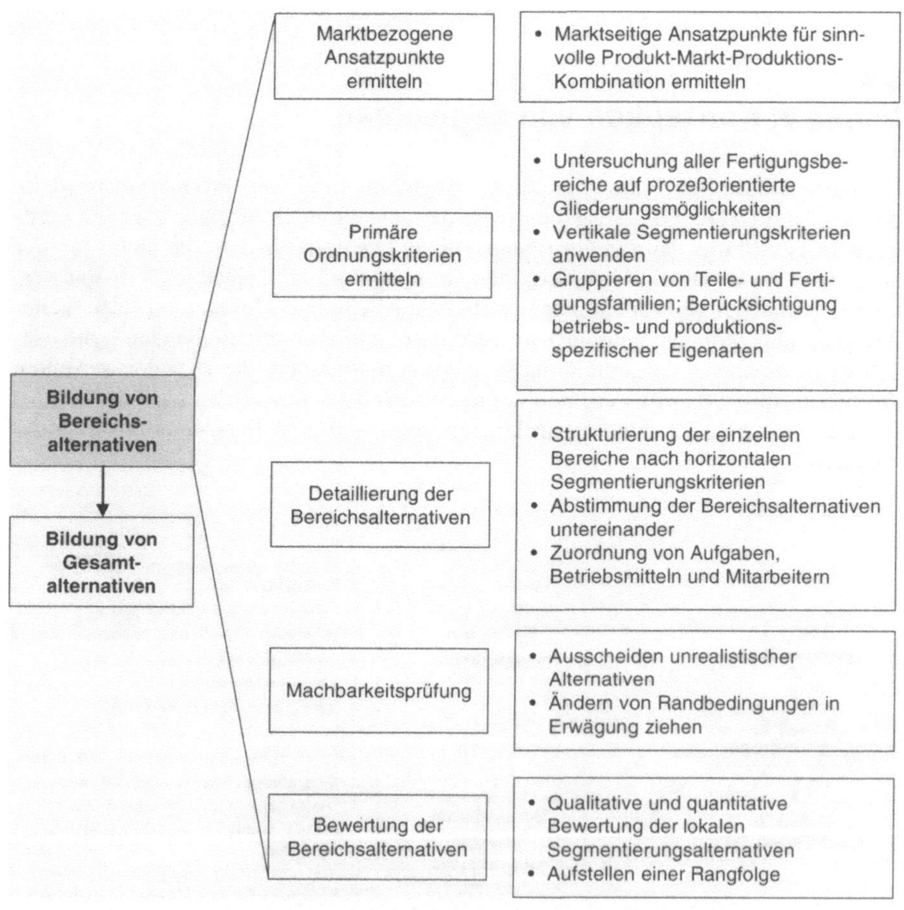

Abb. 5.7. Vorgehen zur Bildung von Bereichsalternativen bei der Segmentierung

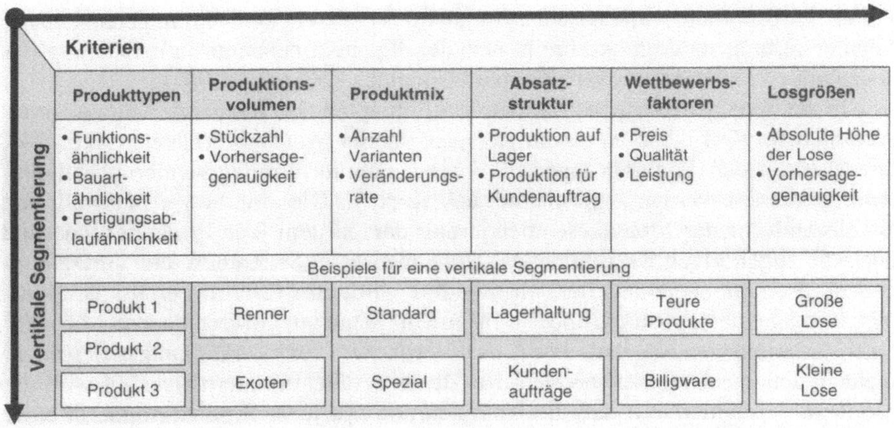

Kriterien					
Produkttypen	**Produktions-volumen**	**Produktmix**	**Absatz-struktur**	**Wettbewerbs-faktoren**	**Losgrößen**
• Funktions-ähnlichkeit • Bauart-ähnlichkeit • Fertigungsab-laufähnlichkeit	• Stückzahl • Vorhersage-genauigkeit	• Anzahl Varianten • Veränderungs-rate	• Produktion auf Lager • Produktion für Kundenauftrag	• Preis • Qualität • Leistung	• Absolute Höhe der Lose • Vorhersage-genauigkeit
Beispiele für eine vertikale Segmentierung					
Produkt 1	Renner	Standard	Lagerhaltung	Teure Produkte	Große Lose
Produkt 2 Produkt 3	Exoten	Spezial	Kunden-aufträge	Billigware	Kleine Lose

(Vertikale Segmentierung)

Abb. 5.8. Kriterien zur Bildung vertikaler Fertigungssegmente (Wildemann 1988)

Schritt 1: Marktbezogene Ansatzpunkte ermitteln. Der erste Schritt zur Bildung von Bereichsalternativen umfaßt die Aufbereitung der Markt- und Kundenanalyse für das Segmentierungsprojekt. Spezifische, marktseitige Erfolgsfaktoren (vgl. Kap. 3) sorgen für erste Ansatzpunkte zur Bildung von sinnvollen Produkt-Markt-Kombinationen. Bereits hier lassen sich in Verbindung mit der im Zielhandbuch festgelegten Unternehmensstrategie mögliche Konsequenzen für die Produktions-struktur diskutieren (z.B. „Renner"-Montage vs. Spezialmontage).

Schritt 2: Primäre Ordnungskriterien ermitteln. Im zweiten Schritt ist, abhängig von den gefundenen marktseitigen Erfolgsfaktoren, jeder Produktionsbereich einzeln auf mögliche Gliederungsalternativen zu untersuchen. Bei der Erstellung der Alternativen kommen die in Abb. 5.8 gezeigten vertikalen Segmentierungs-kriterien zur Anwendung.

Bei der vertikalen Segmentierung werden die nach Marktaspekten festgelegten Produktgruppen daraufhin untersucht, inwiefern sie einheitliche Anforderungen an das Produktionssystem stellen. Dabei werden diejenigen Produkte zusammenge-faßt, die weitestgehend gleiche Produktionsanforderungen an ein Segment stellen (primäre Ordnungskriterien), bspw. gleiche prinzipielle Bearbeitungsfolge, ähnli-che Abmessungen, gleiche notwendige Maschinen, Werkzeuge oder Transport-hilfsmittel. Gerade bei großvolumigen Teilen bietet sich die Abmessung als Seg-mentierungskriterium an, da sich diese sowohl in benötigten Betriebsmitteln als auch Transporthilfsmittel niederschlägt.

Die Betriebsbereiche werden entgegen der Materialflußrichtung auf geeignete Segmente für eine Produkt-Markt-Kombination untersucht. Durch die zunächst von der Montage dominierte Sichtweise wird deren optimale Ausrichtung auf den Markt sichergestellt. Erst dann folgen Schritt für Schritt die in Materialflußrich-tung vorgelagerten Bereiche. Dabei läßt sich eine natürliche Verschiebung der marktseitig relevanten Segmentierungskriterien hin zu betriebsinternen Zwischen-produkten und schließlich einer nahezu kundenanonymen Fertigung feststellen.

Diese Beobachtung widerspricht aber nicht prinzipiell dem Grundgedanken der Segmentierung, sondern beschreibt nur die allgemein bekannte Lokalisierung des sogenannten Kundenauftragsentkopplungspunktes (Wiendahl 1997).

Um die bereichsbezogene Alternativenbildung bei der Segmentierung zu veranschaulichen, wird diese an einem Beispiel für die Montage erläutert (Abb. 5.9). Die Montage der Produktgruppen PG 1 bis 3 kann in fünf Segmentierungsalternativen gegliedert werden (vgl. hierzu auch Kap. 6). Die Alternative M1 stellt den Ist-Zustand vor der Montagesegmentierung dar, in dem jede Produktgruppe und auch die zugehörigen Basiseinheiten, Höhenbausätze, Seitenteile und Verkleidungen in je einem separaten Bereich montiert wird. In M2 wird bereits die Komplettmontage der Produktgruppe 1 in einem Segment vorgeschlagen. M3 stellt eine Variation von M2 dar, worin das Verpacken von Verkleidungsteilen nicht mehr in den Zuständigkeitsbereich der Montage fällt. In Alternative M4 wird die Montage so segmentiert, daß die Komplettmontage jeder Produktgruppe in einer eigenen Produktlinie erfolgt. Dies würde dem Verhalten der Kunden entgegenkommen, da im Beispielfall ein Auftrag in der Regel aus mehreren, sich nur auf eine Produktgruppe beziehenden Positionen besteht. In Alternative M5 wird dagegen ein Produktmix vorgeschlagen, in dem die Montage aus einem einzigen Segment mit mehreren flexibel einsetzbaren Teams besteht. Eine entsprechende Mitarbeiterqualifizierung vorausgesetzt, kann diese letzte Alternative einen raschen Wechsel von zu montierenden Produkttypen und Produktvarianten am besten bewältigen (größte Artflexibilität).

In den Teilefertigungsbereichen bietet die Gruppierung nach Teile- oder Fertigungsfamilien einen guten Ansatz zur Segmentierung (vgl. Abb. 5.11). Daneben existieren aber auch noch betriebs- und produktspezifische Gliederungskriterien – wie bspw. die Gliederung nach Teilen, die gemeinsam verpackt werden – die an dieser Stelle zu berücksichtigen sind. Den übergeordneten Maßstab für die Segmentierung der einzelnen Fertigungsbereiche liefert dazu das oben genannte Leitbild einer organisatorischen Einheit (vgl. Abb. 5.5).

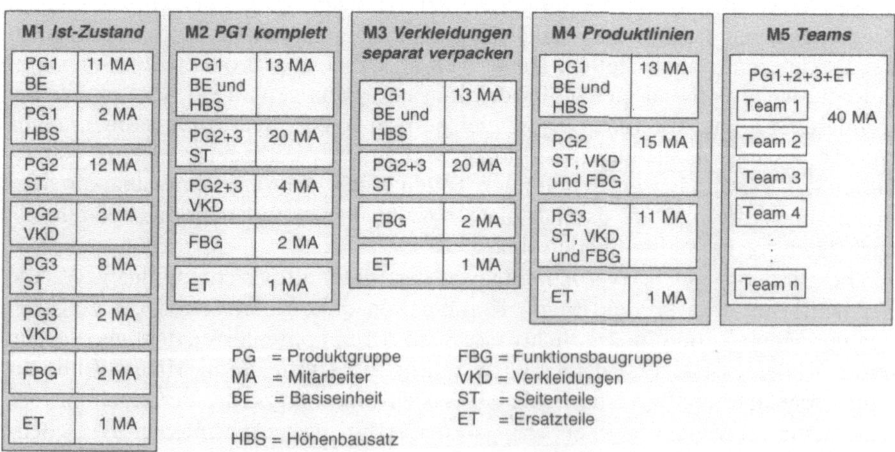

Abb. 5.9. Beispiel: Segmentierungsalternativen für die Montage

Kriterien für die horizontale Segmentierung			
Fertigungsablauf	**Produktionsanlagen**	**Materialfluß**	**Personal**
• Fertigungsstufen • Fertigungsschritte • Fertigungszeiten	• Kapazitätsquerschnitt • Verfügbarkeit • Automatisierungsgrad • Rüstzeiten	• Layout • Ver- und Entsorgung • Transport	• Anzahl • Arbeitsinhalte • Verantwortlichkeit • Entlohnung

Abb. 5.10. Kriterien zur Bildung horizontaler Fertigungssegmente (Wildemann 1988)

Schritt 3: Detaillierung der Bereichsalternativen. In Schritt drei werden die zuvor vertikal segmentierten Organisationseinheiten durch eine horizontale Gliederung detailliert. Dabei spielen insbesondere die Optimierung des Ressourceneinsatzes sowie die interne Flußoptimierung eine große Rolle. Für die Bildung der horizontalen Segmente können vier Kriterien herangezogen werden (Abb. 5.10):

- Eine erste Möglichkeit besteht darin, sich am *Fertigungsablauf* zu orientieren. Notwendige Bevorratungsebenen zwischen den Arbeitsgängen können dabei als Anhaltspunkte für die Gliederung herangezogen werden. Bevorratungsebenen liegen in der Regel vor den Arbeitsgängen, durch die das Produkt einen überproportionalen Wertzuwachs bekommt oder eine kundenbezogene Spezialisierung am Produkt (Variantenbildung) vorgenommen wird.
- Auf der Seite der *Produktionsanlagen* ist zu untersuchen, inwieweit auf vorhandene Maschinen zurückgegriffen werden kann bzw. welche zusätzlichen Gestaltungsoptionen durch neu zu beschaffende Anlagen entstehen. Im oben dargestellten Beispiel hat es sich gezeigt, daß es im Bereich der ersten Wertschöpfungsschritte immer wieder zu unvermeidbaren Überschneidungen bei den benötigten Betriebsmitteln (Blech- und spanabhebende Bearbeitungsmaschinen werden in unterschiedlichen Segmenten benötigt) kommen kann. Zur Lösung dieses Problems wurde daher versucht, diese Betriebsmittel in einem separaten Segment zu einem Maschinenpool zusammenzuschließen. Sollte diese Möglichkeit überhaupt nicht realisiert werden können, so muß über eine Erweiterungsinvestition im Betriebsmittelbereich nachgedacht werden. Besondere Beachtung verdient auch der Automatisierungs- und Flexibilitätsgrad der einzelnen Maschinen im Segment. Die Kapazitätsquerschnitte der jeweiligen Betriebsmittel sollten homogen sein und die Anlagen kapazitiv aufeinander abgestimmt. Dadurch können Flußunterbrechungen und Bestandsbildungen vermieden werden.
- Insbesondere der *Materialfluß* verdient bei der prozeßorientierten Segmentierung große Beachtung. Ziel muß es sein, die Materialströme fließfertigungsgleich durch die Produktion zu schleusen, d.h. die Bearbeitungsfolge und die Flußrichtung sind für alle Produkte eines Segments gleich. Dafür sind Gestaltungsmöglichkeiten wie Layoutveränderung, die Neuanbindung an Ver- und Entsorgungseinrichtungen, die Realisierung kurzer Transportwege und der Einsatz geeigneter Transporthilfsmittel auszuschöpfen.

– *Personelle Gestaltungskriterien* für Fertigungssegmente ergeben sich aus den bewirkten Veränderungen bei der Arbeitsorganisation und den Arbeitsbedingungen (vgl. Kap. 7).

Schritt 4: Machbarkeitsprüfung. Unter Berücksichtigung der bis hierhin festgelegten Aufgaben, der Mitarbeiteranzahl und Betriebsmittel der einzelnen Lösungsvarianten erfolgt eine Machbarkeitsprüfung. Die bei der horizontalen Segmentierung gesammelten Informationen über kurzfristig nicht zu ändernde Randbedingungen, Kapazitätsengpässe oder bauliche Restriktionen werden dahingehend ausgewertet, daß nur noch eine überschaubare Anzahl von Bereichsalternativen für die anschließende Bewertung verbleibt.

Probleme, die bei der Detaillierung der Segmentierungsalternativen auftauchen, lassen sich häufig auf qualifikations- und betriebsmittelbezogene Restriktionen zurückführen. Es sollte kein „Segmentieren um des Segmentierens Willen" angestrebt werden. Meist sind die beteiligten Mitarbeiter auch nicht bereit, Idealvorstellungen – wie bspw. eine rein nach verkaufsfähigen Endprodukten gegliederte Produktion – weiterzuverfolgen, wenn dem offensichtlich zu hohe Investitionen im Betriebsmittel- oder Fabrikplanungsbereich entgegenstehen. So kann schon vor der Bewertung der Spielraum, in dem sich die Lösungsvarianten bewegen, auf ein prinzipiell realistisches Maß eingeschränkt werden.

Des weiteren ist bei den auf Segmenten verteilten Produktionsprozessen auch die Integration montageunterstützender Tätigkeiten zu beachten (Arbeitsvorbereitung, Planung und Steuerung, Qualitätssicherung usw.). Prinzipielle Einwände hinsichtlich der vorhandenen oder als möglich erachteten Mitarbeiterqualifikation sollten jedoch in die Planungen einfließen.

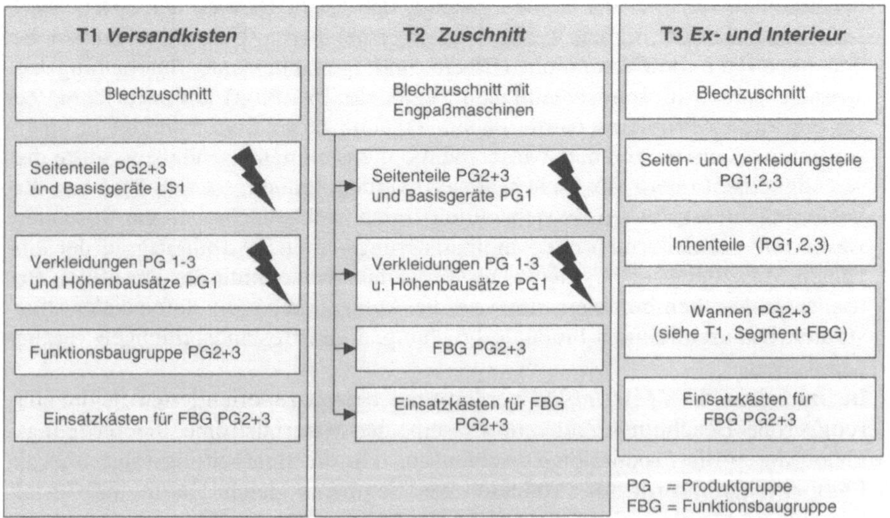

Abb. 5.11. Beispiel: Segmentierungsalternativen für die Teile- und Baugruppenfertigung

Die Machbarkeitsprüfung in dem bereits erwähnten Segmentierungsbeispiel zeigt für die drei in Abb. 5.11 dargestellten Segmentierungsalternativen für den Bereich der Teile- und Baugruppenfertigung folgendes: Im Rahmen der Detaillierung wurde festgestellt, daß in den Alternativen T1 und T2 in den Segmenten „Seitenteile" und „Verkleidungen" jeweils das gleiche Betriebsmittel zum Einsatz kommen würde. Da in diesem Fall eine Erweiterungsinvestition nicht in Frage kam und auch keine für alle Beteiligten befriedigende organisatorische Lösung für das Problem ermittelt werden konnte, blieb nur die Bereichsalternative T3 übrig. In dieser wird die Problematik dahingehend gelöst, daß Seitenteile und Verkleidungen in einem Segment „Verkleidungsteile" zusammengelegt werden, ohne daß gravierende Prozeßnachteile in anderen Segmenten entstehen.

Schritt 5: Bewertung der Bereichsalternativen. Ziel der Bewertung ist es, aus den zuvor ermittelten Varianten diejenigen herauszufiltern, die bei der nachfolgenden Synthese zu Gesamtalternativen weiter untersucht werden sollen. Je Bereich sollten nicht mehr als 2 oder 3 Lösungsalternativen zur weiteren Betrachtung ausgewählt werden, damit die Kombinationsmöglichkeiten bei der Bildung von Gesamtalternativen überschaubar bleiben (drei Lösungsvarianten bei jeweils drei Fertigungsbereichen bedeutet bereits $3^3 = 27$ theoretische Kombinationsmöglichkeiten!). Für die Durchführung der Bewertung sind die in Phase 1 aus dem Zielhandbuch abgeleiteten Teilprojektziele als Kriterien heranzuziehen. Für die Durchführung der Bewertung stehen die in Abb. 5.12 genannten Bewertungstechniken zur Auswahl.

Verbale Bewertung	Kosten- und rentabilitäts-orientierte Bewertung	Nutzwertanalyse
• Vor- und Nachteile der Alternativen werden beschrieben und verglichen • Annahmen, die der Bewertung zugrunde liegen, sind lückenlos zu dokumentieren • Anwendung bei Bewertungen, für die quantifizierte Informationen nur schwer ermittelbar sind	• Basiert auf quantifizierbaren Größen (Wirtschaftlichkeitsrechnung) • Anwendung, wenn eine überschlägige, monetäre Bewertung der Alternative möglich ist • Statische Verfahren: - Kostenvergleichsrechnung • Dynamische Verfahren: - Interne-Zinsfuß-Methode - Annuitätenmethode - ... • Problem: nicht quantifizierbare Größen finden keine Berücksichtigung	• Berücksichtigt auch nicht-monetäre Leistungswirkungen • Es findet eine Verschmelzung der monetären mit den nicht-monetären Größen zu einer gemeinsamen Kennzahl, dem Nutzwert, statt • Schwierigkeit liegt in der Skalierung der einzelnen Zielwirkungen; hier wird ein einheitlicher Maßstab benötigt • Anwendung, wenn nicht-monetäre Größen im Zielsystem einen großen Stellenwert einnehmen

Abb. 5.12. Bewertungstechniken

Die Ermittlung eines quantifizierten Zielerfüllungsgrades (d.h. einer Zahl, die misst, wie gut eine Segmentierungsalternative die gesteckten Ziele erfüllt) auf Basis absoluter Kosten oder Nutzwerte ist dabei der weitaus anspruchsvollste Weg. Eine praxisorientierte Möglichkeit der vergleichenden Bewertung stellt die Ordinalskala dar. Dabei wird beurteilt, ob eine Variante A hinsichtlich ihrer Zielerreichung besser oder schlechter ist als eine Variante B bzw. in welcher Rangordnung die einzelnen Varianten eingereiht werden können. Hier wird vor allem das Erfahrungswissen und die Einschätzung der beteiligten Meister und Abteilungsleiter benötigt. Sollte sich einmal bei zwei Alternativen kein signifikanter Unterschied herausstellen, so werden beide zur Bildung einer Gesamtalternative herangezogen. Bei der Durchführung der Bewertung ist dabei zu bedenken, daß die ermittelte Rangfolge der einzelnen Lösungsvarianten noch keine automatische Entscheidung für die beste Gesamtvariante darstellt.

5.5.2
Synthese der Bereichsalternativen des Beispiels zu Gesamtalternativen

Bei der Bildung von Gesamtalternativen werden die einzelnen Bereichsalternativen kombiniert und diese Kombinationen anschließend auf ihre Vorteilhaftigkeit hin überprüft. Dadurch können Synergien – aber auch Unverträglichkeiten – zwischen den Bereichsalternativen erschlossen werden, die beim reinen Addieren der jeweils besten Lösung nicht entstehen würden.

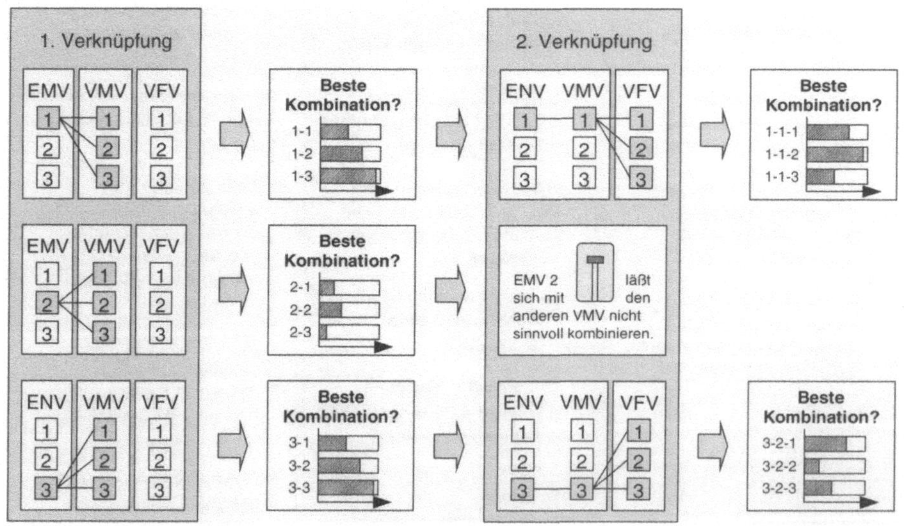

Abb. 5.13. Schema zur Bildung und Bewertung von Gesamtalternativen

Durch schrittweises Verknüpfen der einzelnen Lösungsvarianten der Endmontage (EMV) mit den gebildeten Vormontagevarianten (VMV) werden spezifische Vor- und Nachteile sichtbar (Abb. 5.13). Die hierbei verbleibenden Kombinationen werden im weiteren Verlauf mit den Alternativen der Vorfertigung (VFV) kombiniert. Die Bewertung der Gesamtalternativen erfolgt dann mit den gleichen Methoden wie bei der vorangegangenen Bewertung der Bereichsalternativen. Zusätzlich entstehende Synergieeffekte, die durch die bestehenden Bewertungskriterien nicht erfaßt werden, sind separat auszuweisen. Auf Grundlage der ermittelten Gesamtnutzwerte ist eine Rangfolge der besten vorgegebenen Gesamtalternativen zu erstellen. Sollten mehrere gleichrangige Alternativen vorhanden sein, so müssen diese nochmals genauer untersucht werden.

In Abb. 5.14 wird das Endergebnis der prozeßorientierten Grobsegmentierung im erwähnten Projektbeispiel gezeigt. Die Materialflüsse haben hier ihre Ursprünge jeweils links und rechts im Bild und verlaufen in Richtung des gemeinsamen Ziels, der Endmontage. Das Zuschnitt-Segment beliefert die folgenden Segmente der Teile- und Baugruppenfertigung mit den benötigten Blechzuschnitten. Durch die Bildung von Teilegruppen mit gemeinsamem Produkt- oder Betriebsmittelbezug und deren Zusammenfassung zu den als Funktionsbaugruppen, Innenteile und Verkleidungsteile bezeichneten Segmenten gelingt es, die Hauptmaterialströme im Betrieb stark zu vereinfachen und transparent zu machen. Zudem sind Möglichkeiten zur Integration indirekter Tätigkeiten (z.B. Verbindungsmann zur Konstruktion, AV-Mitarbeiter vor Ort, Qualitätssicherung, Instandhaltung) und die Errichtung dezentraler Lager in den operativen Bereichen vorgesehen.

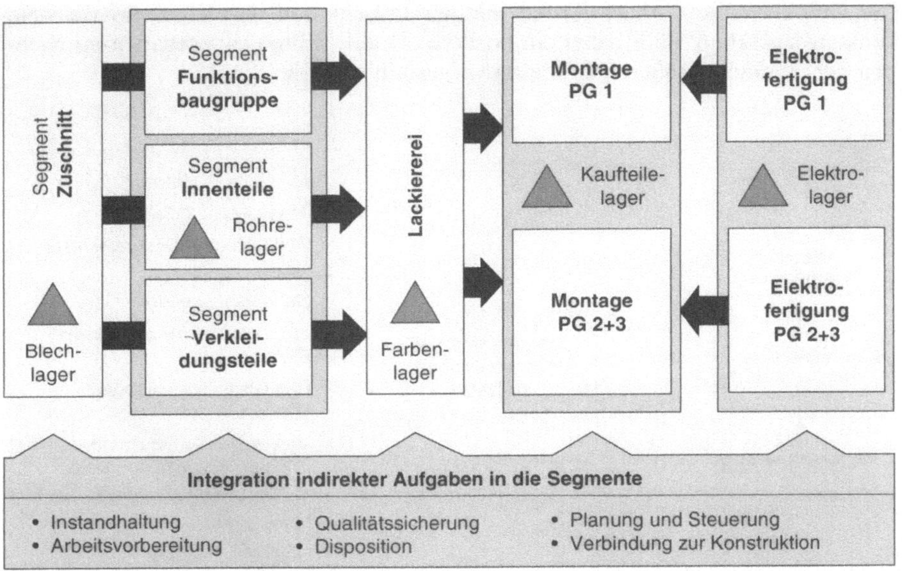

Abb. 5.14. Beispiel für das Grobkonzept einer prozeßorientierten Fertigungssegmentierung

5.6
Phase 3: Entscheidung und Nachbereitung

Die dritte und letzte Phase hat die Aufgabe, die ausgewählte Segmentierungsalternative zu dokumentieren und dem Entscheidungsgremium vorzustellen. Die während der Projektarbeit getroffenen Prämissen und Entscheidungen sollen dabei transparent und nachvollziehbar gemacht werden (Abb. 5.15).

Bereits die Präsentation des Grobkonzepts sollte alle ergebnisrelevanten Schritte der Projektarbeit beinhalten. Die Projektziele stellen neben den Prämissen und Randbedingungen auch hierbei den entscheidenden Faktor dar. Zudem sollte aus Gründen der besseren Anschaulichkeit ein grobes Layout der neu strukturierten Fertigungsbereiche erstellt werden. Daran anknüpfend werden die einzelnen Elemente des Konzepts näher beschrieben. Schließlich werden die für das weitere Vorgehen als notwendig erachteten weiteren Maßnahmen aufgezeigt. Diese werden häufig auch als Prämissen formuliert und umfassen bspw.

– die Ausplanung der Montage hinsichtlich Montagestruktur und Arbeitsorganisation,
– die Entwicklung eines neuen Entlohnungssystems,
– Schulungen für die jetzt dezentral als Gruppe agierenden Mitarbeiter,
– die Erarbeitung eines neuen PPS-Konzepts einschließlich der geeigneten EDV-Hilfsmittel,
– Investitionen in Betriebsmittel und Transporthilfsmittel sowie
– Ausgaben für bauliche Maßnahmen.

Die Grobkonzeption endet formal mit der Präsentation des Konzepts vor dem Lenkungsausschuß. Fällt dabei ein positives Urteil, sollte das Vorhaben im nächsten Schritt einem größeren Gremium vorgestellt werden.

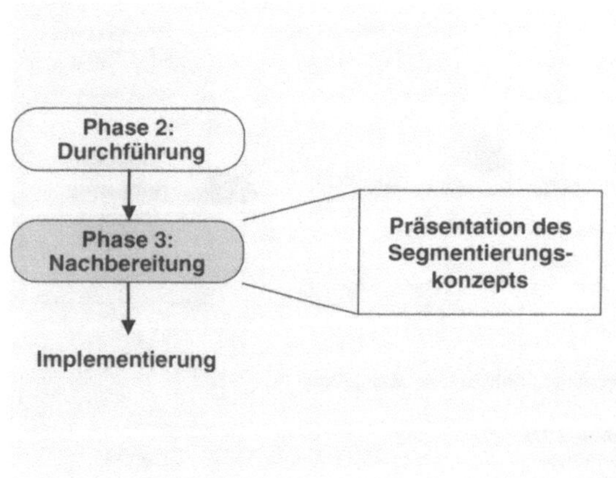

Abb. 5.15. Nachbereitungsphase

5.7
Zusammenfassung

Im Rahmen der *Prozeßorientierten Fertigungssegmentierung* wird ein Vorgehen zur marktorientierten Strukturierung der Produktion vorgestellt. Das Verfahren ist so gestaltet, daß die Belange der Montage im Mittelpunkt stehen. Es liefert bei Beachtung der in Abb. 5.16. aufgeführten Erfolgsfaktoren sukzessive verschiedene Segmentierungsalternativen, die jeweils an den aus dem Zielhandbuch abgeleiteten Bewertungskriterien gespiegelt werden. Durch Kombination von Bereichsalternativen zu Gesamtalternativen werden Synergieeffekte sichtbar, diese fließen in die Endvariante ein. In der abschließenden Dokumentation der Segmentierungsergebnisse werden die Grundlagen für die weiteren Tätigkeiten festgehalten.

Damit sind die strukturellen Voraussetzungen geschaffen, um eine weitere, fachspezifische Detaillierung der Segmente vorzunehmen. Gute Ergebnisse werden auch mit einem überlappenden Vorgehen erreicht, bei dem die Teilprojekte *Montagstrukturierung* und *Fertigungssegmentierung* sich gegenseitig zuarbeiten. In Verbindung mit der Konzeption einer gruppenarbeitsorientierten *Arbeitsorganisation* gelingt es so binnen weniger Monate, ein in sich stimmiges Grobkonzept einer zukünftigen marktorientierten Produktionsstrukur zu erarbeiten.

Vorbereitung	☑ Klare Ziele, klare Randbedingungen ☑ Klare Vorgehensweise, straffes Projektmanagement und Moderation ☑ Team aus engagierten, zukunftsorientierten und veränderungsbereiten Fachleuten, welche die gesamte Fertigung im Auge haben
Durchführung	☑ Kreativität bei der Bildung von Segmentierungsalternativen ☑ Beschränkung der Vielfalt der Varianten ☑ Bereitschaft, Investitionen in definiertem Umfang zuzulassen ☑ Keine Angst vor „Herzogtümern" und Abteilungsgrenzen, speziell auch bei fertigungs-/ montageunterstützenden Bereichen
Nachbereitung	☑ Klare Entscheidungswege und Entscheidungen ☑ Schnelle und offene Kommunikation ☑ Bereitschaft, den Erfolg der Segmentierung durch weitere, fallweise notwendige, Maßnahmen zu unterstützen ☑ Vertreten und Präsentieren der vorgeschlagenen Alternative durch die beteiligten Fertigungsmitarbeiter

Abb. 5.16. Checkliste mit Erfolgsfaktoren für die Segmentierung

Literatur

Bierschenk, S.; Frech, J.; Edler, A.: Erfolgsfaktoren von Innovationen: Prozesse, Methoden und Systeme? Gemeinsame Studie der Fraunhofer-Institute IPA, IAO und IPK. Stuttgart Berlin: 1998.

Kämpf, R. (Hrsg.): Führungshandbuch Gruppenarbeit im Fertigungsbetrieb. Stadtbergen: Kognos 1997.

Kristof, R; Aupperle, G.: Organisatorische Montagesteuerung. In: Warnecke, H.J. (Hrsg.):Die Montage im flexiblen Produktionsbetrieb. Berlin Heidelberg New York: Springer 1996.

Sihn, W. (Hrsg.): Unternehmensmanagement im Wandel : Erfolg durch Kunden-, Mitarbeiter- und Prozeßorientierung. München Wien: Hanser 1995.

Wiendahl, H.-P.: Betriebsorganisation für Ingenieure. München Wien: Hanser 1997.

Wildemann, H.: Die modulare Fabrik : kundennahe Produktion durch Fertigungssegmentierung. München: gfmt-Verlag 1988.

Wildemann, H.: Logistikstrategien. In: Eversheim, W.; Schuh, G. (Hrsg.): Produktion und Managment : 4. Betrieb von Produktionssystemen. Berlin Heidelberg New York: Springer 1999.

6 Montagesystemgestaltung am Beispiel der Montageinsel – Von der Idee zum Layout

Peter J. Rally

6.1 Einleitung

Montagesystemgestaltung ist eine komplexe und anspruchsvolle Aufgabenstellung, die alle wesentlichen Kräfte eines Unternehmens benötigt, um zu intelligenten und innovativen Lösungen zu gelangen.

Im folgenden wird die Montagesystemgestaltung am Beispiel einer Elektrogerätemontage beschrieben, die sich durch eine erfolgreiche Lösung bei Erfüllung komplexer Zielvorstellungen auszeichnet. Die Beschreibung ist übertragbar auf Montagen mit Serienproduktion und steigenden Flexibilitätsanforderungen hinsichtlich Losgröße, Variantenreichtum und Komplexität. Diese Anforderungen bedingen prozess- und kundenorientierte Lösungen, die sich durch hohe Autonomie und Eigenverantwortung auszeichnen. Als spezieller Vertreter solcher autonomer Montagesysteme wird im Fallbeispiel das Konzept der Montageinsel vorgestellt.

In den aufgezeigten Planungsschritten wird nicht weiter auf die Ermittlung der Marktanforderungen und äußeren Einflüsse eingegangen (dazu sei auf Kap. 3 verwiesen). Es werden vorrangig die Aufgaben eines Projektteams beschrieben, das mit einem definierten Planungsauftrag die Planung eines Montagesystems bis zur Umsetzungsreife, also bis zum (Grob-)Layout plant. Abbildung 6.1 zeigt die Positionierung dieses Planungsprozesses im Rahmen der Montagesystemgestaltung.

Die notwendige Beteiligung der operativen Ebene ist in der konzeptionellen Phase sehr schwierig, da die Werker gerne konkrete Aufgabenstellungen verfolgen. Ein gestufter Planungsprozeß, eine offene Informationspolitik in allen Planungsphasen und eine zunehmende Beteiligung der operativen Ebene mit konkreter werdenden Aufgabenstellungen, wie sie bei Ausplanung und Umsetzung auftreten, sind daher unabdingbare Voraussetzungen für eine erfolgreiche Projektarbeit.

Die Montagesystemgestaltung wird nun in folgenden Punkten bis zur Darstellung der Lösung in einem Layout beschrieben:

- Leitlinien der Montagesystemgestaltung
- Ziele und Zielsystem
- Einsatz interdisziplinärer Planungsteams
- Fallbeispiel Montageinsel mit Erfahrungen aus der Praxis
- Zusammenfassung

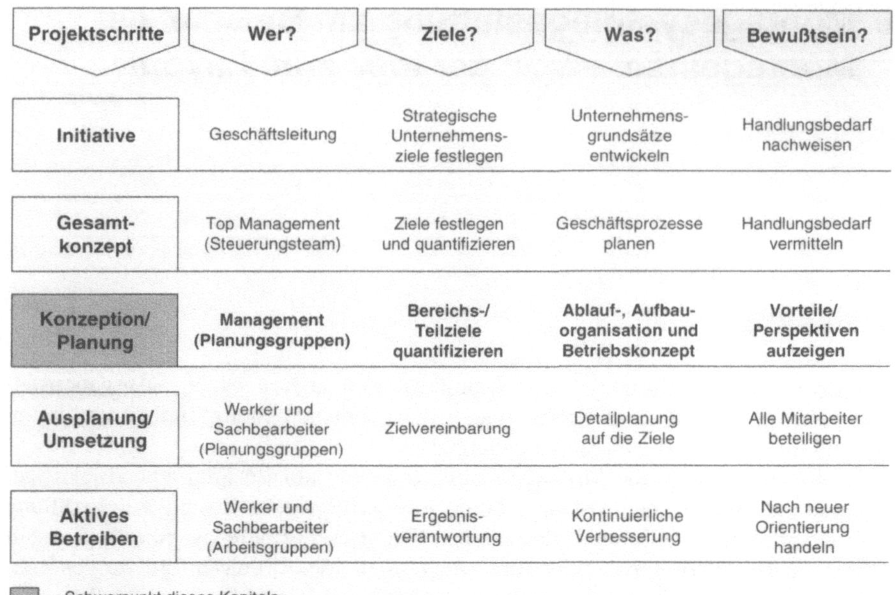

Abb. 6.1. Vorgehensweise bei Planung und Realisierung von Montagesystemen

6.2
Leitlinien der Montagesystemgestaltung

Aus Sicht der Montage dürfen die zu bildenden autonomen Montagebereiche nicht isoliert betrachtet werden. Sie sind in ein Unternehmen eingebunden und müssen dort ihre Aufgaben im Interesse des Ganzen wahrnehmen. Ziel ist es deshalb, mehrere Bereiche informationell und personell zu vernetzen und damit die Steuerungs- und Koordinationsprobleme, die bei operativen Einheiten auftreten, zu minimieren (Bullinger 2000). Aus diesen Anforderungen lassen sich Leitlinien für die Montagesystemgestaltung formulieren:

– *Systembetrachtung statt Einzeloptimierung:* die Planung muß sich im Sinne des Prozeßgedankens von der Optimierung einzelner, meist technischer Probleme lösen und zu aufwandsarmen Systemlösungen kommen.
– *Denken und Planen in Alternativen:* nur durch kreative Planung artunterschiedlicher Montagesystem-Alternativen kann ein Kompromiß der unterschiedlichsten Anforderungen gefunden werden.
– *Schaffen von gemischten Strukturen:* die bereits erwähnten steigenden Flexibilitätsanforderungen bedingen ebenso wie die unterschiedlichen Qualifikationsvoraussetzungen der Mitarbeiter angepaßte Arbeitsstrukturen.

- *Schaffen von überschaubaren Einheiten:* die Notwendigkeit, in modernen Arbeitssystemen eine adäquate Arbeitsorganisation anzubieten, erfordert überschaubare autonome Einheiten, die mit minimalem Koordinations- und Kommunikationsaufwand handlungsfähig sind.
- *Integration indirekter Funktionen:* die Handlungsfähigkeit dezentraler autonomer Einheiten kann nur gewährleistet werden, wenn die Planungs- und Entscheidungskompetenzen zur Kundenauftragsabwicklung in den Einheiten vorhanden sind.
- *Technische Überdimensionierung:* die Flexibilitätsanforderungen bedingen eine gewisse technische Überdimensionierung, um schwankende Stückzahlen und Losgrößen auch nach oben abdecken zu können.
- *Technische Flexibilität:* vorhandene Technik sollte so in den Ablauf eingebunden werden, daß sowohl eine Erweiterung, wie auch ein Austausch (Modernisierung) möglich wird.

6.3
Ziele und Zielsystem

Das Thema Ziele und Zielsysteme wurde bereits allgemeingültig in Kap. 2 behandelt. Im folgenden werden Zielbereiche sowie quantitative und qualitative Ziele für die Montagesystemplanung behandelt. Mit diesen wird im Anschluß ein Zielsystem zur Bewertung von Planungsalternativen erarbeitet.

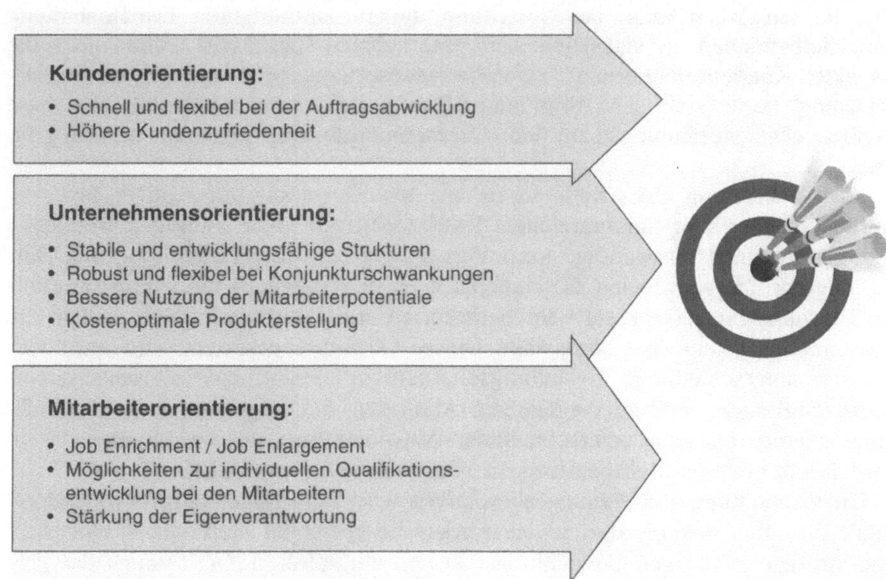

Abb. 6.2. Gliederung in Zielbereiche

	Stückzahlflexibilität	Typen- und Variantenflexibilität	Automatisierungspotential	Variabler Personaleinsatz	Erhöhung Montagequalität	Lieferantenanbindung	Bessere Materialbereitstellung	Flexibilisierung der Arbeitszeiten	Kurze Wege	Ergonomie	Summe	Normierte Gewichtung	Rang
1 Stückzahlflexibilität		2	2	1	0	0	2	2	2	1	12	13,3	2
2 Typen- und Variantenflexibilität	0		2	1	0	0	1	2	1	1	8	8,9	6
3 Automatisierungspotential	0	0		0	0	1	0	0	0	0	1	1,1	10
4 Variabler Personaleinsatz	1	1	2		0	2	1	1	0	0	8	8,9	6
5 Erhöhung Montagequalität	2	2	2	2		2	1	2	2	1	16	17,8	1
6 Lieferantenanbindung	2	2	1	0	0		0	0	0	1	6	6,7	9
7 Bessere Materialbereitstellung	0	1	2	1	1	2		2	1	2	12	13,3	2
8 Flexibilisierung der Arbeitszeiten	0	0	2	1	0	2	0		1	1	7	7,8	8
9 Kurze Wege	0	1	2	2	0	2	1	1		1	10	11,1	4
10 Ergonomie	1	1	2	2	1	1	0	1	1		10	11,1	4
											90	100	

Abb. 6.3. Beispiel für die Priorisierung von Anforderungen an das Montagesystem

Neben konkreten Zielwerten ist es sinnvoll, sich im Vorfeld globale Zielbereiche, die den „roten Faden der Gestaltung" bilden, zu erarbeiten. Die Benennung von Zielbereichen ist sicherlich sehr unternehmensspezifisch, sollten aber die Aspekte „Kundenorientierung", „Unternehmensorientierung" und „Mitarbeiterorientierung" berücksichtigen. Abbildung 6.2 zeigt anhand eines Beispiels, wie diese Zielbereiche von Planungsteam und Unternehmensleitung gegliedert werden können.

Zur Generierung eines Zielsystems mit dem Gestaltungsalternativen bewertet werden können sind umfangreiche Diskussionen mit allen wichtigen Bereichen des Unternehmens notwendig. Nach Vermittlung der Aufgabenstellung und Darstellung der übergeordneten Zielbereiche kann in Workshops mit einem erweiterten Planungsteam eine Liste von Zielkriterien erarbeitet werden, die sich in ein Gewichtungssystem überführen läßt. Dieses Gewichtungssystem wird dazu verwendet, unterschiedliche Gestaltungsalternativen anhand eines Arbeitssystemwerts (Bullinger 1995) zu vergleichen. Abbildung 6.3 zeigt ein solches Gewichtungsschema mit dem unterschiedliche Anforderungen an ein Montagesystem berücksichtigt und mittels paarweisem Vergleich priorisiert wurden.

Die Gewichtung von Planungsalternativen wird dann folgendermaßen durchgeführt: Für alle Planungsalternativen werden die einzelnen Zielkriterien eingestuft und mit dem jeweiligen Gewichtungsfaktoren multipliziert. Die Summe der Produkte über die einzelnen Zielkriterien ergibt den Arbeitssystemwert einer Planungsalternative (Bullinger 1995). Im Arbeitssystemwert sind vorrangig die Kriterien hinterlegt, die sich monetär nicht oder nur schwierig erfassen lassen (Flexibilität, Ergonomie, ...). Gemeinsam mit den monetär quantifizierbaren Werten der Planungsalternativen (Investitionsbedarf, Personalkosten, Qualifizierungsaufwände, ...) erhält das Planungsteam und die Unternehmensleitung eine Grundlage für die Auswahl weiter zu verfolgender Strukturalternativen.

Mit diesem Hilfsmittel (Arbeitssystemwert und monetäre Aufwände) können sehr gute Lösungen gefunden werden, welche die unterschiedlichen Interessen (Personalbereich, Betriebsrat, Produktion) im Unternehmen berücksichtigen – wenn diese rechtzeitig in den Gestaltungsprozess integriert wurden.

Weiterhin ist es sinnvoll, konkrete Vorgaben an das neue System zu formulieren, mit denen die Güte der Planung und Ausführung gemessen werden kann. Diese konkreten Vorgaben können sich bspw. auf

– Bestandssenkung an Einzelteilen,
– Bestandssenkung an Fertigwaren,
– Reduzierung des logistischen Aufwandes,
– Erhöhung der Qualitätskennzahl,
– Verbesserung der Lieferfähigkeit,
– Reduzierung von Fehlzeiten oder allgemein auf
– Schnittstellenreduzierung beziehen.

In den meisten Fällen wird die Formulierung konkreter Vorgaben und die Entwicklung eines Zielsystems nur einen Ausschnitt der Anforderungen darstellen, die in einer umfassenden Planung an ein modernes Montagesystem gestellt werden. Die Zieldiskussion stellt häufig nur die wichtigsten und dringendsten Aufgaben in den Vordergrund. Erfahrungsgemäß werden die im Unternehmen vorhandenen Defizite vom Planungsteam höher gewichtet als Punkte, die in der täglichen Arbeit bisher keine Probleme machten oder solche, die bisher noch nicht im Montagesystem vorkamen, wie z.B. die Verfügbarkeit von Automaten.

6.4
Einsatz interdisziplinärer Planungsteams

Ein wesentliches Merkmal erfolgreicher (Planungs-)Teams ist deren interdisziplinäre und alle wesentlichen Unternehmensbereiche berücksichtigende Besetzung. Ein solches Planungsteam hat den Vorteil, daß automatisch alle wichtigen Randbedingungen durch die Mitglieder des Teams berücksichtigt werden. Zudem ergibt sich durch die Einbindung operativer Mitarbeiter aus den der Montage vor- und nachgelagerten Bereichen eine größere Akzeptanz bei der Konzeptumsetzung sowie eine höhere Bereitschaft zur Beseitigung von Alltagsproblemen im späteren Montagebetrieb.

Der Begriff „Interdisziplinäres Planungsteam" soll nicht zu dem Schluß verleiten, daß man ein "großes" Planungsteam benötigt, in dem ständig wichtige Kapazitäten gebunden sind. Man braucht zwar den Zugriff auf möglichst viele Kompetenzen im Unternehmen, dies jedoch nur temporär und zu definierten Zeitpunkten im Planungsprozeß.

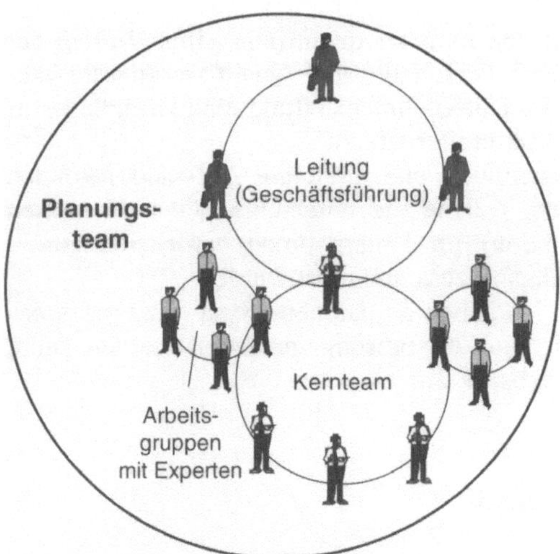

Abb. 6.4. Interdisziplinäres Planungsteam

Gerade bei kleineren und mittleren Unternehmen ist es sinnvoll, ein handlungsfähiges (interdisziplinäres) Kernteam zu haben, das den Planungsprozeß gestaltet und koordiniert, die Spezialisten einbindet und zu definierten Zeitpunkten (z.B. Meilensteinen) einen Abgleich mit allen Beteiligten organisiert.

Wie in Abb. 6.1 dargestellt, soll die Einbindung der operativen Ebene verstärkt werden, je mehr die Planung in Richtung Konkretisierung und Umsetzung geht.

6.5
Fallbeispiel Montageinsel

Im folgenden wird als Fallbeispiel die Planung einer Elektrogerätemontage beschrieben. Die Vorgaben an die Planung entsprachen dabei dem „Konzept Montageinsel" (Bullinger 1998).

6.5.1
Kennzeichen einer Montageinsel

Das „Konzept Montageinsel" stellt eine Grundlage für die Gestaltung flexibler Montagesysteme dar. Im Kern des Konzepts wird einem Montagesystem für ein Produkt- oder Kundensegment die weitgehende Kompetenz für die Produkterstellung und -verantwortung übertragen. Um diese Verantwortung auszufüllen, werden alle relevanten Aufgaben und Funktionen, wie z.B. Auftragssteuerung, Mitarbeitereinsatz und Bestellung, in das Montagesystem integriert. Die Funktionsintegration führt zu einer deutlichen Verringerung von Schnittstellen und damit zu kürzeren Regelkreisen. Interne und externe Lieferanten sind gemäß Qualitäts-, Kosten- und Zeitzielen optimal an das Montagesystem anzubinden.

Durch die Delegation weitreichender Verantwortlichkeiten in eine Montageinsel ergeben sich neue Handlungs-, Entscheidungs- und Gestaltungsspielräume, welche die Mitarbeiter im Sinne der Organisation der eigenen Arbeit einsetzen und zur Optimierung des Gesamtsystems nutzen können. Um eine weitgehende Autonomie für das Montagesystem zu realisieren, wird dem Montagesystem ein durchgängiges Produktspektrum mit allen Typen und Varianten als Arbeitsaufgabe zugeteilt. Dabei sind Produktkompetenz und Produktverantwortung als Einheit zu betrachten. Zu dieser produktorientierten Ausrichtung des Montagesystems kommt die Termin- und Qualitätsverantwortung hinzu. Verantwortung muß sich aber nicht nur in Kompetenz, sondern auch in Handlungsspielräumen und Freiheitsgraden widerspiegeln. Je höher die Freiheitsgrade innerhalb des Montagesystems und je größer die Transparenz über den Gesamtprozeß sind, desto eher kann Verantwortung für die Ergebnisse übernommen werden und um so mehr Möglichkeiten der Selbstoptimierung gibt es (vgl. Kap. 7). Zusammenfassend kann somit eine Montageinsel durch folgende Kennzeichen beschrieben werden:

- Erstellung (verkaufs-)fertiger Produkte
- Weitgehende Autonomie bei der Produkterstellung
- Wenige Schnittstellen, Funktionsintegration
- Kurze Regelkreise
- Handlungsspielräume für Mitarbeiter, Selbstorganisation
- Ganzheitliche Arbeitsaufgaben
- Koordination des Fremdbezugs
- Personaleinsatzflexibilität
- Lernen in der Arbeit

6.5.2
Ausgangssituation und Vorgehen im Fallbeispiel

Auslöser für die Neuplanung der Elektrogerätemontage waren die stark abnehmenden Bestellmengen der Händler. Da aus Wirtschaftlichkeitsgründen immer eine Mindestlosgröße montiert werden musste, führte dies in Verbindung mit der bestehenden unflexiblen Linienmontagen zu erheblichen Lagerbeständen und „Ladenhütern“. Insgesamt ließ sich die Ausgangssituation mit folgenden Punkten zusammenfassen:
- Ungenaue Vertriebsvorschau bedingt kurze Reaktionszeit und viel „Hektik“ für die operative Ebene
- Stark schwankende Auftragsstückzahlen: Kunde bestellt in immer geringeren Mengeneinheiten, aber große Stückzahlen kommen noch vor
- Abfedern der Stückzahlschwankungen durch hohe Lagerbestände - Kapitalbindung
- Hoher Anteil an Varianten und Typen mit kleinen Stückzahlen
- Zunehmender Preis- und Kostendruck vom Markt
- Hohe indirekte Aufwände mit großer Anzahl an Schnittstellen
- Geringe Attraktivität des Montagesystems für gut ausgebildete und qualifizierte Mitarbeiter

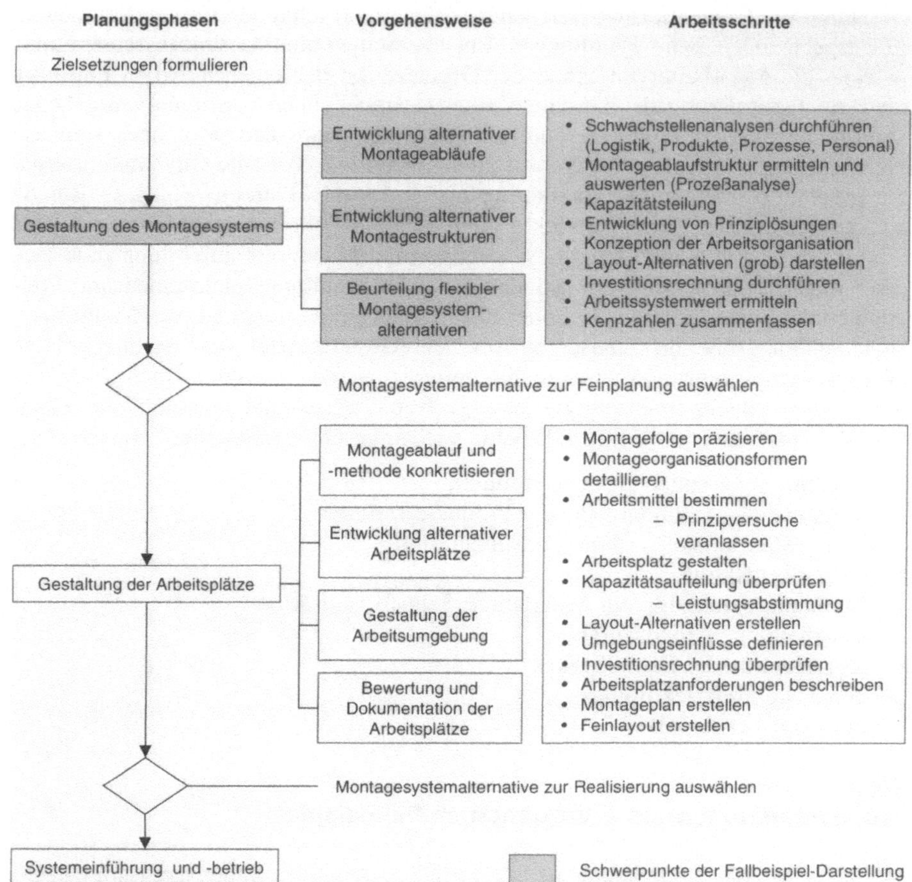

Abb. 6.5. Vorgehensschritte zur Montagesystemgestaltung im Fallbeispiel Montageinsel

Abbildung 6.5 zeigt – in Ergänzung zu Abb. 6.1 – eine Aufzählung der wichtigsten Arbeitsschritte bei der Montagesystemgestaltung wie sie im Fallbeispiel Montageinsel angewendet wurden.

Wenn die eigentliche Montagesystemgestaltung beginnt, sind Zielsetzung und Grobkonzeption bereits abgeschlossen. Eine Produkt- und Prozessanalyse, sowie genaue Betrachtungen zu Möglichkeiten der Kapazitätsteilung sind wesentliche Voraussetzungen, um über Prinziplösungen zu alternativen Montageabläufen und artunterschiedlichen Montagesystemalternativen zu kommen. Bei allen Schritten wird im Sinne des Grundgedankens der Montageinsel immer eine Schnittstellenbetrachtung durchgeführt und Möglichkeiten zur Systemintegration mit einbezogen.

Im Planungsteam, das die Montagesystemalternativen erarbeitet und die Entscheidungsvorlage für die Unternehmensleitung erstellt, sind bereits Vertreter der operativen Ebene beteiligt. Nach der Auswahl einer Montagesystemalternative zur

Feinplanung wird die Basis der operativen Ebene verbreitert und in kleinen Teams Prinzipversuche zu Montageschritten und Feinplanungen der Arbeitsplätze durchgeführt. Schwerpunkt der folgenden Betrachtungen ist die Gestaltung des Montagesystems.

6.5.3
Vorbereitende Analysen

Zur Vorbereitung der Gestaltungsschritte wurden Analysen in den Bereichen Logistik, Produkte, Prozesse und Personal durchgeführt. Ausgangspunkt der Untersuchungen war im vorliegenden eine *Schwachstellenanalyse* des Ist-Zustands, welche gemeinsam mit Mitarbeitern aus den Bereichen Montage, Lager, Transport, Qualität und EDV erarbeitet wurde. Abbildung 6.6 zeigt die wesentlichen, hierbei ermittelten Problemfelder.

Neben der Erfassung zentraler Problemfelder wurde in den Workshops zur Schwachstellenanalyse auch das Lösungspotential der Mitarbeiter genutzt und mögliche Vorschläge und Maßnahmen zur Beseitigung der Probleme erarbeitet. Abbildung 6.7 zeigt am Beispiel „Aufkleber/Begleitpapiere" eine Detaillierung des Problems und die von den Mitarbeitern favorisierten Lösungsansätze.

Zur Optimierung der Auftragsabwicklung hat sich die *Prozeßanalyse* bewährt. Die Auftragsabwicklung umfaßt den Prozeß von der Kundenanfrage bis zur Auslieferung der fertigen Produkte, wobei für die vorliegende Aufgabe der Montagesystemgestaltung der Fokus auf den produktiven Prozeßschritten liegt.

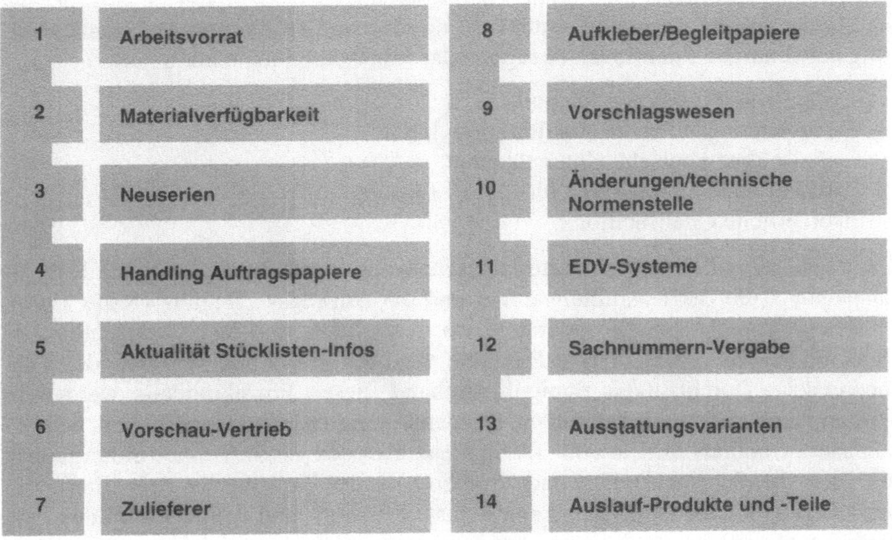

Abb. 6.6. Beispielhafte Problemfelder in der bisherigen Montage

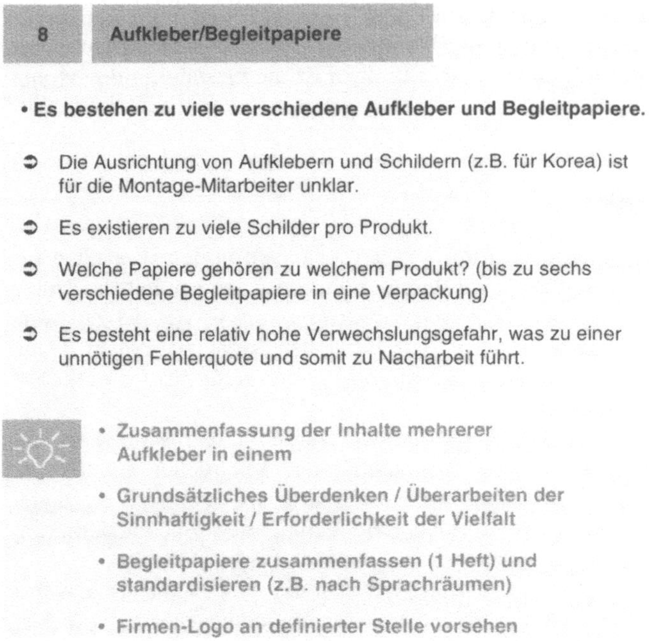

Abb. 6.7. Detailliertes Problemfeld mit Kurzbeschreibung und Lösungsvorschlägen

Zum Erfassen aller direkten und indirekten Tätigkeiten, die zur Bearbeitung von Montageaufträgen im Rahmen der festgelegten Systemgrenzen erforderlich sind, wird ein Prozeßmodell erstellt. In diesem werden die zur Auftragsabwicklung notwendigen Funktionen bezüglich der folgenden Punkte analysiert:

– Ergebnis der Funktion („Output")
– Voraussetzungen für die Ausführung („Input")
– Technisch/methodische Unterstützung
– Aufwand und Durchlaufzeit für die Ausführung
– Erforderliche Qualifikation.

Dazu gehören z.B. auch die Materialbeschaffung und -bereitstellung, die Kapazitätsplanung, die Betriebsmittelwartung und die Auftragsverfolgung (Rally 1996). Hilfreich ist auch eine Einstufung in wertschöpfende und nicht wertschöpfende Funktionen. Für repräsentative Produkte wird auf Basis des Prozeßmodells die theoretische Durchlaufzeit ermittelt. Anhand dieses Prozeßmodells werden in Diskussionen mit allen Beteiligten Probleme identifiziert, kommuniziert und visualisiert. Dadurch wird sowohl Transparenz über den gesamten Ablauf hergestellt als auch die Schwachstellen und Probleme in das Bewußtsein der Mitarbeiter gerückt. Zur Prozeßdarstellung kann je nach Problem- und Aufgabenstellung eine einfache Metaplantechnik ausreichend sein oder man setzt EDV-gestützte Darstellungs- und Auswertungstools ein (VDMA 1997).

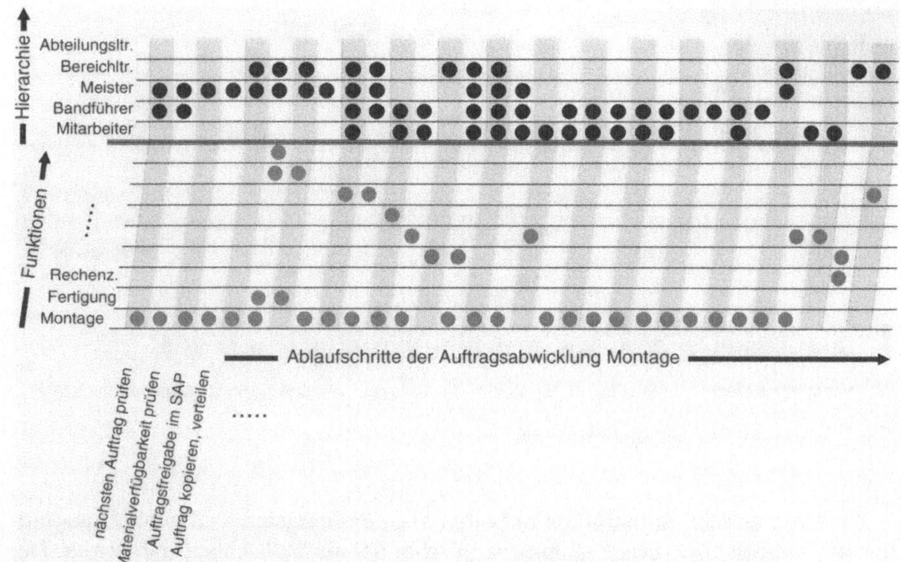

Abb. 6.8. Darstellung von Aufgaben und Schnittstellen in der Montage

Abbildung 6.8 zeigt ein vereinfachtes Modell, wie die Auftragsabwicklung innerhalb der untersuchten Systemgrenzen dargestellt werden kann. Die verwendete Methodik erlaubt eine dreidimensionale Darstellung der wichtigsten Sachverhalte: Auf der x-Achse sind die einzelnen, in zeitlicher Abfolge zu erledigenden Systemaufgaben dargestellt, die y-Achse (Funktionen) gibt Auskunft über die an der Ausführung beteiligten Abteilungen (funktionale Schnittstellen), die z-Achse (Hierarchie) über die an den notwendigen Entscheidungen beteiligten Hierarchiestufen (hierarchische Schnittstellen).

Wie man aus diesem Modell erkennen kann, war die Durchführung der insgesamt 31 Ablaufschritte nur durch einen häufigen Wechsel zwischen Bereichen und Hierarchieebenen zu bewerkstelligen, was zu hohen Koordinations- und anderen nichtwertschöpfenden Aufwänden führte. Es zeigte sich somit, daß in der Ausgangssituation eine Vielzahl an Schnittstellen existierte.

6.5.4
Konzeption und Gestaltung der Montageinsel

Die Ziele und Randbedingungen für die Montageplanung sind nun definiert. Die Analyse der Auftragsabwicklung ergab, wie in Abb. 6.8 gezeigt, einen stark zergliederten Ablauf, der immer wieder durch funktionale und hierarchische Schnittstellen unterbrochen wurde.

Als Leitbild für die Neuplanung diente das Konzept der „Montageinsel". Bei dem weiteren konzeptionellen Vorgehen fanden insbesondere die oben angeführten Leitlinien der Montagesystemgestaltung Verwendung.

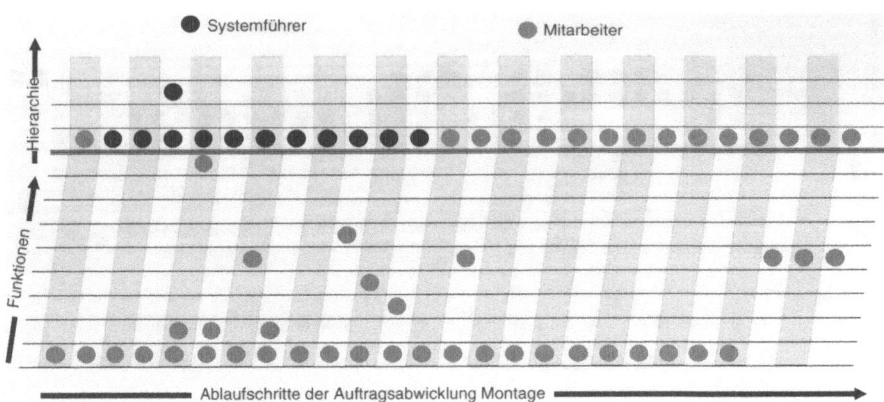

Abb. 6.9. Optimierte Auftragsabwicklung

Zunächst wurden in mehreren Schritten vom Planungsteam sinnvolle Integrationsansätze erarbeitet. Das Ergebnis ist in Abb. 6.9 als Soll-Ablauf dargestellt. Der optimierte Soll-Ablauf zeigt eine deutlich übersichtlichere Aufgabenstrukturierung (von 31 auf 23 Ablaufschritte) sowie eine erhebliche Reduzierung an funktionalen und hierarchischen Schnittstellen. Einzelne Aufgaben sind aus Kostengründen (zusätzlicher Investitionsbedarf) nicht integriert, werden aber bei den weiteren Gestaltungsprozessen besser an die jeweiligen Montagen angebunden *(Leitlinie: Systembetrachtung statt Einzeloptimierung)*. Die im Bild ausgewiesenen Begriffe Mitarbeiter und Systemführer bedeuten nicht eine weitere interne Hierarchie, sondern eine spezielle Aufgabenstellung im Montagesystem, die rotierend von den Mitarbeitern wahrgenommen wird. Die deutliche Vereinfachung der Auftragsabwicklung war möglich durch eine konsequente Integration aller zur Produkterstellung notwendigen Aufgaben in die Montageinsel *(Leitlinie: Integration indirekter Funktionen)*.

Im Anschluß an die Analysen folgt die Erstellung von Prinziplösungen, die zu Strukturalternativen überführt werden. Die Unterschiede in den Prinziplösungen sollten Variationen bezüglich der Montage-, Transport- und Verkettungstechnik ebenso umfassen, wie unterschiedliche Arten der Arbeitsteilung oder Variationen im Materialfluß (Bullinger 1997). Methoden zur Bildung von Strukturalternativen, wie z.B. Vorranggraph und Kapazitätsfeld können (Bullinger 1995) und (Rally 1996) entnommen werden.

Die Produktanalyse hatte ergeben, daß mit 15% der zu montierenden Varianten 80% der Systemstückzahl erreicht wird. Die restlichen 85% der Varianten werden nur in geringen Mengen angefordert und führten zu hoher Kapitalbindung oder „Ladenhütern". Aufgrund dieser Erkenntnis wurde bei der Erarbeitung von Prinziplösungen auf der einen Seite die Minimierung der Rüstzeiten verfolgt, um so auch kleine Lose wirtschaftlich montieren zu können, auf der anderen Seite wurden flexible Komplettmontagen erarbeitet, die jeweils autonom nur einen Ausschnitt aus dem Produkte- und Variantenspektrum montieren.

Strukturalternative	Haupt-Vorteile	Haupt-Nachteile
Linie mit hoher Arbeitsteilung	Hoher Routinisierungsgrad, Hohe Produktivität	Hohe Rüstaufwände bei kleinen Losgrößen, Geringe Typen- und Variantenflexibilität
U-Form mit geringerer Arbeitsteilung	Optimierbare Personalkapazität, Gut für Gruppenarbeit geeignet	Hohe Rüstaufwände bei kleinen Losgrößen
Nur Komplettmontageplätze	Hohe Varianten- und Typenflexibilität, Geringe Rüstaufwände bei kleinen Losgrößen	Geringer Routinisierungsgrad Hohe Investitionen
Komplettmontagen und Linie	Varianten- und Typenflexibilität, Geringe Rüstaufwände bei unterschiedlichen Losgrößen	Zuordnungsproblem der Aufträge, Zusätzliche Investitionen

Abb. 6.10. Vor- und Nachteile von Strukturalternativen im Fallstudienbetrieb

Als prinzipielle Strukturalternativen *(Leitlinie: Denken und Planen in Alternativen)* für das neue Montagesystem wurden

- die konventionelle Linie mit hoher Arbeitsteilung,
- eine Linie in U-Form mit geringerer Arbeitsteilung,
- Komplettmontagen an Einzelarbeitplätzen und
- eine Kombination von Komplett- und Linienmontage

diskutiert und bewertet (Abb. 6.10).

Aufgrund der vorgegebenen Zukunftsszenarien war von erheblichen Stückzahlschwankungen, steigender Typen- und Variantenvielfalt, von steigenden Rüstaufwänden und von stark unterschiedlichen Losgrößen auszugehen. Konsens bestand darüber, daß die Typen- und Variantenvielfalt sowie die unterschiedlichen Losgrößen die entscheidenden Rahmenbedingungen der zukünftigen Montage darstellen.

Zudem umfaßten die steigenden Rüstaufwände einen erheblichen Anteil der Kostenstruktur der Produkte. Aus diesen Gründen wurde das Strukturprinzip Komplettmontage und Linie schwerpunktmäßig weiterverfolgt *(Leitlinie: Schaffen überschaubarer Einheiten).* Zur genaueren Bewertung wurden die drei Strukturvarianten mit den höchsten Arbeitssystemwerten (B, C) bzw. dem geringsten monetären Aufwand (A) weiter untersucht (Abb. 6.11).

Zu erwähnen ist noch, daß bei entsprechender Flächenreservierung, die Strukturvariante C aus der Strukturvariante B aufgebaut werden kann *(Leitlinie: Technische Flexibilität).*

Einen wesentlichen Einfluß auf den Vergleich der Strukturvarianten hatten die künftig zu erwartenden Losgrößen. Hierzu wurden mit Marketing und Vertrieb verschiedene Szenarien erarbeitet, mit denen die jeweiligen Strukturalternativen betrachtet wurden. In Abb. 6.12 ist das Ergebnis für das Hauptszenario dargestellt, das in etwa von einer Verdoppelung der Rüstvorgänge bei bestimmten Varianten ausging und die Variante A mit der Variante C vergleicht.

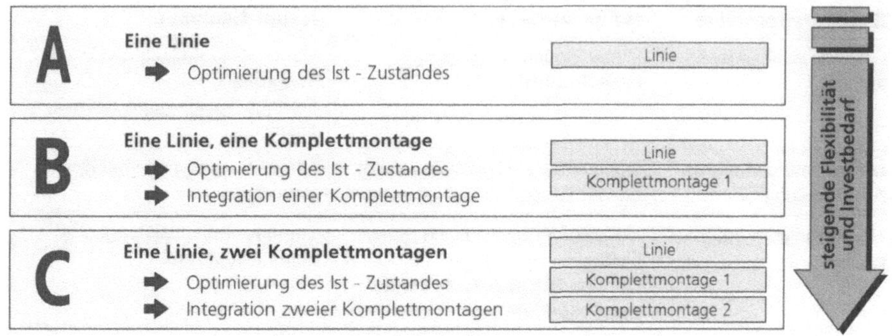

Abb. 6.11. Strukturvarianten für die geplante Montageinsel

Die kurze Amortisationszeit, ein hoher Arbeitssystemwert und die folgenden Vorteile

- Effiziente Linie für höhere Stückzahlen,
- Flexible Komplettmontagen für kleine Lose,
- Verbesserte Reaktionszeiten bei kurzfristigen Kundenaufträgen (24 Stunden bei Materialverfügbarkeit) *(Leitlinie: Technische Überkapazität)*,
- Flexible Erweiterungsmöglichkeit bei Änderung der Rahmenbedingungen,
- Beste Personalauslastung der Gesamtmontage bei sinkenden Losgrößen und
- Umsetzung der Neustruktur im laufenden Betrieb möglich (geringste Ausfallzeiten)

führten dazu, daß für die weitere Planung die Variante C ausgewählt wurde.

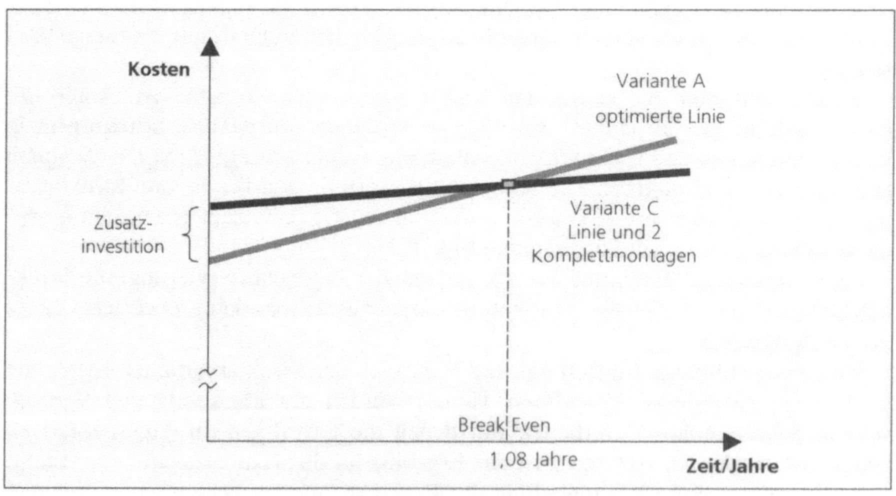

Abb. 6.12. Vergleich der Strukturvarianten A und C

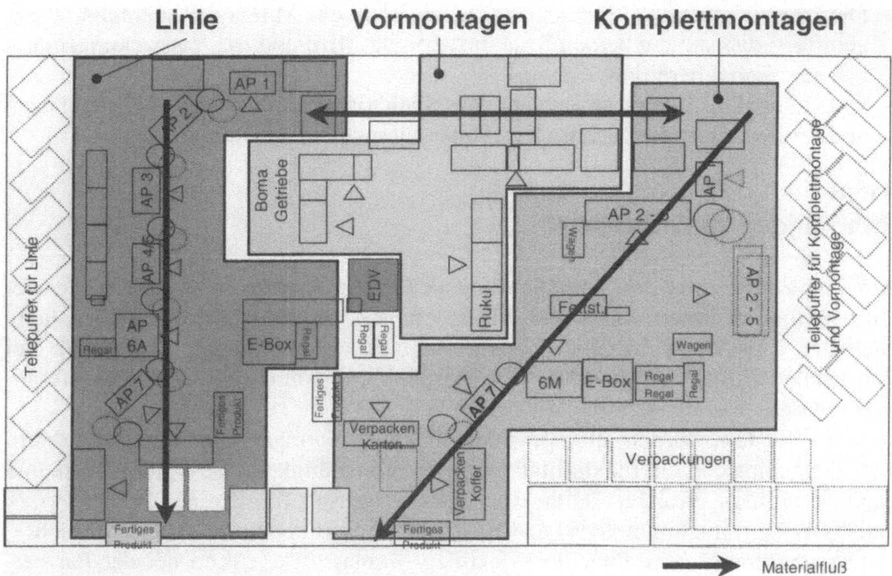

Abb. 6.13. Ideallayout der Montageinsel

Bei der Planung des Layouts wurde großer Wert auf eine optimale Materialbereitstellung und auf kurze Wege im System gelegt. Die Materialbereitstellverfahren konnten auf die Verfahren

- KANBAN zur Steuerung vorgelagerter Produktionsstufen,
- 2-Behälter-Abruf von anderen Bereichen/Lägern und
- auftragsorientierte Bereitstellung (Einzel- oder Behälterkommission)

eingeschränkt werden.

Bei der Umsetzung wurden gleichzeitig wesentliche Vormontagen, die sowohl für die Linienmontage als auch für die beiden Komplettmontagen zuständig waren, direkt in das Konzept Montageinsel eingebunden. Im Interesse der kurzen Wege wurden die Bereitstellpuffer für die Linie und die Komplettmontagen getrennt. Damit stellt sich das Ideallayout der Montageinsel wie in Abb. 6.13 dar. Dieses Layout hat folgende Vorteile:

- Wichtige Vormontagen sind im System integriert und können sowohl von der Linienmontage, als auch von der Komplettmontage genutzt werden
- Die zentralen Vormontagen minimieren die Wege für die Montagearbeiter
- Die getrennt angeordneten Materialbereiche tragen ebenfalls zu minimalen Wegen bei
- Die Materialzonen an den Außenbereichen vereinfachen die Anlieferung des Montagematerials
- Der zentrale EDV-Platz kann von beiden Montagen genutzt werden

– Die materialintensive Verpackung ist am Ende der Montagen ebenfalls so angeordnet, daß sie von beiden Systemen genutzt wird und das Verpackungsmaterial nur einmal bereitgestellt wird

– Das kompakte Layout erleichtert den Blickkontakt zu anderen Arbeitsplätzen und fördert damit die gegenseitige Unterstützung bei Problemen.

6.5.5
Erfahrungen im Fallbeispiel

Abbildung 6.14 zeigt die Vorgaben, mit denen das Projekt Montageinsel bei der Partnerfirma gestartet wurde und die Ergebnisse, die ungefähr ein halbes Jahre nach der Umsetzung erreicht wurden. Weitere Verbesserungen, vor allem der logistischen Zahlen, werden mit einer besseren Anbindung der externen Lieferanten erwartet.

In das System wurden alle notwendigen Entscheidungskompetenzen integriert. Die Ziele hinsichtlich Flexibilität und Reaktionsfähigkeit, Bestandsgrößen und Qualität wurden erreicht. Dafür war jedoch die Schaffung einer hohen Personaleinsatzflexibilität und eines Qualifikationsentwicklungskonzepts erforderlich.

Die Forderung nach einer hochflexiblen Montageinsel führte bei der Partnerfirma zu einer Montagestruktur, welche sich durch eine Kombination von einer Linienmontage mit mehreren Komplettmontagestationen und durch integrierte Vormontagen auszeichnet. Auf diese Weise ist es möglich, den ständig wechselnden Mix aus Mittel-, Klein- und Kleinstserien flexibel und unter Vermeidung zeit- und kostenintensiver Rüstaufwände zu bearbeiten.

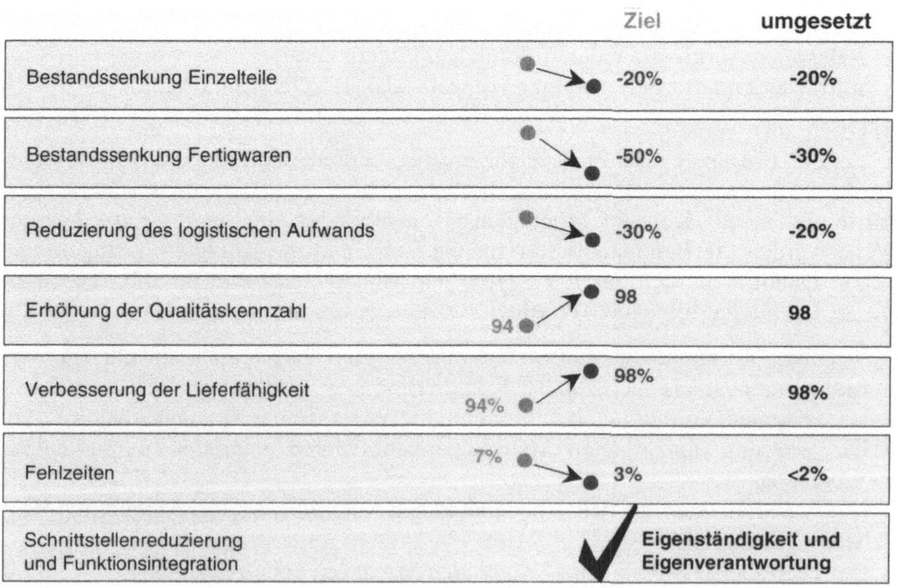

Abb. 6.14. Erreichte Zielsetzungen

Ein wesentliches Ergebnis für die Partnerfirma war, daß mit dem „Konzept Montageinsel" eine reproduzierbare Struktur auch für andere Montagebereiche zur Verfügung steht. Das heißt, die Firma wird in Bereichen, in denen in Zukunft ähnliche Anforderungen bezüglich Flexibilität, Losgrößen und Stückzahlschwankungen auftreten mit ähnlichen Lösungen reagieren.

Weiterhin zeigt sich heute, daß Mitarbeiter, die in der ersten Montageinsel (Pilotsystem) ausgebildet wurden und dort gearbeitet haben, Teillösungen aus der Montageinsel – soweit sinnvoll – in ihre neue Arbeitsumgebung einbringen und umsetzen. Das Pilotsystem ist damit heute auch ein Ausbildungssystem für angehende Systemführer, die durch die hohe Integration indirekter Funktionen und die zugehörige EDV-Bedienung einen besseren Überblick über die Gesamtfunktionen der Auftragsabwicklung im Betrieb bekommen.

In Abb. 6.15 ist eine Checkliste für die Montagesystemgestaltung aufgeführt. Diese Liste kann sinnvoll mit der Checkliste zum Projektmanagement (Abb. 2.13) ergänzt werden.

Zielsetzungen	☑ Sind von der Geschäftsführung die Vorgaben so formuliert, daß Planungsziele abgeleitet werden können? ☑ Gibt es übergeordnete Zielbereiche wie z.B. Mitarbeiterorientierung, die mit Fakten unterlegt sind? ☑ Sind für die Zielworkshops Vertreter aller wesentlichen Betriebsbereiche eingeladen (inkl. operative Ebene)? ☑ Sind die Rahmenbedingungen, wie Systemgrenzen oder Budgetbereiche definiert?
Planungsteam	☑ Sind alle wesentlichen Bereiche, welche die Auftragsabwicklung im neuen Montagesystem tangieren, im Planungsteam vertreten? ☑ Ist die Kommunikation und der Informationsaustausch zum Leitungsteam und zu den Arbeitsgruppen geregelt? ☑ Sind die Rollen innerhalb des Teams geklärt? ☑ Hat das Planungsteam Zugriff auf alle notwendigen Informationen und Kompetenzen? ☑ Haben die Teammitglieder ausreichend Kapazitäten, um sich sinnvoll am Gestaltungsprozess beteiligen zu können?
Gestaltungsprozeß	☑ Sind Leitlinien für die Planung vorhanden? ☑ Werden unterschiedliche Gestaltungsalternativen entwickelt? ☑ Werden die Vor- und Nachteile der Gestaltungsalternativen ausreichend gewürdigt? ☑ Ist bei Veränderungen an Schnittstellen das Einverständnis der Beteiligten vorhanden?
Einbindung der operativen Ebene	☑ Sind Kommunikationspfade (Infoboard o.ä.) vorhanden, um die operativen Mitarbeiter ausreichend über den aktuellen Planungsstand zu informieren? ☑ Ist die operative Ebene bei den Zielworkshops vertreten? ☑ Ist die operative Ebene in allen Arbeitsgruppen, die sich mit dem Montage- und Auftragsabwicklungsprozess befassen, vertreten? ☑ Konnte sich die operative Ebene ausreichend bei Fragen zum Layout (Mitarbeit oder eigene Vorschläge) und zu Neuinvestitionen einbringen?

Abb. 6.15. Checkliste zur Montagesystemgestaltung

6.6
Zusammenfassung

Zum Erschließen ungenutzter organisatorischer und menschlicher Potentiale in der Serienmontage müssen die prozeß- und arbeitsorganisatorischen Rahmenbedingungen derart neu gestaltet werden, daß sie die Leistungsfähigkeit und -bereitschaft der Mitarbeiter fördern und erhöhen.

Gerade in der Montage, welche letztendlich die Liefer- und Termintreue sowie die Qualität verantwortet, kommt es darauf an, flexibel und kundennah reagieren und agieren zu können. Hierzu ist es nötig, kommunikationsverarmte Linienstrukturen zu verlassen, Schnittstellen zu reduzieren, Hierarchien zu verflachen, Verantwortung in den Produktentstehungsprozeß zu verlagern, die Selbstorganisationsfähigkeit zu stärken und die Aufgabenintegration als Voraussetzung für qualifikationsförderliche Personalentwicklungskonzepte vorzunehmen. Diese Anforderungen werden von modernen integrativen Ansätzen wie dem geschilderten Konzept der Montageinsel erfüllt.

Literatur

Bullinger, H.-J.: Arbeitsgestaltung : Personalorientierte Gestaltung marktgerechter Arbeitssysteme. Stuttgart: Teubner 1995.

Bullinger, H.-J.; Rally, P. J.; Schipfer, J.: Some Aspects of Ergonomics in Assembly Planning. In: International Journal of Industrial Ergonomics. Vol. 20, No. 5. Amsterdam: Elsevier 1997.

Bullinger, H.-J.; u.a.: Konsequent auf den Markt ausgerichtet : Hochflexible Montageinseln planen und gestalten. In: Industrieanzeiger 21/98, S. 48-49.

Bullinger, H.-J.; Gerlach, S.; Rally, P.J.: Dezentrale Verantwortungsbereiche in Produktionsnetzwerken. In: Kaluza, B.; Blecker; T. (Hrsg.): Produktions- und Logistikmanagement in virtuellen Unternehmen und Unternehmensnetzwerken. Berlin u.a.: Springer 2000.

Rally, P. J.: Planung der Arbeitsorganisation in flexiblen Montagesystemen. In: Warnecke, H.-J. (Hrsg.): Die Montage im flexiblen Produktionsbetrieb : Technik, Organisation, Betriebswirtschaft. Berlin u.a.: Springer 1996.

Verband Deutscher Maschinen- und Anlagenbau e. V. (Hrsg.): Fit für den globalen Markt? : Leitfaden für das Qualitätsmanagement und Projektmanagement; Lösungsansätze, Umsetzungsbeispiele, Methoden. Frankfurt/Main: VDMA Verl. 1997.

7 Entwicklungsfähige Arbeitsorganisation in der Montage

HARTMUT BUCK

7.1 Einleitung

Bei steigenden Anforderungen an Marktorientierung und Dynamik in der Montage stoßen klassisch arbeitsteilige Produktionskonzepte zunehmend an ihre Grenzen. Das Ziel, Kundennähe zu erreichen, erfordert vor allem flexible Organisationsstrukturen und kompetente Mitarbeiter. Rasch wechselnde Kundenanforderungen machen es notwendig, über ein Maximum an Gestaltungsspielraum in der Montage zu verfügen. Zentralisierte Entscheidungs- und Planungsprozesse würden hierfür oftmals zuviel Zeit beanspruchen. Durch die Schaffung dezentraler Verantwortungsbereiche und entwicklungsfähiger Strukturen sollen Potentiale zur schnelleren Bewältigung einer zunehmenden Vielfalt sich rasch ändernder Aufgaben geschaffen werden.

Montagesysteme sind als entwicklungsfähig zu bezeichnen, wenn es ihnen in vergleichsweise kurzen Zeiträumen gelingt, adaptiv und flexibel Marktanforderungen sowie Produkt- und Prozeßinnovationen zu bewältigen. Solche Arbeitssysteme müssen über ausreichende soziale und qualifikatorische Ressourcen, über ganzheitliche Aufgabenprofile und über rückmeldefähige Regelkreise verfügen. Sie sind somit in der Lage, mit Neuheit, Unsicherheit, Komplexität und Konflikten umzugehen, ohne ihre Effizienz zu verlieren. Neben dem Umfang der Handlungs- und Entscheidungsspielräume sowie der Kompetenz der Mitarbeiter zur Nutzung dieser Freiräume sind entwicklungsförderliche Montagesysteme durch folgende Merkmale charakterisiert:

- eine geringe Betonung detaillierter interner Aufgabenbeschreibungen
- eine erhebliche (Re-)Integration planerischer Aufgaben
- rückmeldefähige Regelkreise
- eine Vermeidung unnötiger Schnittstellen
- eine Zuordnung organisatorischer Befugnisse zur inhaltlichen Arbeit
- eine hohe Personaleinsatzflexibilität
- einen ungehinderten Informations- und Kommunikationsfluß
- ein erhebliches Kooperations- und Selbststeuerungspotential

Um die steigende marktbedingte Komplexität bewältigen zu können, werden von den Betrieben vielfältige Wege der Dynamisierung, der Funktionsintegration, der Dezentralisierung und Prozeßorientierung beschritten. Obwohl die dafür erforderlichen Vorgehensweisen und Konzepte prinzipiell als Stand der Technik

Abb. 7.1. Ansatzpunkte zur Gestaltung einer entwicklungsfähigen Arbeitsorganisation

gelten, ist eine Vielzahl von Reorganisationsprojekten nicht erfolgreich. Schlecht abgestimmte und mangelhaft kommunizierte Veränderungsprozesse scheitern oftmals daran, daß Organisationsmitglieder an ehemals bewährten Denk- und Handlungsmustern festhalten, da für sie der subjektive Nutzen der verordneten Arbeitsabläufe und Organisationsstrukturen nicht nachvollziehbar ist. Aufgrund des begrenzten Erfolgs vergangener Veränderungsansätze haben in den aktuellen Business- oder Performance-Excellence-Konzepten die Mitarbeiterorientierung und die Erschließung von Mitarbeiterpotentialen eine herausragende Bedeutung bekommen.

Strukturelle Veränderungen finden heutzutage in den Betrieben allerdings häufig nur als verspätete Reaktion auf massive Störungen und äußere Zwänge statt. Üblicherweise werden notwendige arbeitsorganisatorische Veränderungen erst erkannt und angegangen, wenn sich Defizite manifestieren oder größere Probleme auftreten (krisengetriebene Vorgehensweise). Anlaß für die Einführung von Gruppen- und Teamarbeit sind deshalb oftmals Krisensituationen. Die ökonomischen Ursachen für den Wandel von Unternehmens- und Arbeitskonzepten liegen – kurz gesagt – in verschärften internationalen Wettbewerbsbedingungen, dem Zwang zur raschen Produktinnovation, zur variantenreichen Produktion und zu kurzfristiger Lieferfähigkeit. Aus dieser Konstellation heraus werden an Gruppen- und Teamarbeitskonzepte oftmals überzogene und unrealistische Erwartungen herangetragen: sie sollen gleichzeitig die Kosten senken, die Flexibilität erhöhen, die Qualität verbessern, Hierarchiestufen einsparen und das Management entlasten.

Unter dem Leitthema der „entwicklungsfähigen Arbeitsorganisation" werden im folgenden drei grundlegende Ansatzpunkte für eine flexibilitätssteigernde Veränderung arbeitsorganisatorischer Strukturen in der Montage näher betrachtet (Abb. 7.1):

– Die Notwendigkeit der Einbindung von Veränderungen der Arbeitsorganisation in die Markt- und Unternehmensentwicklung. Nur eine abgestimmte Verzahnung der unterschiedlichen Unternehmensaktivitäten minimiert interne Reibungsverluste und erhöht die für den Kunden wahrnehmbaren Leistungsvorteile.

– Die Gestaltung von qualifikationsförderlichen Arbeitssystemen als Voraussetzung für die Nutzung und Entwicklung der Mitarbeiterpotentiale und für die Dezentralisierung von Produktionseinheiten. Die Einführung von Team- und Gruppenarbeit erfordert Aufgabenprofile und Ablaufstrukturen, welche durch rückmeldefähige Regelkreise und kooperative Anforderungen gekennzeichnet sind.

– Die Notwendigkeit einer wechselseitigen Verknüpfung von Personal- und Organisationsentwicklung im Einführungsprozeß von Team- und Gruppenarbeit. Eine stufenweise Ausdehnung des Entscheidungs- und Gestaltungsspielraums in Abhängigkeit von der Kompetenz und Reife der Gruppe verhindert einerseits demotivierende Überforderung und schafft andererseits immer wieder neue lernrelevante Entwicklungsanreize.

7.2
Einbindung der Arbeitsorganisation in die Unternehmensentwicklung

Markt- und Kundenorientierung – als eine der zentralen Determinanten zur Sicherung und Steigerung der Wettbewerbstätigkeit – erfordert eine Öffnung und immer wiederkehrende Neuausrichtung der gesamten Unternehmensorganisation. Hierfür bedarf es einer gesteigerten Reaktionsfähigkeit gegenüber Marktveränderungen auf allen Ebenen der betrieblichen Organisation. Die marktgetriebenen Flexibilitätsanforderungen für die Montage bestehen typischerweise in:

– schwankenden Stückzahlen
– sinkenden und häufig wechselnden Losgrößen
– einer steigenden Kundenspezifik der Produkte
– einer Vermehrung der Typen und Varianten
– kurzen Lieferzeiten

Die Entwicklung der Arbeitsorganisation in der Montage kann nicht unabhängig von der Unternehmensentwicklung betrieben werden (Abb. 7.2). Vielen Unternehmen gelingt es nicht, die Anforderungen des Marktes zu erfassen, sich zu positionieren und die dazu notwendige interne Reorganisation konsequent durchzuführen.

Um dauerhafte Wettbewerbsvorteile zu erlangen, müssen Unternehmen die Herausforderung in Bezug auf zwei Zielkategorien annehmen:

– Die betriebliche *Effizienz* muß erhöht werden, d.h. die eigenen Produktionsfaktoren sind besser zu nutzen als es die Wettbewerber tun.

– Da dies nicht ausreicht, um nachhaltige Wettbewerbsvorteile zu erlangen, ist das Unternehmen strategisch zu positionieren (*Effektivität*), d.h. es sind Alleinstellungsmerkmale beim Kunden herauszuarbeiten.

Strategisches Denken impliziert, daß alle betrieblichen Aktivitäten aufeinander abzustimmen sind. „Strategie ist das Kreieren aufeinander abgestimmter Tätigkeiten in einem Unternehmen. Ihr Erfolg hängt davon ab, daß viele Dinge – nicht nur einige wenige – gut gemacht werden, in wechselseitiger Ergänzung." (Porter 1997). Im Endeffekt ist es für die Wettbewerber schwieriger eine Folge von miteinander verzahnten Aktivitäten zu imitieren, statt lediglich einzelne spezielle Vorgehensweisen oder gewisse Organisationsmerkmale zu kopieren. Durch eine solche strategieorientierte Abstimmung der Aktivitäten wird eine schnelle Nachahmung erschwert. Je nach Produkt- und Marktsegment wird die interne Organisation – basierend auf der strategischen Ausrichtung des Unternehmens – unterschiedlich gestaltet sein müssen, um den externen Anforderungen mit kostengerechten internen Abläufen entsprechen zu können. Gerade die Montage als letztes Glied der Produktionskette beeinflußt durch Qualität und Termintreue das Erscheinungsbild des Unternehmens beim Kunden erheblich.

Für die Entwicklung der Arbeitsorganisation in der Montage sind, wie Abb. 7.3 zeigt, drei Gestaltungsebenen zu unterscheiden bzw. zu berücksichtigen:

– Veränderungen der Systemumwelt (Marktanforderungen, gesamtbetriebliche Reorganisation).
– Gestaltung der organisatorischen Struktur der Montage.
– Wahrnehmungen, Erwartungen und Fähigkeiten der an der Veränderung beteiligten Akteure (Management, Mitarbeiter und Betriebsrat).

Abb. 7.2. Einbindung der Arbeitsorganisation in die Unternehmensentwicklung

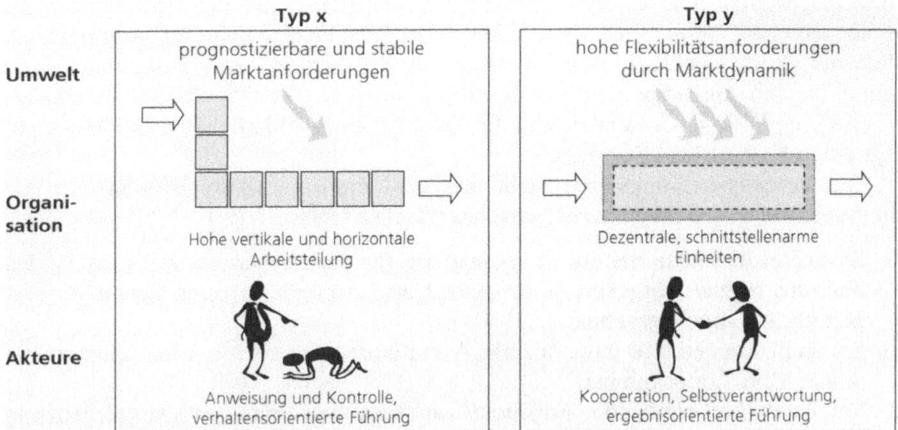

Abb. 7.3. Arbeitsorganisation in Abhängigkeit von Umweltanforderungen

Für jede einzelne Organisationseinheit eines Unternehmens sollte bei der aktiven Entwicklung der eigenen Leistungsfähigkeit eine einzigartige Lösung entstehen, welche die besonderen, individuellen Fähigkeiten der Mitarbeiterinnen und Mitarbeiter effektiv mit den anderen Ressourcen und der Unternehmensstrategie verbindet. Es gibt also keine „gute" oder „schlechte" Arbeitsorganisation an sich, sondern immer nur eine mehr oder weniger zweckmäßige Arbeitsorganisation in Bezug auf die Erfüllung der aus dem Markt abgeleiteten Zielen und Kriterien. Wettbewerbsvorteile entstehen bevorzugt aus interner Kreativität und Veränderungsfähigkeit aufgrund eigenen Wollens und weniger durch die Übernahme fremder Organisationsmodelle, welche von anderen in der Vergangenheit erfolgreich betrieben wurden.

7.3
Qualifikationsförderliche Arbeitssystemgestaltung mit Praxisbeispielen

Die Bewältigung steigender Flexibilitätsanforderungen setzt kompetente Mitarbeiter voraus. Der Entwicklung der Mitarbeiterressourcen in der Montage muß als unverzichtbare Rahmenbedingung eine Gestaltung qualifikationsförderlicher Arbeitssysteme vorausgehen, da zum Erhalt und zur Entwicklung von Qualifikationen arbeitsimmanente Lernanreize unverzichtbar sind. Sinnvollerweise setzt die Gestaltung qualifikationsgerechter und -förderlicher Arbeit nicht bei einzelnen Arbeitsplätzen, sondern an Arbeitssystemen im Sinne von Organisationseinheiten an. Die verschärften Anforderungen an Kundennähe und Veränderungsgeschwindigkeit zeigen deutlich, daß es nicht mehr nur darum gehen kann, einzelne Arbeitsschritte zu optimieren, sondern das Zusammenwirken der einzelnen Funktionen und Aufgaben für das Montagesystem und das gesamte Unternehmen völlig neu zu gestalten. Die arbeitswissenschaftlichen Grundsätze der Gestaltung menschengerechter Arbeit sind – mit Variationen – im Prinzip seit längerem bekannt. Schwierigkeiten ergeben sich allerdings in der betrieblichen Umsetzung. Erst durch die zunehmenden Flexibilitätsanforderungen ergibt sich oftmals die Chance Aspekte der Wirtschaftlichkeit und der Qualifikationsförderlichkeit von Montagesystemen kompatibel zu gestalten.

Aus arbeitspsychologischer Sicht läßt sich eine qualifikationsförderliche Arbeitsgestaltung wie folgt charakterisieren (Hacker 1998):

– Sie bietet den Mitarbeitern Freiheitsgrade für das Zielsetzen und Entscheiden über das eigene Vorgehen in der Arbeit und ermöglicht somit Verantwortbarkeit für das Arbeitsergebnis.
– Sie stellt kooperative bzw. soziale Anforderungen und sorgt für tätigkeitsbedingte Motivationsanreize.
– Sie beinhaltet bleibende Angebote zur Kenntnis- und Fertigkeitsergänzung sowie zur Fähigkeits- und Einstellungsentwicklung.

Die Möglichkeiten der Gestaltung qualifikationsförderlicher Arbeit durch komplexe Arbeitsaufgaben scheitert oftmals daran, daß Reorganisationsmaßnahmen in eng begrenzten Abschnitten und Bereichen durchgeführt werden. Erst eine Betrachtung der produktbezogenen Ablaufprozesse führt zu vertikalen Integrationskonzepten, bei denen klassische Abteilungsgrenzen aufgebrochen und Planungstätigkeiten in die Produktionsarbeit integriert werden. Die auf diese Weise entstehenden neuen Kombinationen von Aufgabenprofilen bieten auf der einen Seite dem Einzelnen neue Entwicklungsperspektiven in der Montagearbeit und führen auf der anderen Seite zu Handlungsspielräumen, zu neuen Verantwortungsbereichen und zur Beseitigung von Schnittstellen.

Mit der Gestaltung vollständiger Arbeitsaufgaben besteht für die Mitarbeiter die Möglichkeit, vorhandene Qualifikationen durch regelmäßige Nutzung zu erhalten und durch Lernanreize weiterzuentwickeln. Anforderungen, welche sich aus der Arbeitssystemgestaltung ergeben, können durch fünf Dimensionen bewertet werden (Tätigkeitsbewertungssystem nach Hacker):

– Vollständigkeit der Tätigkeit (vorbereitenden, ausführende, kontrollierende und organisierende Teiltätigkeiten)
– Umfang der Kooperations- und Kommunikationsanforderungen
– Umfang der Verantwortung für das Arbeitsergebnis
– Umfang der erforderliche Denk- und Problemlösungsprozesse
– Fachliche Lernanreize und -erfordernisse

Durch die Integration von Funktionen und Aufgaben werden auch die objektiven Rahmenbedingungen für die Einführung von Gruppenarbeit festgelegt. Denn das Ausmaß der aufgabenbezogenen Kooperations- und Kommunikationsanforderungen bestimmt die sozialen Tätigkeitsbestandteile, welche die Gruppenarbeit von der Einzelarbeit unterscheiden. Zwar gibt es auch bei der Einzelarbeit Abstimmungserfordernisse, aber in der Gruppenarbeit wird gezielt durch Integration von Wissen, Planen und Entscheiden eine höhere Produktivität und Problemlösungsfähigkeit angestrebt. Arbeit ohne aufgabenbezogene Kooperationserfordernisse kann fordernisse kann ebensogut in Einzelarbeit mit der Möglichkeit zur informellen Kommunikation ausgeführt werden. Gruppenarbeit ist nur dann vorteilhaft, wenn die Aufgaben in quantitativer und qualitativer Hinsicht so umfangreich und komplex sind, daß sie von einem Einzelnen nicht sinnvoll zu bewältigen sind. Das bedeutet im Gegenzug, daß bei der Einführung von Gruppenarbeit oftmals eine Re-Definition, eine Umgestaltung der Arbeitsaufgaben stattfinden muß. Im folgenden werden zwei Beispiele der Montage-Reorganisation und deren Auswirkungen auf die Qualifikationsanforderungen beschrieben.

7.3.1
Beispiel für qualifikationsförderliche Arbeit in einer Montageinsel

Im ursprünglichen Montagesystem, einer Linienmontage für Elektrowerkzeuge, bestanden zwei deutlich unterschiedliche Anforderungsprofile (Abb. 7.4):

– Das typische Aufgabenprofil der Montagewerker unterforderte die im System eingesetzten Facharbeiter qualifikatorisch deutlich.
– Hingegen hatte der Bandführer, der alle planenden und organisierenden Aufgaben bearbeitete, eindeutig lernförderliche Arbeitsbedingungen. Aufgrund der Parallelität und Quantität der anfallenden dispositiven Aufgaben bewegte er sich allerdings teilweise im Bereich der psychischen und zeitlichen Überforderung.

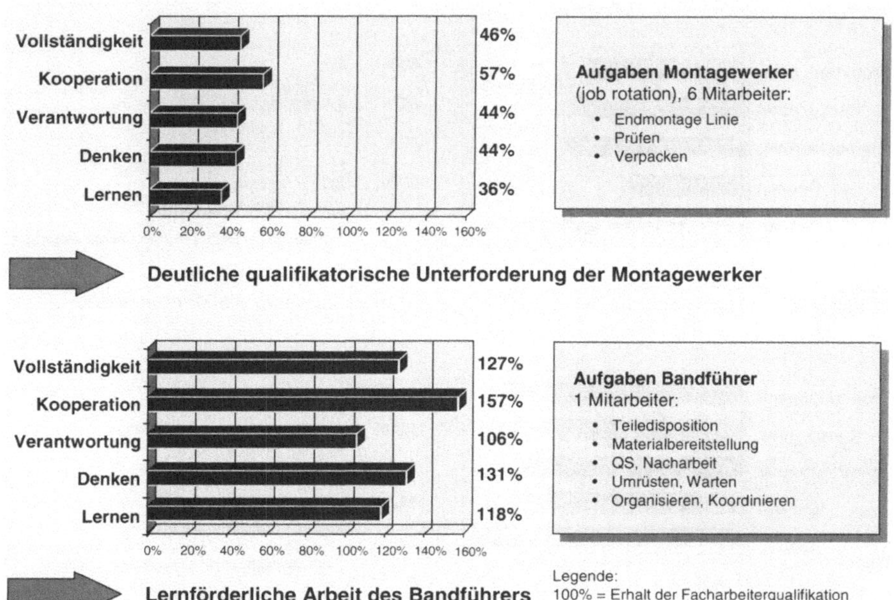

Abb. 7.4. Qualifikationsanforderungen in der Ausgangssituation

Im Rahmen des eingesetzten Tätigkeitsbewertungssystems (Pack/Buck 1998) sind Mindestanforderungen für qualifikationsgerechte Arbeitsaufgaben definiert, die sich am Durchschnitt der Qualifikationsausstattung gewerblicher Arbeitnehmer orientieren. Eine Unterschreitung des 100% Wertes bedeutet, daß die durchschnittlich vorhandenen Qualifikationen durch die Anforderungen der gestellten Arbeitsaufgabe nicht voll genutzt werden und daß längerfristig die Gefahr einer Dequalifizierung besteht. Eine Überschreitung der 100% Marke impliziert, daß die objektiven Rahmenbedingungen für eine dynamische Qualifikationsentwicklung gegeben sind.

Die zukünftigen Qualifikationsanforderungen der neu entstehenden Tätigkeitsprofile und -kombinationen für die in Kap. 5 beschriebene Montageinsel wurden bereits in der Planungsphase abgeschätzt. Für die Bewertung der zukünftigen Qualifikationsanforderungen waren drei wesentliche Sachverhalte zu berücksichtigen, welche sich im Rahmen der arbeitsorganisatorischen Konzeption der Montageinsel herauskristallisiert hatten:

- Es sollten zusätzliche Tätigkeiten wie z.B. die Vormontagen integriert werden.
- Es sollte neben der Linie zusätzliche Komplettmontageplätze mit umfangreicheren Arbeitsinhalten geben.
- Die dispositiven und organisierenden Aufgaben sollten im Wechsel von mehreren Mitarbeitern wahrgenommen werden, um den bisherigen Bandführer zu entlasten und um den Betrieb des neuen Montagesystems auch bei Urlaub oder Krankheit zu gewährleisten.

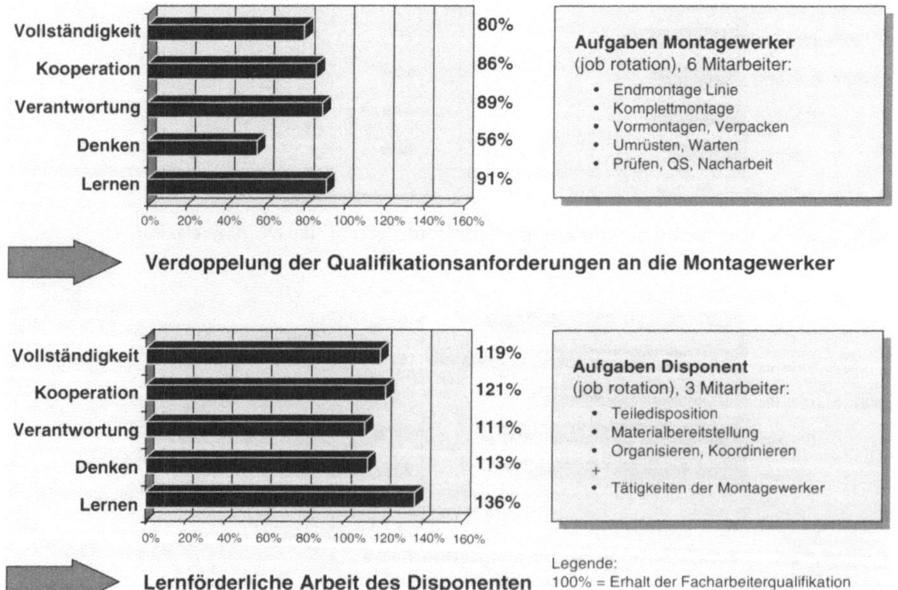

Abb. 7.5. Qualifikationsanforderungen in einer Montageinsel

Im Ergebnis konnte prognostiziert werden, daß sich die durchschnittlichen Qualifikationsanforderungen für die Montagewerker unter diesen angenommenen Randbedingungen von 46% auf 80% erhöhen würden (Abb. 7.5). Auf der anderen Seite würde der Mitarbeiter (Disponent), welcher in Job-rotation jeweils die dispositiven und organisatorischen Aufgaben wahrnimmt, immer noch eine sehr lernförderliche Aufgabe haben. Diese Mitarbeiter sollten allerdings auch alle anderen im System anfallenden Aufgaben bearbeiten, so daß eine deutlich verbesserte Integration der Disponenten in die Gruppe zu erwarten war.

Es wurde festgelegt, daß nicht jeder Mitarbeiter den Gesamtumfang der Aufgaben des zukünftigen Montagesystems bewältigen muß. Es wurden vielmehr individuell unterschiedliche, qualifikatorische Entwicklungsoptionen eingeplant. Generell wurde für die Montagewerker ein deutlich breiteres Aufgabenprofil als im ursprünglichen Montagesystem verwirklicht. Da die dispositiven Aufgaben nun von mehreren Mitarbeitern im wöchentlichen Rotationsverfahren wahrgenommen werden, hat sich das subjektive Streßempfinden bei diesen Tätigkeiten verringert.

7.3.2
Beispiel für die Gestaltung einer hybriden Produktionseinheit

Ein weiterer Integrationsschritt bezüglich Aufgabenprofil und Arbeitsteilung wurde bei der im folgenden dargestellten hybriden Produktionseinheit gemacht. Das von einem Fahrzeughersteller realisierte Produktionssystem integriert die Fertigung und Montage einer einbaufertigen, geprüften Baugruppe. Das Arbeitssystem besteht aus mehreren Transferstrassen, in denen unterschiedliche Rohlinge bearbeitet werden. Über Puffer sind die Transferstraßen mit einer Montagelinie verknüpft, in der die Baugruppe einbaufertig montiert wird. Auf diese Weise wird ein durchgängiger und schnittstellenfreier Prozeß für diese Baugruppe realisiert.

Die für das System verantwortliche Gruppe steuert sich weitgehend selbst. Die Funktion des Meisters beschränkt sich auf die Rolle als Coach und Berater der Gruppe. Alle Aufgaben im Arbeitssystem können von jedem Gruppenmitglied

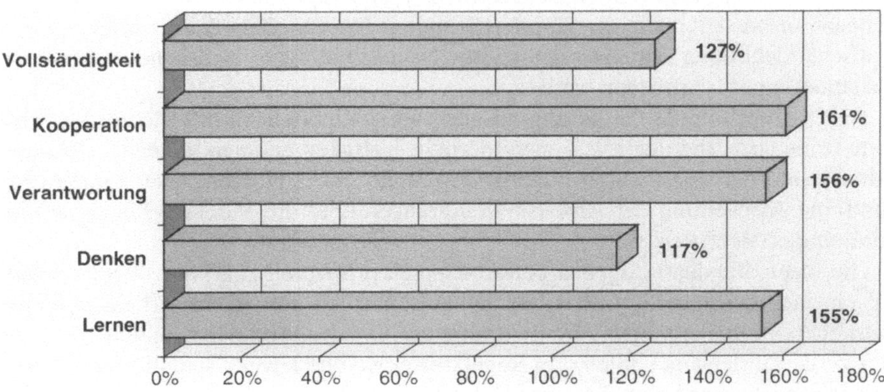

Abb. 7.6. Qualifikationsanforderungen hybrides Produktionssystem

ausgeführt werden. Eine selbstbestimmte Rotation auf jeden Arbeitsplatz ist möglich und wird von der Gruppe gesteuert, insbesondere der Wechsel der Mitarbeiter zwischen Fertigungs- und Montagetätigkeiten. Die Gruppe prüft ihr Arbeitsergebnis selbst, ohne daß nachgelagerte Prüfprozesse stattfinden. Damit liegt die volle Verantwortung für die Produktqualität bei der Gruppe. Bei Fehlern ist sie auch für die Rückmontage beim Kunden vor Ort zuständig. Im einzelnen hat die Gruppe folgendes Aufgabenspektrum zu bewältigen:

- Urlaubs- und Freischichtplanung
- Personaleinsatzplanung
- Organisationstätigkeiten bei Schichtbeginn und -ende
- Gruppen- und Qualitätsgespräch
- Kontakte zu Lieferanten und Kunden
- Vorbeugende Instandhaltung
- Materialversorgung
- Anlagenüberwachung
- Direkte Montagetätigkeiten
- Störungsbeseitigung und -dokumentation
- Prüftätigkeiten
- Nacharbeit (auch Rückmontage beim Kunden)
- Anlernen von neuen Mitarbeitern

Der Anteil an direkten, ausführenden Montagetätigkeiten macht in diesem System nur noch einen Teil der Gesamttätigkeit der Gruppe aus. Durch die selbstbestimmte Rotation über alle Systemaufgaben hinweg kommt es zu sehr hohen Anforderungen an Kooperation, Verantwortung und fachliches Lernen, wie Abb. 7.6 zeigt.

Die durchschnittlich vorhandene Qualifikation gewerblicher Mitarbeiter wird in diesem Arbeitssystem nicht nur vollständig abgefordert, sondern erweitert sich durch Lernanreize im Arbeitsprozeß deutlich. Voraussetzung hierfür ist eine regelmäßige Rotation über alle Teiltätigkeiten im Arbeitssystem. Diese Rotation ist allerdings erst dann möglich, wenn alle Mitarbeiter das gesamte Spektrum erforderlicher Teiltätigkeiten auch beherrschen. Hohe Lernanreize im Arbeitsprozeß können ansonsten auch zu Überforderungen führen. Dies kann durch systematische Qualifizierung und regelmäßige Nachschulungen, insbesondere bei Produktänderungen, vermieden werden.

Die Begrenzung des Gestaltungsansatzes ausschließlich auf das Montagesystem hätte keine lern- und qualifikationsförderliche Tätigkeit erzielen können, selbst die Mindestanforderungen wären durchgängig nicht erfüllt worden. Dies konnte erst durch die Ausweitung der Arbeitssystemgrenzen über die Montage hinaus in die Fertigung erreicht werden.

Die Ideen, die den Gruppenarbeitskonzepten prinzipiell zugrunde liegen, zielen auf ein in Eigensteuerung erzieltes, gemeinschaftlich getragenes Arbeitsergebnis mit hoher Kompetenz und Verantwortung am Ort der Produktentstehung ab. Um dies zu gewährleisten, sollten drei Regelkreise, welche jeweils spezifische Kooperationserfordernisse beinhalten, zur Unterstützung der Gruppe eingerichtet werden (Abb. 7.7):

– Regelmäßige Zielvereinbarungen und Feedback mit dem Management
– Stabile Vereinbarungen über Kunden-Lieferanten Beziehungen zu vor- und nachgelagerten Gruppen
– Vollständige Aufgaben, welche die Beeinflußbarkeit der Arbeitsergebnisse durch verzögerungsfreie Rückmeldungen über Qualität und Quantität der eigenen Arbeit und somit die Möglichkeit der gemeinsamen Verantwortungsübernahme gewährleisten

Mit der Gestaltung anforderungsreicher Arbeitsaufgaben besteht für die Mitarbeiter die Möglichkeit, vorhandene Qualifikationen durch regelmäßige Nutzung zu erhalten und durch Lernanreize weiterzuentwickeln. Anforderungsarme Aufgaben hingegen haben bei den Mitarbeitern den Verfall vorhandener Qualifikationen und langfristig den Verlust der Lernfähigkeit zur Folge.

Bei steigenden Flexibilitätsanforderungen rückt das Montagesystem verstärkt als Weiterbildungsinstitution und -ort in den Mittelpunkt. Ständige Qualifikationsanpassung und -entwicklung für den bedarfsgerechten Einsatz von Arbeitnehmern bei sich wandelnden Tätigkeiten erfordern vom Betrieb eine kontinuierliche und systematische Entwicklung des Lernpotentials. Dieser Trend steht der bisherigen Praxis der langfristigen Dequalifizierung aufgrund einseitiger und eng zugeschnittener Tätigkeitsinhalte in der Montage diametral entgegen. Hoch spezialisierte und routinisierte Mitarbeiter sind nur mit erheblichem Aufwand auf Arbeitsplätzen mit anderen Anforderungsstrukturen einsetzbar. Insbesondere bei gravierenden technisch-organisatorischen Veränderungen wird der langjährig eingeübte, hohe Spezialisierungs- und Routinisierungsgrad zum Hindernis. Eine montagenahe Personalentwicklung ereignet sich nicht in Schulungsräumen, sondern in der täglichen Auseinandersetzung mit sich verändernden Aufgaben, mit Vorgesetzten und Kollegen.

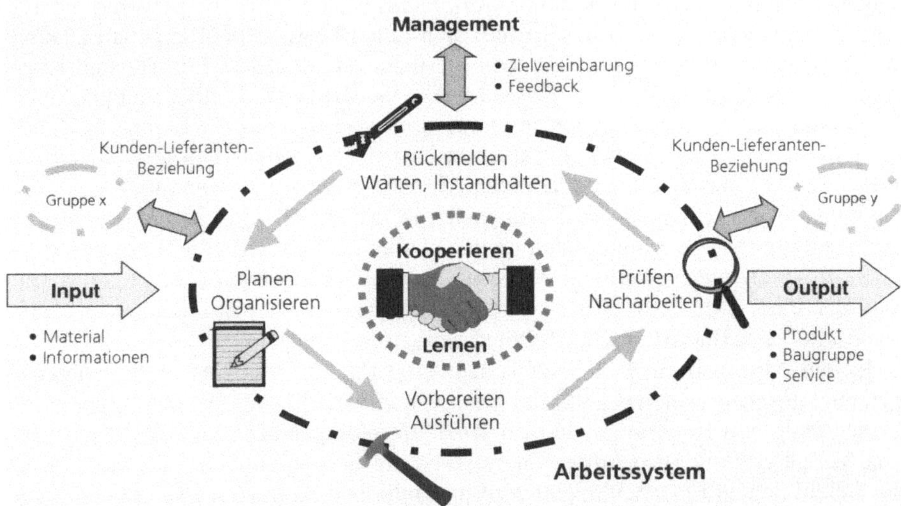

Abb. 7.7. Rückmeldefähige Regelkreise im Arbeitssystem

Kennzeichnend für eine Personalentwicklung, die im Prozeß der Arbeit selbst wirksam wird, sind nach (Baitsch 1998):

– Aufgaben, die motivieren
– Möglichkeiten für individuelle Laufbahnen (in der Montage primär horizontal)
– Strukturen, welche Mitgestaltung ermöglichen
– Kundennähe und -kontakt
– Möglichkeit zur Identifikation mit dem Produkt
– Lernen als Teil der Arbeitsaufgabe
– Weitergabe von Wissen und Können als Teil der Arbeit

Eine entwicklungsförderliche Arbeitsorganisation enthält die Option, die Komplexität und den Umfang der Anforderungen an die Mitarbeiter abzustufen und der jeweiligen Entwicklung der Qualifikationsstruktur anzupassen. Z.B. könnte in einem solchen System bei Gruppenarbeit mit zunehmender Qualifikation und Motivation der Mitarbeiter die Komplexität der Funktionsintegration für die Gesamtgruppe schrittweise gesteigert und innerhalb der Gruppe die Arbeitsteilung systematisch reduziert werden. So sind nicht nur für die Binnenorganisation von Gruppen unterschiedliche Modelle der Arbeitsorganisation denkbar, sondern es sind auch die Kooperationsbeziehungen zwischen Gruppen, die Beziehungen zu verbleibenden montageunterstützenden Funktionsbereichen und die gesamtbetriebliche Einbindung in Abhängigkeit vom Kompetenzzuwachs der Mitarbeiter stufenweise entwickelbar.

7.4
Verzahnung von Organisations- und Personalentwicklung

Auf der einen Seite fungiert „Team- und Gruppenarbeit" als ein schillernder Modebegriff. Neben „high-performance work teams" finden sich „empowered teams" und „self managing work teams". Unter dem Label Team- und Gruppenarbeit sind auf der anderen Seite in den Betrieben die unterschiedlichsten Formen und Konzepte von Arbeitsorganisation realisiert. Die betriebliche Realität zeichnet sich derzeit durch ein Nebeneinander unterschiedlicher Gestaltungslösungen und durch die Umsetzung ausgewählter Strukturelemente der Gruppenarbeit aus (West u.a. 1998). Es erfordert also eine erhebliche Abstraktionsleistung, wenn man von „der Gruppenarbeit" spricht. Diese Lösungsvielfalt erklärt sich aus den unterschiedlichen Marktanforderungen und den unterschiedlichen kulturellen und organisatorischen Kontexten der jeweiligen Betriebe, in denen Gruppenarbeit entwickelt wird. Von der Idee eines „one-best-way" der Gruppenarbeit, der problemlos und aufwandsarm kopierbar ist, sollte Abschied genommen werden.

In den Mitarbeitern wird inzwischen verstärkt ein zentrales Unternehmenspotential gesehen, welches gefördert und genutzt werden soll. Die Wichtigkeit der Verlagerung von Handlungs- und Entscheidungskompetenzen und die Delegation von Verantwortung wird in der Literatur häufig hervorgehoben. Die Mitsprache der Beteiligten an Entscheidungen wird in sämtlichen Strategien als notwendig anerkannt.

<table>
<tr><td colspan="2" align="center">Überspannte Erwartungen + unrealistische Zielsetzungen + unzureichende Ressourcen
statt
realistische Betrachtung der Möglichkeiten und Grenzen</td></tr>
<tr><td>• Glorifizierung, diffuse Erwartungen</td><td>• fehlende Kooperationsanforderungen</td></tr>
<tr><td>• Widersprüchliche Zielsetzungen</td><td>• inadäquates Entlohnungskonzept</td></tr>
<tr><td>• Ständige Änderung der Ziele</td><td>• fehlende Qualifikation</td></tr>
<tr><td>• Alltagsgeschäft unterbricht Projekt ständig</td><td>• keine meßbaren Erfolgskriterien</td></tr>
<tr><td>• Zu viele Veränderungsprojekte gleichzeitig</td><td>• falsche Zuordnung der Verantwortlichkeiten</td></tr>
<tr><td>• fehlende Konsequenz, halbherzige Umsetzung</td><td>• mangelnde Unterstützung durch Führungskräfte</td></tr>
<tr><td colspan="2" align="center">⇒ Über Erfolg oder Mißerfolg wird nicht allein innerhalb der Gruppe entschieden, sondern vorrangig im Umfeld</td></tr>
</table>

Abb. 7.8. Gründe für das Scheitern von Gruppenarbeit

Partizipation an Entscheidungen und Delegation von Verantwortung setzt allerdings kompetente Mitarbeiter voraus, welche mit den neuen Freiheitsgraden umgehen können. Abbildung 7.8 zeigt, daß es trotz dieses prinzipiellen Konsenses eine Vielzahl von empirischen Gründen für das Scheitern von Gruppenarbeitsprojekten gibt. Hervorzuheben sind neben den überzogenen Erwartungen und Zielsetzungen, eine fehlende Bereitschaft, die technisch-organisatorischen Grundlagen des Montagesystems adäquat zu gestalten, eine nicht vorhandene Unterstützung durch die Führungskräfte in späteren Phasen des Implementierungsprozesses und die Nicht-Einführung unterstützender Entlohnungssysteme.

Die Entwicklung einer gelebten Gruppenarbeit erfordert im Prinzip eine frühzeitige Einbindung der Mitarbeiter in den Planungs- und Umsetzungsprozeß. Mindestens sind regelmäßige und umfassende Informationsveranstaltungen von Anfang an notwendig (Antoni 1998). Je stärker die Reorganisation von den Betroffenen getragen und beeinflußt wird, desto höher ist die Akzeptanz bzw. Identifikation mit den notwendigen Veränderungen. Bei kontinuierlicher Unterstützung durch das Management entstehen auf diese Weise lern- und entwicklungsfähige Organisationsstrukturen in der Montage, die sich flexibel an veränderte Anforderungen anpassen können.

7.4.1
Vorgehenskonzept zur Einführung von Gruppenarbeit

Welche Schritte im Einführungsprozeß wie gewichtet werden, hängt von der jeweiligen Ausgangslage des Montagesystems und von der spezifischen Unternehmenskultur ab. Allerdings sollte die Projektstruktur so offen sein, daß immer wieder Rückkopplungsschleifen möglich sind. Eine lineare zeitliche und inhaltliche Bearbeitung der anfangs geplanten Arbeitsschritte ist nach allen Erfahrungen eher unwahrscheinlich. Nicht zuletzt deshalb, weil das Lern- und Meinungsbildungstempo der am Projekt Beteiligten unterschiedlich sein kann. In einem solchen Projekt sollten darüber hinaus „Sollbruchstellen" (Meilensteine) definiert werden, an denen bewußt reflektiert wird, ob das Projekt noch mit den ursprünglichen Zielen vereinbar ist, ob sich eventuell die Ziele geändert haben bzw. ob eine Fortführung erfolgversprechend ist. Einen Überblick des im folgenden beschriebenen Vorgehens zeigt Abb. 7.9.

Die Montageplanung sollte mit der gemeinsamen abteilungs- und hierarchieübergreifenden Diskussion und Reflexion der Ziele beginnen. In einem weiteren Schritt ist ein gemeinsames Verständnis künftiger Anforderungen zu erarbeiten. Diese Strategiediskussion knüpft sinnvollerweise an bestehende Defizite im Bereich der existierenden Montageabläufe an. Hierfür sind Informationsflüsse und Schnittstellen zu analysieren, um demotivierende Hindernisse und Blockaden zu identifizieren. Die gemeinsame Erarbeitung und Beschreibung der internen Abläufe bietet die Möglichkeit, die Mitarbeiter frühzeitig einzubinden. Ist ein gemeinsames Verständnis über die Kernprobleme erreicht, sind diese Befunde an den Zielen des Unternehmens (vgl. Kap. 2) zu spiegeln und Vereinbarungen über arbeitsorganisatorisch beeinflußbare Maßnahmen zu treffen. Erst wenn diese Schritte durchgeführt sind, ist es sinnvoll über eine Veränderung der Arbeitsorganisation nachzudenken.

Der Einstieg in ein Veränderungsprojekt kann an zwei verschiedenen Punkten ansetzen: Aktuelle Probleme, welche behoben werden sollen (z.B. Qualität) oder neue Ziele, die zukünftig erreicht werden sollen (z.B. Personaleinsatzflexibilität). Diese unterschiedlichen Sichtweisen stellen letztendlich zwei Seiten einer Medaille dar, da sich jedes Problem in ein Ziel überführen läßt.

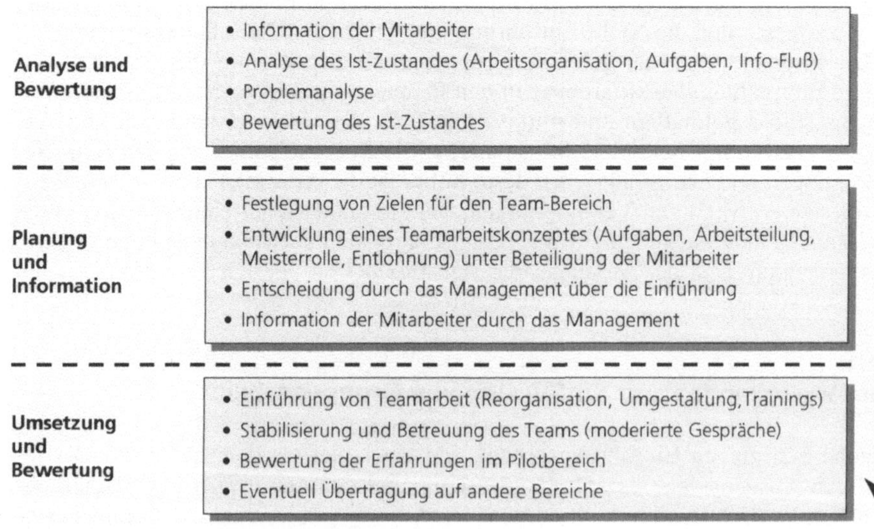

Abb. 7.9. Betriebliches Beispiel: Schritte in einem Gruppenarbeitsprojekt

Unabhängig von einer problem- oder zielorientierten Herangehensweise sollte das Projektteam ein gemeinsames Leitbild der zukünftigen Team- oder Gruppenarbeit entwickeln. In diesem Prozeß werden die gemeinsamen und die unterschiedlichen Vorstellungen und Erwartungen bezüglich des zukünftigen Soll-Zustandes deutlich und können reflektiert werden. Die einzelnen Bestandteile des Leitbildes sollten möglichst konkret und im Präsens formuliert werden. Nur so werden Unterschiede in den Vorstellungen der Beteiligten deutlich und verhandelbar. Auf dieser Grundlage können die Erwartungen des Managements mit den betroffenen Mitarbeitern besprochen werden. In einem Betrieb wurde folgende differenzierte Vision der Teamarbeit in Anlehnung an (Raab 1997) formuliert:

- Regelmäßige Zielvereinbarung und Zielüberprüfung der Vorgesetzten mit dem Team
- Teammitglieder sind über gemeinsame Ziele verbunden und sorgen für die Zielerreichung
- Führung durch den Gruppensprecher
- Teammitglieder planen, steuern, kontrollieren und verbessern ihren eigenen Arbeitsprozeß und teilen die Steuerungsfunktionen unter sich auf
- Selbstkontrolle von Produktivität, Flexibilität, Verfügbarkeit, Qualität, Termineinhaltung und Verbesserungsmöglichkeiten
- Selbstbestimmter Personaleinsatz und eigenständige Koordination
- Teammitglieder sorgen für die notwendige Qualifizierung
- Teammitglieder unterstützen sich gegenseitig und tauschen sich aus
- Teammitglieder halten den Kontakt zu internen Kunden und Lieferanten
- Teammitglieder tragen Verantwortung für die notwendigen Ressourcen und planen diese selbst

Dient die Leitbilddiskussion dem Aufbau einer gemeinsamen Vision, so sollten doch in jedem Projekt, das sich mit einer Veränderung der Arbeitsorganisation beschäftigt, zwei Kernfragen frühzeitig beantwortet werden.

Die erste lautet: Was für ein zusätzlicher Nutzen wird von der geplanten Veränderung der Arbeitsorganisation erwartet? Die Antwort hierauf wird in jedem Betrieb anders ausfallen (Abb. 7.10).

Kann durch Teambildung ein wirklicher Mehrwert gegenüber der bestehenden Arbeitsorganisation erwirtschaftet werden?

Mehrwert spürbar durch:
- Identifikation der Mitarbeiter mit den Gesamtzielen des Montage-Bereichs steigt
- Bisheriger Vorarbeiter kann für Abstimmungs-Aufgaben verstärkt eingesetzt werden
- Rückfragen an Meister werden minimiert
- Höhere Personaleinsatzflexibilität
- Durchlaufzeiten verkürzen sich

Abb. 7.10. Betriebliches Beispiel: Nutzen und Erwartungen an Teamarbeit

Teamarbeit bietet...

... den Mitarbeitern

- mehr Einfluß auf den eigenen Arbeitsbereich
- mehr Informationen
- interessantere Tätigkeiten
- mehr Eigenverantwortung und Selbständigkeit
- persönliche Weiterbildung und Weiterentwicklung
- größere Arbeitsplatzsicherheit

... der Firma

- motiviertere Mitarbeiter
- eine bessere Nutzung des Problemlösungs- und Ideenpotentials der Mitarbeiter
- selbständige Verbesserungen der Qualität von Arbeit und Produkt
- größere Wettbewerbsfähigkeit
- gesteigerte Flexibilität

Abb. 7.11. Betriebliches Beispiel: Nutzenverteilung von Teamarbeit

Die zweite Kernfrage lautet: Wie verteilt sich dieser zusätzliche Nutzen auf das Unternehmen und die Mitarbeiter? Es wird an der Unterstützung der Mitarbeiter fehlen oder zu Veränderungsblockaden kommen, wenn den Betroffenen nicht klar ist, welche Verbesserungen durch die Einführung von Teamarbeit zu erwarten sind (Abb. 7.11). Die Veränderungsbereitschaft wird natürlich ebenso erhöht, wenn Verschlechterungen, wie der eventuelle Verlust des Arbeitsplatzes, durch die Einführung einer neuen, effektiveren Arbeitsorganisation vermieden werden können.

Nur wenn sich diese beiden Kern-Fragen positiv beantworten lassen, sind die Voraussetzungen für eine erfolgreiche Einführung von Team- bzw. Gruppenarbeit gegeben.

Erst nach Klärung der grundsätzlichen Frage nach dem erwarteten Nutzen einer Veränderung der Arbeitsorganisation, kann unter Beteiligung der betroffenen Montage und der indirekten Abteilungen bestimmt werden, welche Schnittstellen wegfallen sollen und welche Aufgaben und Funktionen zusätzlich integriert werden können. Zu einem möglichst frühen Zeitpunkt sollte das aktuelle Entlohnungskonzept dahingehend überprüft werden, ob es Teamstrukturen unterstützt oder behindert. Erfahrungsgemäß beschäftigt die Frage nach möglichen Veränderungen im Lohn Mitarbeiter und Betriebsrat stärker als mögliche Änderungen in den Aufgaben und den Abläufen. Gegebenenfalls ist ein neues Entlohnungskonzept zu entwickeln, welches die Zielsetzungen für den Montagebereich integriert und die Zusammenarbeit der Mitarbeiter fördert. Vor der Umsetzung im Pilotbereich ist eine vorläufige bzw. befristete Betriebsvereinbarung abzuschließen. Ebenso sind notwendige Anpassungen im Führungsverhalten mit den maßgeblichen Vorgesetzten zu erörtern und einzuüben, da eine neue Balance zwischen Fremd- und Selbstorganisation gefunden werden muß (Abb. 7.12). Den Mitarbeitern muß deutlich werden, daß bei Gruppenarbeit das Ergebnis ihrer gemeinsamen Arbeit für das Unternehmen von vorrangigem Interesse ist.

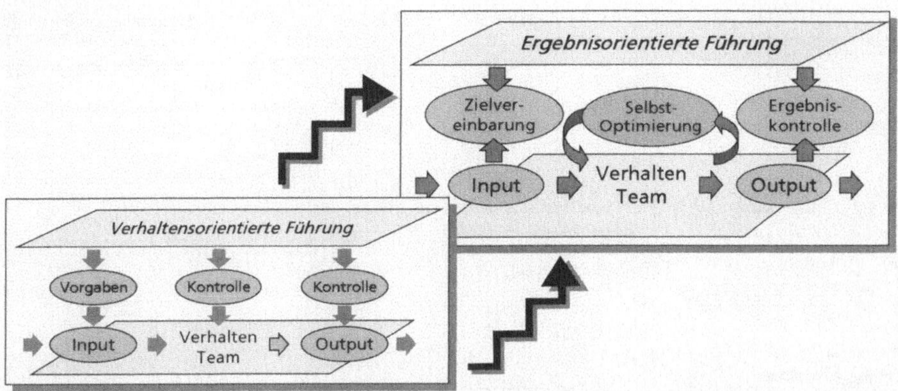

Abb. 7.12. Von der verhaltens- zur ergebnisorientierten Führung

Die Planung der Arbeitsorganisation des Montagesystems wird die zukünftigen Abläufe nicht im Detail vorwegnehmen. Deshalb wird in einem Pilotbereich das Grobkonzept experimentell umgesetzt und von den Beteiligten spezifiziert. Dieser Prozeß ist intensiv zu begleiten und zu unterstützen, um den Mitarbeitern Sicherheit und Orientierung zu geben. Parallel zur Entwicklung des Pilotbereichs ist eine alternative Rollen- und Aufgabendefinition der Meister sowie der mittleren Führungskräfte und der verbleibenden indirekten, montageunterstützenden Bereiche vorzunehmen. Zur qualifikatorischen Bewältigung des Reorganisations- und Teambildungs-Prozesses müssen mit den Mitarbeitern die notwendigen methodischen und sozialen Kompetenzen trainiert werden. Qualifizierungen sind erfahrungsgemäß allerdings dann wirkungsvoller und nachhaltiger, wenn das entstehende Team vor einem neuen oder nicht lösbaren Problem steht und von sich aus einen entsprechenden Unterstützungs- bzw. Trainingsbedarf äußert. Schulungen vor dem Beginn der Einführung von Gruppenarbeit können bestenfalls eine Sensibilisierung für das Kommende bewirken. Je stärker solche vorbereitenden Schulungen vom eigentlichen Einführungsprozess zeitlich und inhaltlich entkoppelt sind, desto schwächer fällt ihre Wirkung aus.

Die Hauptproblematik bei der Einführung von Team- und Gruppenarbeit besteht in der Parallelität der Veränderungsschritte. Da mehrere Ebenen der betrieblichen Organisation angesprochen sind, nehmen derartige Projekte schnell eine Komplexität an, welche die ursprünglich geplanten Zeiträume und Ressourcen überfordert. Wie Abb. 7.13 zeigt, sind folgende Inhalte zu bearbeiten:

– Anforderungen an die Führung definieren und Unterstützung der Führung sichern.
– Einbindung der Gruppenarbeit in die Gesamtorganisation gewährleisten.
– Gestaltung der Aufgaben und Qualifikationen für das konkrete Arbeitssystem.
– Unterstützung der Teamentwicklung, der Zusammenarbeit und der Konfliktbewältigung (Prozeßbegleitung).
– Den einzelnen Mitarbeitern Erwartungen verdeutlichen und Perspektiven (individuellen Nutzen) aufzeigen.

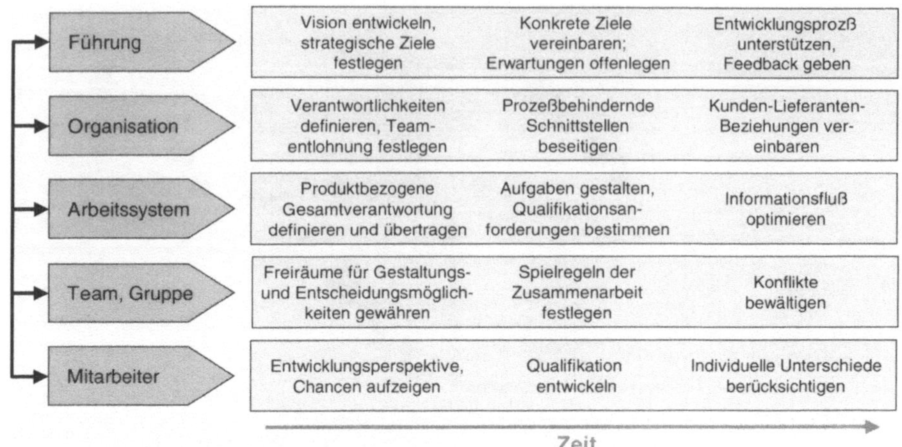

Abb. 7.13. Gestaltungsebenen und -schritte der Teamarbeit

Bei der Einführung von Gruppenarbeit sind Personalentwicklung, Teament-wicklung und Organisationsentwicklung aufeinander abzustimmen. Entscheidend ist die kontinuierliche Einbindung des Managements und die kompatible Neube-stimmung der Meisterrolle, um den Einführungsprozeß zu unterstützen und zu stabilisieren (Krings/Luczak 1997, Kandaouroff 1998).

7.4.2
Leitlinien für die Einführung von Gruppenarbeit

Aus den branchenübergreifenden Erfahrungen, die mit der Begleitung von Grup-penarbeitsprojekten gemacht wurden, lassen sich folgende sechs Leitlinien ablei-ten:

Leitlinie 1: Die Einführung von Gruppenarbeit bietet eine Chance für weitrei-chende Veränderungen des gesamten Betriebes.

In vielen Unternehmen besteht die Vorstellung, daß einzelne Produktionsberei-che mit Gruppenarbeitskonzepten zu optimieren sind, ohne daß Strukturen, Zu-ständigkeiten und Hierarchien prinzipiell überdacht werden müssen. Die Glaub-würdigkeit des Projektes und damit die Akzeptanz der Mitarbeiter hängt aber in entscheidendem Maße davon ab, ob die Geschäftsführung bereit ist, auch die tra-dierten Planungs- und Kontrollprozesse in Frage zu stellen.

Darüber hinaus zeigt erst die ganzheitliche Betrachtung des kompletten Produk-tionsprozesses teure Schnittstellen und ineffiziente Abläufe auf und hilft, sie zu überwinden. Eine dezentrale und lernförderliche Gestaltung der Arbeitsorgani-sation berührt die gesamt Prozeßkette und strebt keine isolierten Insellösungen in einzelnen Produktionsabschnitten der Montage oder Fertigung an. Gruppenar-beitsprojekte beginnen zwar in der Regel in der Produktion, aber spätestens mit der Integration von indirekten Tätigkeiten ist die Rolle und das Selbstverständnis der Planungsabteilungen in Frage gestellt. Der Erfolg eines Gruppenarbeitsprojektes hängt entscheidend von der Integration der Planungstätigkeiten in die wertschöpfenden Bereiche ab. Durch diese Notwendigkeit werden jedoch neue Formen der Zusammenarbeit zwischen den Planern und den Produktionsmitarbeitern nötig.

Leitlinie 2: Gruppenarbeit setzt die Gestaltung vollständiger Arbeitsinhalte voraus.

Als vollständige Arbeitsinhalte werden hier die Planung, Realisierung und Kontrolle der eigenen Arbeitsergebnisse definiert. Die bisherige Arbeitsteilung rechtfertigte die Einrichtung von Planungsabteilungen, die bei ihrer Aufgabenbewältigung meist einer ganz anderen Logik folgen als die Produktion. Erfahrungen und Kenntnisse der Mitarbeiter, die täglich die Planung anderer ausführen, bleiben so unberücksichtigt.

Größere Potentiale weisen solche Ansätze auf, bei denen die Planungs- und Kontrollaktivitäten wieder in die Produktion zurückgeführt werden, wo also die Mitarbeiter, die eine Tätigkeit ausführen müssen, diese selbst planen und auch das Ergebnis selbst kontrollieren. Erst bei Herstellung dieses ganzheitlichen Zusammenhangs wird die Planung zunehmend realitätsnäher und die gewünschte Qualität erreicht, weil die Mitarbeiter ein zusammenhängendes geistiges Abbild des Gesamtprozesses aufbauen können.

Leitlinie 3: Das Projektmanagement und der Einführungsprozeß muß die Mitarbeiter mit einbeziehen.

Eine Reorganisation, die zu mehr unternehmerischem Denken und Eigenverantwortung der Mitarbeiter führen soll, kann ohne direkte Beteiligung der Mitarbeiter nicht glaubwürdig realisiert werden. Wenn im Rahmen von Gruppenarbeit auf den autonom und verantwortlich handelnden Mitarbeiter gesetzt wird, muß der Einführungsprozeß selbst so organisiert werden, daß nicht, wie üblich, andere planen und die betroffenen Mitarbeiter das Planungsergebnis implementieren. Erfolgreiche Organisationsprojekte werden daher mit erheblichen planerischen Aufwendungen unter starker bis ausschließlicher Beteiligung von Angestellten aus den indirekten Bereichen realisiert.

Es ist unbestritten, daß gerade beim ersten arbeitsorganisatorischen Pilotprojekt einer Firma erhöhte Planungserfordernisse nötig werden. Jedoch bleibt ungewiß, inwieweit eine überwiegende Fremdplanung zu sich selbst tragenden Strukturen führt. Planer müssen sich spätestens im Umsetzungs-Prozeß eher als interne Dienstleister verstehen, die als Experten von ihren Kunden, also den betroffenen Arbeitern, bei Fragestellungen hinzugezogen werden, für welche die Mitarbeiter keine eigene Lösung kennen. Für die frühe Einbeziehung der Mitarbeiter und die Umsetzung der Projektziele durch die Mitarbeiter selbst sprechen einige Argumente:

- Die betroffenen Produktionsmitarbeiter übernehmen frühzeitig Verantwortung für die Projektziele.
- Ihnen wird glaubwürdig vermittelt, daß das Management ein reales Interesse an ihrem unternehmerischen Denken hat und ihre Eigenverantwortung fördern möchte.

– Unterschiedliche Erwartungen zwischen der Geschäftsführung und den Mitarbeitern treten bereits in einem sehr frühen Stadium des Projekts auf und sind dadurch auch bearbeitbar. Versteckte Interessenkonflikte, die erst nach Einführung auftreten, stellen eine erhebliche Bedrohung für die Stabilität und den Erfolg von Gruppen dar.
– Durch den engen Kontakt zwischen dem Management und den betroffenen Mitarbeitern finden beide Seiten oft zu einem anderen Verständnis für die Handlungslogik des jeweils anderen. Eine gemeinsame Lösung anstehender Probleme wird wahrscheinlicher.
– Mitarbeiter aus den indirekten Abteilungen werden von Anfang an auf ein neues internes Kunden-Lieferanten-Verhältnis vorbereitet. Es geht nicht darum, sie auszuschließen, sondern ihr Expertenwissen unterstützend in den Lernprozeß der Gruppe einzubringen.

Leitlinie 4: Selbstorganisation kann nicht verordnet werden.

Viele Gruppenarbeitsprojekte stehen vor einem grundsätzlichen Dilemma: Mitarbeitern wird mehr Autonomie verordnet. In dieser paradoxen Situation befinden sich viele Organisationsprojekte, denn in den seltensten Fällen sind es die Mitarbeiter selbst, die nach mehr Selbstorganisation verlangen. Vielmehr besteht ein erheblicher Bruch zwischen der bisherigen anforderungsarmen Arbeit in hoch arbeitsteiligen Montagesystemen und der neuen Erwartung, daß Mitarbeiter zu Unternehmern im Unternehmen werden sollen. Das Mißtrauen der Mitarbeiter gegenüber diesem radikalen Erwartungswandel ist oftmals enorm.

Es ist zu berücksichtigen, daß Teams und Gruppen einen Reifungsprozeß durchlaufen, in dem Entscheidungs- und Gestaltungsfreiräume mit zunehmendem Selbstbewußtsein, mit wachsender Kompetenz und bei steigender Identifikation mit dem eigenen Arbeitssystem schrittweise genutzt werden. Es ist also nicht zu erwarten, daß umfassende Freiheitsgrade von Anfang an positiv bewertet werden.

Leitlinie 5: Führung ist unverzichtbar.

Bei vielen Managern findet sich die Illusion, daß selbstorganisierte Gruppen keine Führung mehr brauchen. In den von uns betrachteten Firmen wurde deutlich, daß Führung und Autonomie gut verhandelt sein will. So ändern sich die Anforderungen an Führung, weil die Begleitung der Gruppen an Bedeutung zunimmt. Führung wird überwiegend nicht mehr als Lösen von Sachproblemen, sondern als Gestaltung von Beziehungen und Rahmenbedingungen verstanden. Führung von selbstorganisierten Gruppen ist vor allem am Anfang eine intensive und für viele Führungskräfte auch ungewohnte Aufgabe. Selbstorganisation läßt sich jedoch nur dann produktiv einsetzen, wenn ein klarer Zielrahmen geschaffen wurde. Die Definition von strategischen Zielen ist dabei die zentrale Aufgabe des Managements. Erst, wenn eine Gruppe weiß, was sie eigentlich gemeinsam als Gruppe erreichen soll, kann sie selbst organisieren, wie sie die Vorgabe erreichen will. Selbstorganisation ersetzt also keineswegs strategisches Management, sondern ist sogar in hohem Maße darauf angewiesen.

Bei der Definition des „Wie" müssen Gruppen selbstbestimmt agieren können. Die Aushandlung der Gruppenmitglieder untereinander über ihre internen Gruppenziele, die Bildung einer gemeinsamen Gruppendisziplin und -moral sowie die

Entwicklung ihrer gruppeninternen Kommunikation beeinflußt entscheidend die Qualität der Ergebnisse. Deshalb kann auch nur die Gruppe selbst ihr Modell von Zusammenarbeit entwickeln. Aufgabe von externen Beratern und Vorgesetzten kann es deshalb nicht sein, den Gruppen ein Rezept für Gruppenarbeit zu vermitteln; vielmehr geht es um die Unterstützung des Gestaltunsprozesses.

Leitlinie 6: Der Einführungsprozeß von Gruppenarbeit erfordert einen permanenten Feed-back-Prozeß, der top-down und bottom-up organisiert werden muß.

Während der Einführungsphase taucht oft die Frage auf, ob die Gestaltung der Arbeitsorganisation schwerpunktmäßig vom Management ausgehen oder überwiegend von den Mitarbeitern getragen und realisiert werden soll. Die Antwort liegt zwischen diesen Polen: Nur eine Kombination von beidem macht Gruppenarbeit möglich (vgl. Kap. 2). Ein häufiges Dilemma entsteht im unverbundenen Nebeneinander von Managemententscheidungen einerseits und den realen Produktionsbedingungen andererseits. Selbst in überschaubaren Strukturen mit 200 Mitarbeitern sind den Geschäftsführern die täglichen Schwierigkeiten in der Produktion oft nicht bekannt. Nur ein permanenter, kommunikationsintensiver Feedback-Prozeß zwischen allen Beteiligten führt zu einem abgestimmten Vorgehen und gegenseitigem Problemverständnis.

7.5
Zusammenfassung

Die Steigerung von Flexibilität und Reaktionsfähigkeit in der Montage setzt voraus, daß die Mitarbeiter sich innerhalb neu konstituierender und entwickelnder Organisationsstrukturen entfalten können und durch angepaßte Technologien hinreichend unterstützt werden. Im vorliegenden Kapitel wurde dargestellt, welche Faktoren der Veränderung und der Beharrung die stabile Entwicklungsfähigkeit arbeitsorganisatorischer Strukturen fördern. Hier sind insbesondere zu nennen:

– Die enge Einbindung der Montage in die Unternehmensentwicklung als Restriktion und Ermächtigung. Hervorzuheben ist die Anbindung an Unternehmensziele sowie die Herstellung einer höchstmöglichen Kundennähe.
– Die qualifikationsförderliche Gestaltung der Aufgaben in der Montage und die Schaffung kurzer, rückmeldefähiger Regelkreise als Voraussetzung für Verantwortungsübernahme, Kooperation und Lernen der Mitarbeiter.
– Die Verknüpfung von Personal- und Organisationsentwicklung im Einführungs- bzw. Veränderungsprozess der Arbeitsorganisation.

Am Beispiel Gruppenarbeit wurde ein schrittweiser Entwicklungsprozeß vorgestellt, in dem Personal- und Organisationsentwicklung wechselseitig aufeinander wirken. Über die Zeit gesehen, kommt es in solchen Entwicklungsprozessen zu einer wiederholten Re-Definition der Faktoren Mitarbeiterkompetenz und Führung sowie Ablauforganisation und Aufgabengestaltung. Organisationsentwicklung beinhaltet bspw. die Verlagerung von Verantwortlichkeiten und die Veränderung von Arbeitsaufgaben. Die Personalentwicklung fördert und entwickelt

Anbindung von Veränderungen der Arbeitsorgani-sation an die Markt- und Unter-nehmensentwick-lung	☑ Welches sind die Alleinstellungsmerkmale des Unternehmens beim Kunden? ☑ Durch welche Leistungen beeinflußt die Montage das Erscheinungsbild beim Kunden? ☑ Welche marktgetriebenen Flexibilitätsanforderungen muß die Montage heute und zukünftig bewältigen? ☑ Leiten sich die Ziele für die Montage aus den Unternehmenszielen ab? ☑ Welcher zusätzliche Nutzen wird von der geplanten Veränderung der Arbeitsorganisation in der Montage erwartet? ☑ Wie verteilt sich dieser zusätzliche Nutzen auf das Unternehmen und die Mitarbeiter?
Gestaltung von qualifikations-förderlichen Ar-beitssystemen	☑ Sind der Verantwortungsbereich und die Verantwortungsinhalte der Montage klar definiert? ☑ Sind die Schnittstellen zu übergeordneten sowie vor- und nachgelagerten Bereichen klar definiert? ☑ Haben die Mitarbeiter Handlungs- und Entscheidungsmöglichkeiten, um die vereinbarten Ergebnisse beeinflußen zu können? ☑ Sind im Montagesystem rückmeldefähige Regelkreise angelegt? Besteht die Möglichkeit zur Selbstkontrolle? ☑ Besteht die Möglichkeit, die eigene Arbeit zu planen und zu organisieren? ☑ Gibt es aufgabenbedingte Möglichkeiten der Zusammenarbeit? ☑ Werden die Qualifikationen der Mitarbeiter angemessen genutzt? ☑ Bietet die Montagearbeit Lernanreize?
Einführung von Gruppenarbeit	☑ Sind die Ziele, welche mit einer Veränderung der Arbeitsorganisation erreicht werden sollen, klar benannt? ☑ Gibt es Kriterien, an denen der Erfolg der neuen Arbeitsorganisation gemessen werden kann? ☑ Ist die Unterstützung durch die zuständigen Führungskräfte gesichert? ☑ Steht ein Entlohnungskonzept zur Verfügung, welches die gemeinsame Arbeit unterstützt? ☑ Sind die betroffenen Mitarbeiter informiert? ☑ Sind die Interessen der betroffenen Mitarbeiter im Planungsteam vertreten? ☑ Sind die betroffenen Mitarbeiter an der Umsetzung beteiligt? ☑ Stehen ausreichende finanzielle, zeitliche und personelle Ressourcen für den Einführungsprozeß zur Verfügung? ☑ Entspricht das Führungsverständnis der neuen, dezentralen Arbeitsorganisation?

Abb. 7.14. Checkliste zur Entwicklung der Arbeitsorganisation in der Montage

die qualifikatorischen, kreativen und persönlichen Potentiale der einzelnen Mitarbeiter und Führungskräfte. Eine mögliche Entwicklungslogik sieht folgendermaßen aus: Durch veränderte organisatorische Zuständigkeiten und Verantwortungsinhalte ergibt sich ein wachsendes Aufgabenspektrum für die Gruppe. Damit steigen die Qualifikationsanforderungen an die Mitarbeiter. Durch die steigende Aufgabenidentifikation und Autonomie der Mitarbeiter wächst ihr Selbstbewusstsein und schließlich wird ein veränderter Führungsstil erforderlich.

Entwicklungsfähige Arbeitsorganisationen reagieren auf veränderte Flexibilitätsanforderungen und folgen zugleich einer internen Dynamik, welche aus dem Zusammenspiel der Ebenen Führung, Organisation, Arbeitssystem, Team und Mitarbeiter gespeist wird. Das Scheitern von Reorganisationsprojekten ist nicht zuletzt aus der einseitigen Schwerpunktsetzung auf nur eine dieser Ebenen zu erklären.

Zum Abschluß dieses Kapitels werden in Abb. 7.14 nochmals zentrale Fragen aufgelistet, die beantwortet werden sollten, wenn eine Veränderung der Arbeitsorganisation in der Montage in Angriff genommen werden soll.

Literatur

Antoni, C.H.: Kooperationsförderliche Arbeitsstrukturen. In: Spieß, E. (Hrsg.): Formen der Kooperation. Göttingen: Angewandte Psychologie, 1998, S. 157-168.

Baitsch, Ch.: Personalentwicklung ist Innovationsmanagement. In: Baitsch, Ch.; Delbruck, I. (Hrsg.): Neues Personal in Neuer Arbeit. München u. Mehring: Rainer Hampp Verlag 1998, S. 5-13.

Buck, H.; Gison-Höfling, T.: Qualifikationsförderliche Arbeitssystemgestaltung. In: Warnecke, H.-J. (Hrsg.): Die Montage im flexiblen Produktionsbetrieb : Technik, Organisation, Betriebswirtschaft. Berlin u.a.: Springer 1996, S. 367-395.

Bullinger, H.-J.; Schlund, M.: Gruppenarbeit als Ausgangspunkt für die Entwicklung moderner dezentraler Unternehmen. In: Antoni, C.H. (Hrsg.): Gruppenarbeit im Unternehmen. Konzepte, Erfahrungen, Perspektiven. Weinheim: Beltz 1994, S. 344-363.

Hacker, W.: Allgemeine Arbeitspsychologie : Psychische Regulation von Arbeitstätigkeiten. Bern u.a.: Huber 1998.

Kandaouroff; A.: Erfolgreiche Implementierung von Gruppenarbeit : Analyse – Optimierungsansätze – Handlungsempfehlungen. Wiesbaden: Dt. Universitäts Verlag, Gabler 1998.

Krings, K.; Luczak, H.: Gruppen- und Teamarbeit als Instrument zur Unternehmensentwicklung. In: Kröll, M.; Schnauber, H. (Hrsg.): Lernen der Organisation durch Gruppen- und Teamarbeit : Wettbewerbsvorteile durch umfassende Unternehmensplanung. Berlin u.a.: Springer 1997.

Pack, J.; Buck, H.: Analyse, Bewertung und qualifikationsförderliche Gestaltung von Arbeitssystemen in der Produktion. In: Zeitschrift für Arbeitswissenschaft, 3/1998, S. 194-200.

Porter, M.: Nur Strategie sichert auf Dauer hohe Erträge. In: Harvard Business Manager, 19. Jahrgang, Heft 3/1997, S. 42–58.

Raab, S.: Full Power : Wie Sie aus Einzelkämpfern ein Hochleistungsteam formen. Neuwied u.a.: Luchterhand 1997.

West, M.A.; Borill, C.; Unsworth, K.L.: Team Effectiveness in Organizations. In: International Review of Industrial and Organizational Psychology, 1998, Vol. 13, p. 1-48.

8 Prozeßorientierte Planung und Steuerung zur Unterstützung der Montage – Konzept und PPS-Systemauswahl

PATRICK BALVE, GERD AUPPERLE

8.1 Einleitung

Wirtschaftlichkeit und Flexibilität eines marktnah agierenden Produktionsunternehmens hängen entscheidend vom Eignungsprofil des eingesetzten Produktionsplanungs- und -steuerungskonzepts ab. Als zentrale Anforderungen gelten dabei die bedarfsorientierte Teileversorgung der Montage bei gleichzeitig geringstmöglichen Umlaufbeständen. In segmentierten und prozessorientierten Produktionsstrukturen (Kap. 5 und 6) muß das zugrundeliegende PPS-Konzept eine Planungslogik bereitstellen, die dem Kunden gegenüber schnelle und zuverlässige Terminaussagen ermöglicht, ohne dabei die Steuerungsautonomie der dezentralen Segmente (Kap. 7) zu gefährden. Wie ein solches Konzept aussehen kann, wird im vorliegenden Kapitel geschildert.

Zur Unterstützung der Planung und Steuerung werden integrierte Softwarepakete wie PPS- und ERP-Systeme eingesetzt. Im Bereich der kleinen und mittleren Unternehmen stoßen zahlreiche in die Jahre gekommene PPS-Systeme an die Grenzen ihrer Leistungsfähigkeit. Dies läßt sich auf die immer größer werdenden Datenfluten sowie die gesteigerten Anforderungen hinsichtlich Datenverfügbarkeit und -aktualität zurückführen. Deshalb besteht bei vielen Unternehmen nicht nur die Notwendigkeit sondern vielmehr auch die Chance, eine Systemablösung in Angriff zu nehmen. Das vorliegende Kapitel stellt daher auch ein praxiserprobtes Vorgehen zur Auswahl des individuell passenden PPS-Systems vor.

8.2 Grundlagen eines Planungs- und Steuerungskonzepts

8.2.1 Zielsystem der PPS

Kernaufgabe der PPS ist es, aufgrund erwarteter und/oder vorliegender Kundenaufträge den mengenmäßigen und zeitlichen Produktionsablauf durch Planvorgaben festzulegen, diesen zu veranlassen, zu überwachen und bei Abweichungen Maßnahmen dergestalt zu ergreifen, daß definierte betriebliche und kundenauftragsbezogene Ziele erreicht werden. Ein wichtiger Planungsfaktor ist dabei die kapazitive Verfügbarkeit der Ressourcen Personal und Material sowie der Maschinen und Werkzeuge.

Die PPS befindet sich damit in einem ständigen Zielkonflikt, der auch als Polylemma der PPS bekannt ist (Abb. 8.1). Aus Markt- und Kundensicht wird eine kurze Lieferzeit bei gleichzeitig hoher Termintreue gefordert. Im Extremfall bedeutet dies für das Unternehmen Losgröße 1 und Auslieferung binnen weniger Stunden. Dieser Trend zu einem reinen Manufacturing on Demand hat in der variantenreichen Serienfertigung bereits Fuß gefaßt und wird sich in Zukunft noch weiter verstärken (Westkämper 1999). Die Montage nimmt dabei eine Schlüsselrolle ein, da in vielen Fällen die eigentliche Produktindividualisierung erst hier stattfindet. Aus interner Betriebssicht erscheint es zunächst sinnvoll, eine hohe und gleichmäßige Kapazitätsauslastung zu realisieren. Stark schwankende Kundenbedarfe erscheinen ebenfalls unerwünscht, da diese häufig nur durch gesteigerte Lagerbestände in der vom Markt geforderten Lieferzeit zu bewältigen sind. Im Zentrum dieses Spannungsfeldes steht die Wirtschaftlichkeit. Die Preis- und Kostenstrukturen müssen also so gestaltet sein, daß durch gleichzeitiges Erfüllen von Markt- und Betriebszielen das Überleben des Unternehmens gesichert ist. Im folgenden wird daher ein erprobter Weg in diese Richtung aufgezeigt.

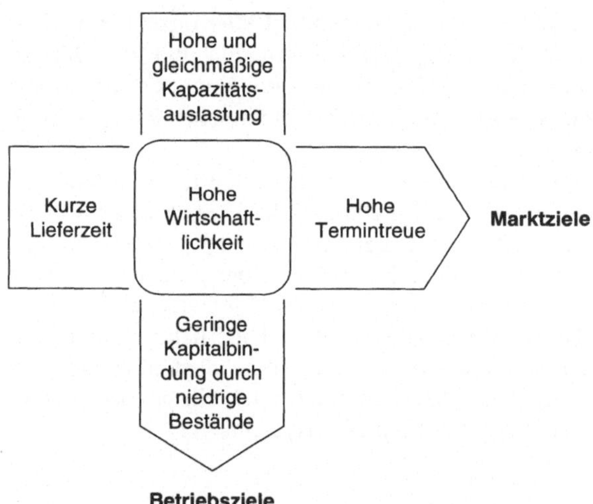

Abb. 8.1. Zielsystem des PPS (Wiendahl 1999)

8.2.2
Das PPS-Konzept im betrieblichen Umfeld

Das PPS-Konzept beinhaltet den logischen Kern, nach dem in einem Unternehmen Planungs- und Steuerungsentscheidungen getroffen werden. Bei der Entwicklung eines neuen Konzeptes sind zahlreiche betriebliche Randbedingungen zu berücksichtigen, die entweder mitgestaltet oder im Rahmen der Montageplanung zunächst als unveränderlich angesehen werden. Zu den korrespondierenden Umfeldfaktoren gehören die Auftragsstruktur sowie die Produkt- und Produktionsstruktur. Das PPS-Konzept selbst definiert das Zusammenspiel zwischen PPS-Aufgaben, -Prozessen und -Funktionen, Unternehmensorganisation und EDV-System (Abb. 8.2). Ziel muß es sein, alle genannten Strukturelemente gemeinsam auf die marktseitig ermittelten Erfolgsfaktoren und Zielwerte auszurichten.

Als Ausgangspunkt der Überlegungen dient die Auftrags- und Produktstruktur im *PPS-Umfeld*. Im Rahmen der Produktstrukturierung steht eine fertigungs- und montagegerechte Konstruktion im Vordergrund. Bei hochvarianten Erzeugnissen muß ferner auf eine hohe Teilewiederverwendbarkeit (bspw. durch Modularisierung und Standardisierung) geachtet werden, wodurch sich wiederum für Materialwirtschaft sowie Planung und Steuerung Vorteile ergeben. Die so festgelegten Produkteigenschaften determinieren bereits einen großen Teil der Freiheitsgrade, die von der PPS berücksichtigt werden können bzw. müssen. Aus den logistischen Marktanforderungen wie der Lieferzeit, dem Lieferbereitschaftsgrad und der Termintreue leiten sich Anforderungen für die Gestaltung der Produktionsstruktur ab. Auch periodenbezogene Mengenschwankungen und das Änderungsverhalten der Kundenwünsche sind realistisch einzuschätzen und entsprechend zu berücksichtigen. Darauf aufbauend ist eine geeignete Ressourcenstruktur zu ermitteln. Diese Aufgabe wird in der Regel von der Fabrikplanung wahrgenommen und beinhaltet die Planung und Auslegung von Art, Menge, Qualität und Strukturierung industrieller Produktionsstätten. Unter Berücksichtigung physikalisch-technischer Gesetzmäßigkeiten entstehen so die Prozeßstruktur und das Layout.

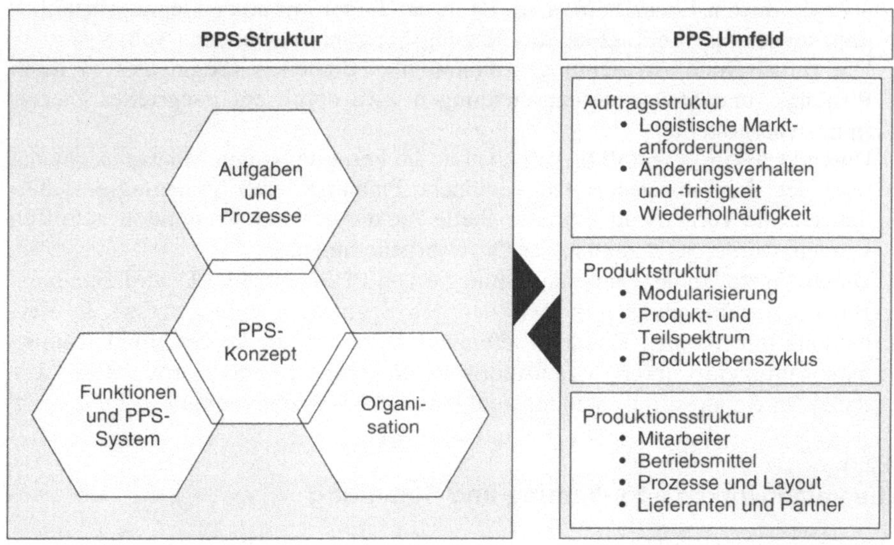

Abb. 8.2. PPS- und Umfeldstruktur

Die drei Faktoren Auftrags-, Produkt- und Produktionsstruktur weisen eine sehr enge Beziehung zu den Bestimmungsgrößen der *PPS-Struktur* auf. Die innere Logik eines PPS-Konzeptes fußt auf der Aneinanderreihung von PPS-Aufgaben im Rahmen des Auftragsabwicklungsprozesses. Dieser Geschäftsprozeß ist höchst unternehmensspezifisch und läßt sich nur eingeschränkt für bestimmte Betriebstypen (Auftragsfertiger, Rahmenauftragsfertiger, Variantenfertiger, Lagerfertiger) verallgemeinern und standardisieren. Die in diesem Rahmen gewählten PPS-Methoden bestimmen dann die Funktionen, die in einem PPS-System benötigt und aktiviert werden. Schließlich besteht noch eine enge Wechselwirkung zwischen PPS und Unternehmensorganisation. So muß das Konzept für eine dezentralisierte Produktionsstruktur, wie sie nach einer erfolgten Segmentierung vorliegt, anders aussehen, als für eine reine Werkstattstruktur. Diese Argumentation gilt in gleicher Weise für alle der Montage vor- und nachgelagerten dispositiven und administrativen Prozesse.

Kernproblem bei der Konzeption einer neuen Planungs- und Steuerungsstrategie stellt die effektive Zergliederung der Komplexität des Entscheidungsproblems dar. Die Frage lautet also, wie sich die Festlegung von Art, Menge, Kosten, Qualität und Zeitpunkt für die Durchführung der Produktionsaufgaben unter dem Einfluß der Markt- und Fertigungsdynamik vornehmen läßt, ohne daß dabei unrealistische oder unwirtschaftliche Planungsergebnisse entstehen. Gemeinsames Ziel aller Anstrengungen ist es dabei, eine bedarfsorientierte, montagesynchrone Teileversorgung sicherzustellen. Gute Ergebnisse werden dabei mit folgendem mehrdimensionalen Ansatz erzielt (Corsten/Gössinger 1998):

– Die Planung wird in mehrere hierarchische Ebenen gegliedert, bei der die jeweils untergeordnete Ebene ihre Planungsentscheidungen nur im Rahmen der übergeordneten Ebene trifft. Dies ist in der Regel mit einer Planungsdetaillierung sowie einer Verkürzung des Planungshorizonts verbunden (Abb. 8.3).
– Die gemeinsame Ausrichtung teilautonomer Einheiten (Segmente) in ihren Planungs- und Steuerungsentscheidungen wird durch ein integriertes Zielsystem sichergestellt.
– Durch Delegation von PPS-Aufgaben in die Fertigungs- und Montagesegmente wird der Zentralisierungsgrad verändert. Planungs- und Steuerungsentscheidungen, die vormals an zentraler Stelle für die gesamte Produktion getroffen wurden, werden jetzt zeitnah vor Ort wahrgenommen.
– Durch Umstellen der Steuerungsstrategie von PUSH auf PULL wird eine horizontale Beauftragungslogik zwischen den Segmenten implementiert. In Verbindung mit internen Kunden-Lieferanten-Beziehungen werden somit Koordinationsprobleme durch organisatorische Regelungen präsituativ gelöst, wodurch ein weiteres Entscheidungsfeld für das PPS-System entfällt.

8.2.3
Zusammenwirken von Planung und Steuerung

Im folgenden wird zunächst auf das prinzipielle Zusammenspiel von Planungs- und Steuerungsaufgaben eingegangen (vgl. Abb. 8.3), bevor die oben vorgeschlagenen spezifischen Lösungsansätze präzisiert werden.

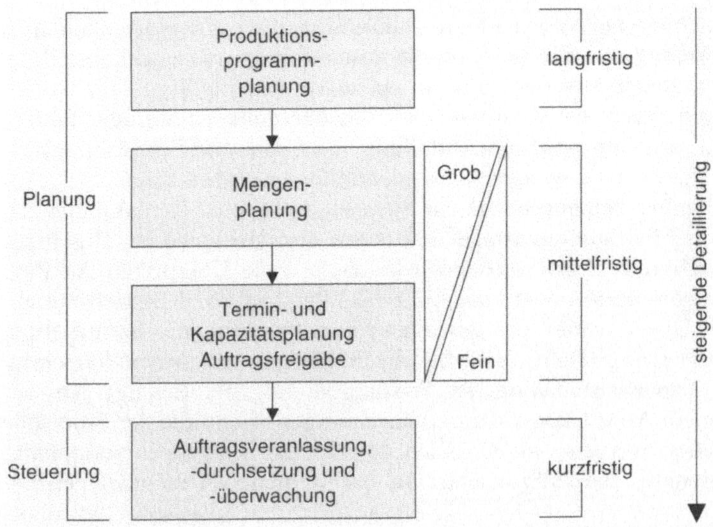

Abb. 8.3. Zusammenspiel von Produktionsplanung und -steuerung

In der mittel- bis langfristigen Produktionsprogrammplanung legt das Unternehmen unter Berücksichtigung von Absatzprognosen die Art und Menge zukünftig herzustellender Erzeugnisse (Primärbedarfe) fest. Diese Planung hat üblicherweise einen Horizont von 0,5 bis 2 Jahren, die Planungsgenauigkeit liegt im Bereich von Monaten und bezieht sich auf Erzeugnisgruppen und -hauptvarianten. Durch rollierendes Aktualisieren erfolgt ein kontinuierliches Fortschreiben dieser Planung. Auch in der kundenauftragsbezogenen Variantenfertigung erfüllt die Produktionsprogrammplanung eine wichtige Funktion: sie liefert Informationen darüber, welche Kapazitäten und Kapazitätsflexibilitäten für die angestrebte kurzfristige Erfüllung der Kundenwünsche langfristig bereitzustellen sind.

In die mittelfristige Mengen-, Termin- und Kapazitätsplanung fließen die verbindlich zugesagten Kundenaufträge ein. Zur Ermittlung des Sekundärbedarfs werden diese mit Hilfe der Stückliste aufgelöst und – soweit vorhanden – mit den Fertigwaren-, Halbfertigwaren- und Rohmaterialbeständen abgeglichen. Durch Vorwärts-, Rückwärts- oder Mittelpunktsterminierung ergeben sich unter Berücksichtigung der Arbeitspläne, Betriebsmitteleigenschaften sowie der Personalsituation erst grob- und dann feinterminierte Produktionsaufträge. Idealerweise wird die zum Produktionszeitpunkt vorliegende Kapazitätssituation bereits im Vorfeld ermittelt (Simulation) und zur Bestimmung des einhaltbaren Liefertermins herangezogen. Bei diesen Überlegungen fließt besonders die betriebliche Kapazitätsflexibilität ein.

Der in der Mittelfristplanung geführte Auftragsbestand liegt bei den vorliegend geschilderten Projekten im Bereich mehrerer Wochen bis Monate und die Planungsdetaillierung entsprechend auf Wochen- oder Tagesebene. Die erstellten Betriebsaufträge in der Kurzfristplanung werden zu Losen zusammengefaßt und den einzelnen Betriebsmitteln zugeordnet. Je nach Zentralisierungsgrad des PPS-

Konzepts erfolgen Aufgaben wie die Durchlaufterminierung, Losgrößenrechnung und Reihenfolgeplanung an einer Stelle für die gesamte Produktion oder verteilt in den Segmenten. In gleicher Weise kann die operative Materialdisposition in dezentralen Strukturen durch die Mitarbeiter vor Ort übernommen werden. Weiter unten wird gezeigt, wie eine sinnvolle Aufteilung von Grob- und Feinplanungsaktivitäten im Falle einer vorangegangenen Segmentierung aussehen kann.

Der Wechsel von der Planungsebene zur Steuerungsebene ist formal durch die Auftragsfreigabe der Fertigungsaufträge und damit den Übergang zu Durchsetzungsaktivitäten definiert. Damit verbunden ist das erneute Überprüfen der Planungsvoraussetzungen, insbesondere der Material-, Personal- und Betriebsmittelverfügbarkeit. Zur Überwachung des gesamten Produktionsablaufes ist mit Hilfe der Betriebsdatenerfassung (BDE) jederzeit ein Einblick in den Arbeitsfortschritt und die aktuelle Kapazitätssituation der Produktion möglich. Etwaige Abweichungen im geplanten Ablauf können durch kurzfristiges Eingreifen der Produktionssteuerung reguliert werden. Aus Gründen der Zeitaktualität ist es vorteilhaft, die Steuerungsaktivitäten ebenfalls dezentral in den Segmenten wahrzunehmen.

8.3
Dezentrale Planung und Steuerung in der Praxis

8.3.1
Organisatorische Randbedingungen der dezentralen Planung und Steuerung

In der Vergangenheit waren zentralistisch geprägte und hierarchisch organisierte Strukturen zur Produktionsplanung und -steuerung vorherrschend. Komplexe Produktionsabläufe wurden von einer einzigen Stelle aus geplant, veranlaßt und überwacht. Die heute vorherrschende schnelle Veränderung der Planungssituationen im Unternehmen durch bspw. kurzfristige Neubestellungen oder Kundenwunschänderungen führt dazu, daß die Produktionspläne schon nach kurzer Zeit ihre Gültigkeit verloren haben und Neuplanungen vorgenommen werden müssen. Schlechte Rückmeldedaten sowie eine unangemessen hohe Planungsgenauigkeit bereits bei der Grobplanung tun das ihrige, um das Problem zu vergrößern. Die Folge ist Hektik im Auftragsabwicklungsprozeß mit den damit verbundenen hohen, aber verdeckten Kosten. Daher ist es zunächst notwendig, die bestehenden Organisationsstrukturen von Grund auf zu überdenken und insbesondere den Auftragsabwicklungsprozeß neu zu gestalten.

Eine Möglichkeit besteht darin, die in Kap. 5 vorgestellte Produktionssegmentierung um Aufgaben der Produktionsplanung und -steuerung zu erweitern. Der Kerngedanke dieser Form der Dezentralisierung ist das Schaffen kleiner, weitgehend unabhängiger Produktionseinheiten, die ganzheitliche Aufgaben erfüllen. Sie übernehmen insbesondere Planungs- und Steuerungsaufgaben im mittel- und kurzfristigen Bereich. Damit werden Entscheidungen dort gefällt, wo auch die höchste Kompetenz und Informationsbasis verfügbar ist. Als Folge werden hierarchisch höhergestellte Planungsstufen (Grobplanung) merklich entlastet, wodurch deren Planungsqualität ebenfalls ansteigt.

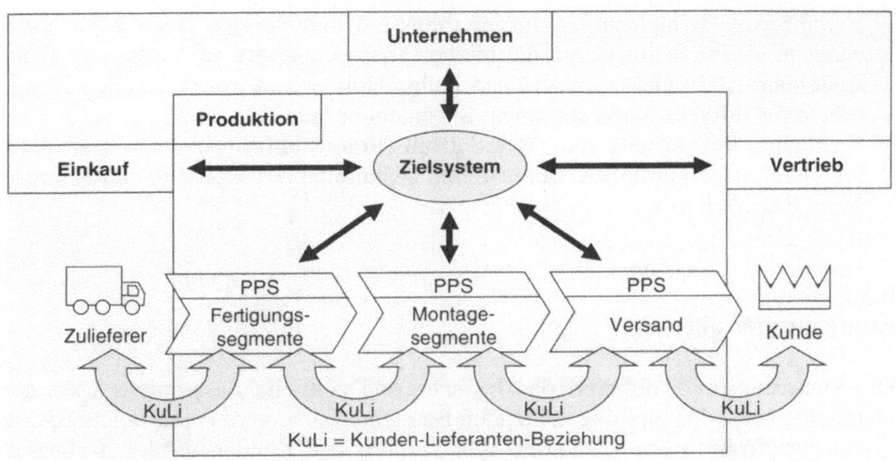

Abb. 8.4. Koordination dezentraler Produktionssegmente

Abbildung 8.4 zeigt ein Unternehmen mit zwei wichtigen, die Koordination dezentraler Produktionssegmente vereinfachenden organisatorischen Lösungen: Zum einen wird darin das Zusammenspiel zwischen den Segmenten durch ein operationalisiertes Unternehmens-Zielsystem vereinfacht. Dieses legt fest, nach welchen Kriterien und in welchen Grenzen ein Segment seine Planungs- und Steuerungsentscheidungen zu fällen hat, ohne daß es dabei gegen ein übergeordnetes Gesamtoptimum verstößt. Als Zielgrößen kommen hierbei die im Zielsystem der PPS genannten Kriterien, darunter speziell die Durchlaufzeit, weitere logistische Kennzahlen sowie geforderte Qualitätsmerkmale in Frage.

Die Operationalisierung eines solchen Zielsystems für die einzelnen dezentralen Betriebsbereiche kann nach einem aus dem unternehmensexternen Beziehungsbereich bekannten Prinzip, dem Kunden-Lieferanten-Verhältnis, erfolgen (Warnecke 1996, Sihn 1995). Jedes Segment, das von einem anderen Segment Teile bzw. Material, Baugruppen oder Dienstleistungen bezieht, schließt mit diesem eine Liefervereinbarung ab. Eine solche Leistungsvereinbarung hat einen globalen, grundsätzlichen Charakter und betrifft nicht nur einen einzelnen Auftrag, sondern alle Aufträge in einem bestimmten Zeitraum (z.B. 6 Monate oder 1 Jahr). Dies vermindert die Planungskomplexität, erhöht die Transparenz und fördert die Flexibiliät durch Einführung kleiner Regelkreise. Zentrale Elemente der Liefervereinbarung zwischen der Montage und ihren Zulieferern sind:

- Die Festlegung einer Lieferzeit, die die Lieferung in einem bestimmten Zeitraum mit einer bestimmten Termintreue allgemeingültig zusagt. Eine Differenzierung nach Artikel (bspw. Standard oder Spezial, Variante A oder B) oder Mengen (bis x Stück in einer Woche, über y Stück in zwei Wochen) ist hierbei sinnvoll.
- Die Festlegung von zeitraumbezogenen Flexibilitätskennwerten nach Artikelart und Menge (in der Montage bspw. pro Woche zwischen 60 und 120 verkaufsfähige Endgeräte).

– Vereinbarungen hinsichtlich Informationsfluß und Service legen bspw. fest, wann in einem Segment ein definierter Ansprechpartner zu Verfügung steht. Außerdem ist zu klären, in welchen Fällen Hol- und in welchen Fällen Bring-pflicht für Informationen aus einem Segement besteht.
– Festlegung von Details zum Materialfluß (Bereitstellform und Übergabeplatz für Teile und Baugruppen, Bereitstellen bestimmter Transporthilfsmittel sowie deren Rückfluß usw.).

8.3.2
Steuerungslogik

Die Steuerungslogik definiert das logische und zeitliche Zusammenwirken der materialbewegenden und -bearbeitenden Bereiche. Dabei wird deren Beauftragung („Wer beauftragt wen?") und die Abarbeitung der Kundenaufträge festgelegt (Warnecke 1996). Hinsichtlich der Beauftragungslogik gilt es, zwei Freiheitsgrade zu definieren (Abb. 8.5):

– den Zentralisierungsgrad und
– die Abarbeitungsrichtung (PUSH- oder PULL-Logik)

Eine zentrale Beauftragung der Segmente aus einer Einheit (z.B. einer zentralen Arbeitsvorbereitung) und die zeitliche Koordination der Auftragsbearbeitung aus dieser Einheit widerspricht der Forderung nach Ganzheitlichkeit und Selbststeue-rung jedes einzelnen Segments (vgl. Kap. 7) und muß somit bei einer vorliegenden Kunden-Lieferanten-Beziehung ausgeschlossen werden. Eine PUSH-Logik mit der Beauftragung entlang des Materialflusses (Lieferant beauftragt Kunden mit der Weiterverarbeitung des Auftrags) ginge einher mit einer „Lieferanten-Kunden"-Beziehung und ist im vorliegenden Fall einer marktorientierten und kundenauftragsbezogenen Serienfertigung auszuschließen.

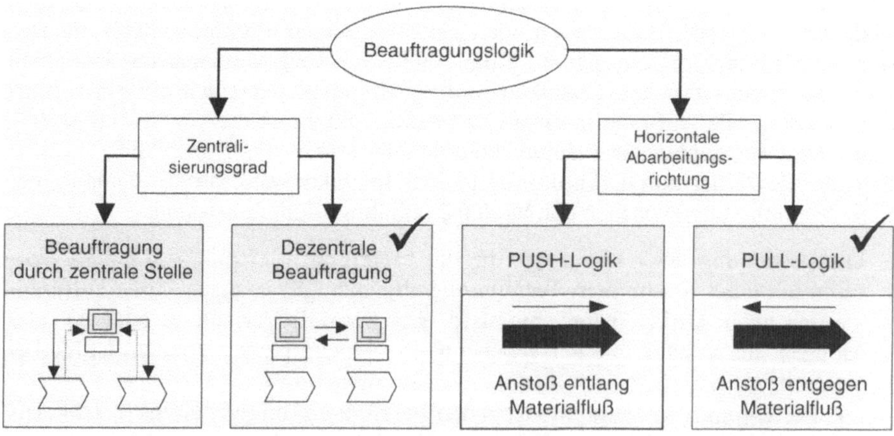

Abb. 8.5. Freiheitsgrade der Beauftragungslogik

Damit bleibt festzuhalten: Bei einem durch Kunden-Lieferanten-Verhältnisse geprägten Zusammenspiel der teilautonomen Fertigungs- und Montagesegmente ist die Feinplanung geprägt durch Dezentralisierung der Steuerungsaufgaben und durch die PULL-Logik. Um hier keine unrealistischen Auftragsvorräte übernehmen zu müssen, bedarf es nach wie vor einer leistungsfähigen Grobplanung, die eine Vorsteuerung auf übergeordneter Ebene übernimmt und damit die prinzipielle Machbarkeit der angenommenen Kundenaufträge sicherstellt.

8.3.3
Aufteilung von mittelfristiger Grob- und kurzfristiger Feinplanung

Die Stufung der Planungsaktivitäten in eine Grob- und eine Feinplanung stellt eine weitere bewährte Strategie zur Reduzierung der Entscheidungskomplexität dar. Im Rahmen der hier besprochenen Montageplanungsprojekte kam folgende Aufteilung erfolgreich zum Einsatz:

- Es gibt eine übergeordnete Grobplanung, die auf Wochenbasis terminliche Rahmenvorgaben für die Montage erstellt und dabei auf grober Ebene die Gesamtkapazität der Produktion berücksichtigt.
- Es schließt sich eine Feinplanung und -steuerung nach dem PULL-Prinzip auf Segmentebene an.

Die übergeordnete *Grobplanung* erfolgt für die gesamte Produktion in einem zentralen Bereich, dem sogenannten Auftragszentrum. Dieses ist kompetenter Ansprechpartner für praktisch alle Kundenanfragen und setzt sich aus Mitarbeitern des ehemaligen Vertriebs, der Arbeitsvorbereitung, der Produktionsplanung sowie einigen (Anpassungs-)Konstrukteuren zusammen. Die Terminierung von Kundenaufträgen geschieht in festen Zeitrastern (im Beispiel auf Wochenebene) und berücksichtigt ggf. bereits vom Kunden gewünschte Tagestermine. Das Zeitraster legt damit den Dispositionsspielraum für die anschließende Feinplanung fest. Die Größe des Zeitrasters wird im wesentlichen von der Gesamtdurchlaufzeit, den vom Markt geforderten Lieferzeiten sowie der durch die Segmente realisierbaren Art- und Mengenflexibilität bestimmt.

Als Hilfsmittel zur Terminermittlung und -bestätigung steht dem Auftragszentrum eine sogenannte „Ampelsteuerung" zur Verfügung. Das Beispiel in Abb. 8.6 zeigt schematisch das dahinter stehende Prinzip. Aufträge werden abhängig vom Kundenwunschtermin sowie der Produktgruppe auf „Töpfe" mit den verfügbaren Produktionskapazitäten verteilt. Zur dynamischen Ermittlung der tatsächlichen Einlastungsgrenze stehen im Hintergrund Grobarbeitspläne oder Kapazitätsbelastungsprofile sowie ein Regelwerk zur Verfügung, welches die Kapazitätsbelastung der Segmente in Abhängigkeit des Produktgruppenmixes bewertet. Damit ergibt sich auf aggregierter Ebene eine hinreichend genaue Einschätzung der zukünftigen Auslastungssituation der Produktion (Westkämper/Schraft 1997). In einem der vorliegenden Fälle war es sogar ausreichend, nur die Gesamtkapazität der Produktion zu betrachten. Die Teileverfügbarkeit wird in der Grobplanung ggf. über das automatisierte Abprüfen kritischer Kaufteile sichergestellt.

Erzeugnistyp	Auftragsvorrat				Zuge-ordnete Ampelfarbe
	Produkt-Gruppe 1	Produkt-Gruppe 2	Produkt-Gruppe 3	Summe	
Ist-Auftragseingang (Anzahl Produkte)	6	3	4	13	grün
Einlastungsgrenze*	20	30	30	80	grün
Erweiterte Einlastungsgrenze*	40	40	40	120	gelb
Einlastungsgrenze überschritten*	> 40	> 40	> 40	>120	rot

*Dynamische Ermittlung in Abhängigkeit des Produktgruppenmixes

Abb. 8.6. Einlastungsschema zur Grobplanung im Auftragszentrum

Solange der Auftragseingang für eine bestimmte Kalenderwoche die mit grün gekennzeichnete Einlastungsgrenze nicht überschreitet, können problemlos weitere Aufträge angenommen und Termine bestätigt werden. Bei Vordringen in den gelben Bereich muß das Auftragszentrum Rücksprache mit den Produktionssegmenten nehmen. Diese entscheiden dann im Rahmen der flexiblen Arbeitszeitmodelle über entsprechende Maßnahmen oder die Fremdvergabe bestimmter Fertigungsaufträge. Sind auch die Möglichkeiten der erweiterten Einlastungsgrenze ausgeschöpft, so können und dürfen für die betreffende Woche keine weiteren Aufträge mehr angenommen werden – der „Wochentopf" ist voll.

Im Anschluß an die Grobplanung erfolgt die *Feinplanung* weitgehend autonom in den Segmenten. Der Vorteil dabei ist, daß die aktuelle Situation sowie die spezifischen Randbedingungen vor Ort bei planerischen Entscheidungen schneller und umfassender berücksichtigt werden können, als dies fernab an einer zentralen Stelle möglich wäre. Die Reihenfolge, in der die Feinplanungsaktivitäten durchgeführt werden, orientiert sich an der PULL-Logik. Die Synchronisation der Segmente im Sinne einer gemeinsam garantierten Gesamtdurchlaufzeit wird durch die im Zielsystem festgehaltenen, segmentspezifischen Durchlaufzeiten ermöglicht. Letztere stellen damit den Dispositionsspielraum eines Segmentes dar. Der genaue Ablauf dieser Planung sei an einem Praxisbeispiel erläutert (Abb. 8.7):

Jeden Donnerstag werden die auf Wochenebene grobterminierten Aufträge mit möglicherweise tagesgenau zugesagten Lieferterminen vom Auftragszentrum für die Feinplanung in den zwei Endmontagesegmenten freigegeben. Bei einer Gesamtdurchlaufzeit durch die Produktion von 10 Arbeitstagen erfolgt dies in der Regel drei Wochen vor der vorgesehenen Auslieferung. Ab diesem Zeitpunkt sollten größere Kundenauftragsänderungen zunächst ausgeschlossen werden („Frozen Period"-Prinzip). Die Endmontage hat nun eine halbe Schicht Zeit, eine

für sie realistische Wochen- und Tagesplanung aufzustellen. Die sich daraus ergebenden tagesgenau termininierten Bedarfe auf Teile- und Baugruppenebene werden anschließend in Form spätester Bereitstellungstermine an die vorgelagerten
Segmente weitergereicht. Damit ist die Grundlage für eine montagesynchrone
Teilebereitstellung gelegt. Die Feinplanung in einem Segment erfolgt immer unter
weitestgehend gleichzeitiger Berücksichtigung von Mengen, Terminen und Kapazitäten, wodurch die Planzuverlässigkeit steigt. Grundlage dieses Effektes ist die
effektive Reduzierung der Planungskomplexität durch sequentielle Betrachtung
der *einzelnen* Segmente.

Elektromontage und Lackiererei haben jeweils 2 Arbeitstage Zeit, um, rückwärtsgerechnet von den seitens der Endmontage geforderten Terminen, die entsprechenden Teile durch ihr Segment zu schleusen. Da sich die Bedarfe insgesamt
über eine ganze Woche verteilen, ergeben sich bereits in der Lackiererei umfangreiche interne Möglichkeiten zur Lackwechseloptimierung. Somit entstehen wiederum Bereitstellungstermine, welche umgehend an die vorgelagerten Segmente
– Funktionsbaugruppen, Innenteile und Verkleidungsteile – für deren eigene Feinplanung unter Berücksichtigung segmentspezifischer Optimierungskriterien
(Rüstwechseloptimierung) weitergegeben werden. Dieser Schritt wiederholt sich
noch ein weiteres Mal in Richtung Zuschneidesegment. Die im Rahmen der Feinplanung durchgeführten Aufgaben umfassen dabei jeweils die Maschinenbelegungsplanung, die Reihenfolgeplanung, die Losbildung sowie die Kapazitätsfeinplanung und -abgleich. Die maximal zulässigen Durchlaufzeiten für Teilegruppen
dürfen von den Segmenten keinesfalls überschritten werden – ein Unterschreiten
ist jedoch stets möglich und im Sinne von Bestandsverringerung und Wirtschaftlichkeit auch gewollt. Der dabei nicht in Anspruch genommene Anteil der maximal zulässigen Durchlaufzeit, wird dem jeweils vorgelagerten Segment automatisch zur Verfügung gestellt und bietet somit Freiraum für weitere Optimierungen.

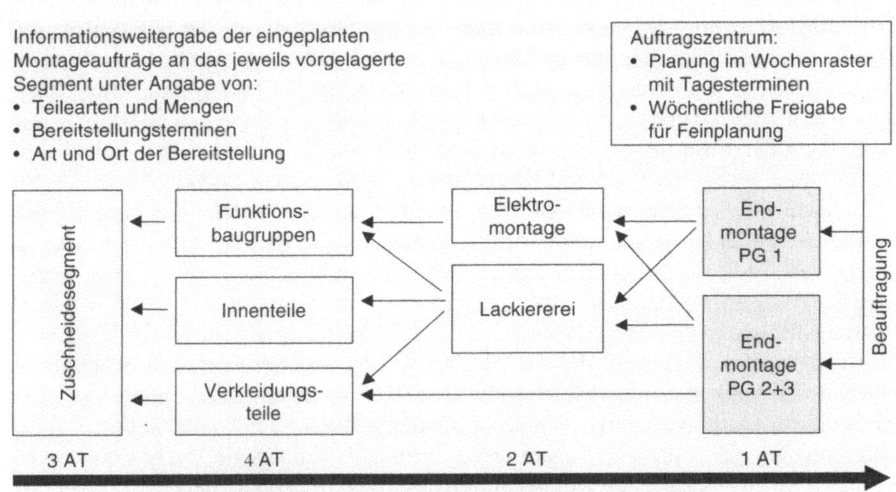

Abb. 8.7. Dezentrale Feinplanung nach dem PULL-Prinzip

Mit diesem Ablauf ist es möglich, Fluß- und Marktorientierung bereits in der Planungsphase zu realisieren. Die Feinplanung selbst ist nach maximal zwei Arbeitstagen für eine gesamte Produktionswoche abgeschlossen. Trotz einer „eingebauten" kurzen Durchlaufzeit können Optimierungspotentiale genutzt und gleichzeitig Materialpuffer durch minimierte Übergangszeiten zwischen den Segmenten reduziert werden. Die allgemeinen Rahmenbedingungen für dieses Planungsprinzip werden durch die vorher aufgebauten Kunden-Lieferanten-Beziehungen bereitgestellt.

Nicht bei allen Teilen ist jedoch eine Disposition mit direktem Kundenauftragsbezug sinnvoll. Gerade bei geringwertigen Teilen mit kontinuierlichem Verbrauch bietet sich bspw. eine dezentrale Bevorratung am Arbeitsplatz in Verbindung mit einer KANBAN- oder Mindestbestandssteuerung an (Corsten/Gössinger 1998). Das folgende Kapitel zeigt, wie eine kontinuierliche Analyse des gesamten Teilespektrums hinsichtlich der jeweils angebrachten Dispositionsart erfolgen kann.

8.3.4
Dispositions- und Abrufverfahren

Für Montageprozesse stellt die Sicherstellung der montagegerechten Zulieferung von Teilen/Komponenten eine besondere Problematik dar, da hier aufgrund der zahlreichen Materialzusammenführungen eine große Anzahl von Montagekomponenten unterschiedlicher, interner und externer Lieferanten synchronisiert werden muß. Eine enge organisatorische und informationstechnische Anbindung der zuliefernden Segmente an den Montageprozeß, unterstützt durch Kunden-Lieferanten-Verhältnisse, ist Voraussetzung für eine exakte und sichere Abstimmung der Materialanlieferung mit dem Materialverbrauch in der Montage.

Bislang erfolgt die Synchronisation zwischen dem Kunden „Montage" und seinen Lieferanten oft durch Puffern des Materials in Zwischenlagern. Ursache dafür sind undifferenziert eingesetzte Verfahren für die Disposition und den Abruf, die für eine oft zu frühzeitige, auf die Montage nicht abgestimmte Materialanlieferung sorgen. Obwohl das oben vorgestellt Planungskonzept die prinzipielle Frage nach dem Wann und Wo der Produktionsaktivitäten auftragsbezogen festlegt, so darf dieses kundenauftragsorientierte Verfahren doch nicht undifferenziert auf alle in der Montage verbauten Teile und Baugruppen angewendet werden.

Zu diesem Zweck ist eine Methode entwickelt worden, welche die Eignung der verschiedenen Dispositions- und Abrufverfahren für die zu beschaffenden bzw. zu fertigenden Teile ermittelt (Warnecke 1996, Aupperle/Kristof 1995): Das Werkzeug KUBUS ermöglicht eine Optimierung der Wirtschaftlichkeit (Bestände) und Leistungsfähigkeit des Montagesystems und sorgt durch abgestimmte Dispositions- und Abrufstrategien für die aus Logistikgesichtspunkten optimale Einbindung der internen und externen Lieferanten. KUBUS analysiert Bestände, Verbräuche/Bedarfe, Durchlauf- bzw. Wiederbeschaffungszeiten und quantifiziert Potentiale monetär, die durch eine kosten- und durchlaufzeitoptimale Disposition realisierbar sind. Grundlage dieses Verfahrens ist eine Systematisierung konventioneller (z.B. MRP) sowie neuerer Dispositions- und Abrufverfahren (z.B. Simultanplanungsansätze und KANBAN).

Durchlaufzeit: DLZ < 3 Tage (d)	Bedarfsvarianz		
	kontinuierlich	schwankend	sporadisch
A - Teile	KANBAN	JIT/ Kanban	JIT
B - Teile	Kanban FSZ	JIT / Kanban	JIT
C - Teile	Kanban FSZ	Lagerabruf	Lagerabruf

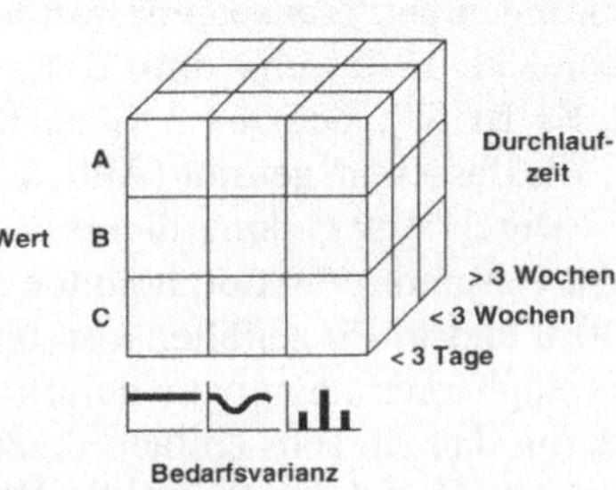

Durchlaufzeit: 3 d < DLZ < 3 Wo	Bedarfsvarianz		
	kontinuierlich	schwankend	sporadisch
A - Teile	TATICO DOLO KOM	TATICO DOLO KOM	JIT
B - Teile	TATICO DOLO KOM FSZ MRP/OPT	TATICO DOLO KOM MRP/OPT	JIT
C - Teile	FSZ MRP/OPT	Lagerabruf MRP/OPT	Lagerabruf

Durchlaufzeit: DLZ > 3 Wochen	Bedarfsvarianz		
	kontinuierlich	schwankend	sporadisch
A - Teile	KOM OPT	KOM OPT	OPT
B - Teile	MRP/OPT KOM FSZ	MRP/OPT KOM	OPT
C - Teile	MRP/OPT FSZ	MRP/OPT Lagerabruf	Lagerabruf

Abb. 8.8. Zuordnung der Dispositionsverfahren

Durch die KUBUS-Analyse werden Teile zu Teileklassen zusammengefaßt, die ein vergleichbares Verhalten hinsichtlich der drei wesentlichen Kenngrößen

– Bedarfswert,
– Bedarfsvarianz und
– Durchlaufzeit aufweisen.

Alle Artikel mit vergleichbarem logistischen Verhalten können dementsprechend auch mit vergleichbaren Dispositions- und Abrufverfahren behandelt werden. Aus Gründen der Transparenz werden die den drei Kenngrößen zugewiesenen Wertebereiche in jeweils drei Klassen eingeteilt. Daraus resultiert dann ein Würfel („KUBUS"), der aus 3 Ebenen mit jeweils 9 Teileklassen besteht, also aus 27 Teileklassen insgesamt (Abb. 8.8).

Durch Anwendung dieses Verfahren auf das Montagesegment sowie auch auf die Gesamtproduktion konnten Bestandseinsparungen von durchschnittlich 30 bis 40% und in Einzelfällen von bis zu 70% realisiert werden, ohne dabei die Teileverfügbarkeit negativ zu beinflussen. Der große Vorteil der KUBUS-Analyse liegt darin, daß sie sehr einfach darzustellen und somit leicht kommunizierbar ist. Mit diesem Verfahren findet die Wahl des Dispositionsverfahrens in einem transparenten Schema statt, welches die Auswahl im Sinne einer mathematischen Formel unterstützt. In Verbindung mit dem oben skizzierten dezentralen Feinplanungsansatz gewährleistet der differenzierte Einsatz der Dispositionsverfahren durch die KUBUS-Analyse eine flexible und dynamische Belieferung der Montage. Damit wird in diesem Bereich eine maximale Reaktionsfähigkeit auf sich wandelnde Anforderungen des Marktes (z.B. Änderung der Durchlaufzeit zur Anpassung der Lieferzeit) bei gleichzeitig hoher Wirtschaftlichkeit ermöglicht.

8.4
Auswahl eines neuen PPS-Systems

8.4.1
Ausgangssituation

Bereits während der Montageplanung erhebt sich die Frage, ob die in diesem Rahmen definierten Informationsflüsse und Entscheidungslogiken mit den im Unternehmen vorhandenen Softwaresystemen auch wirkungsvoll unterstützt werden können bzw. welcher Anpassungsaufwand sich daraus ergibt. Im vorliegenden wird davon ausgegangen, daß die vorhandene EDV nur ein ungenügendes Unterstützungspotential für die angestrebte dezentrale Produktionsstruktur sowie die damit verbundene Produktionsplanungs- und -steuerungsstrategie besitzt. Diese Annahme ist aus zwei Gründen realistisch: verfügt ein Unternehmen über eine gewachsene Individualprogrammierung, so paßt deren häufig traditionell zentralistische Grundstruktur in der Regel nicht mehr auf die neu gebildete Montagestruktur; eine Anpassung käme einer Neuprogrammierung gleich. Setzt ein Unternehmen andererseits ein vielleicht in die Jahre gekommenes Standard-PPS-System ein, so sind häufig die hier skizzierten Grundzüge einer leistungsfähigen Planungslogik noch nicht in dessen Entwicklung eingeflossen. Eine nachträgliche Anpassung würde einen nicht zu vertretenden Aufwand bedeuten oder ist so gut wie unmöglich. In jedem Fall wird also eine Systemablösung erforderlich. Aus diesem Grund wird im folgenden ein bewährtes Vorgehen vorgestellt, mit dem eine transparente und zielsichere Auswahl eines solchen Systems gewährleistet ist.

8.4.2
Vorgehen bei der PPS-Auswahl

Der methodische Grundgedanke der Systemauswahl besteht darin, in den einzelnen Phasen stets mit einem angemessenen Detaillierungsgrad zu arbeiten. Neben
dem Vorgehen „Vom Groben zum Detail" kommen Bewertungselemente zum
Einsatz, welche für ein sukzessives Ausscheiden von Systemalternativen sorgen
(so wird der Betrachtungsraum von z.B. 106 bekannten Systemen zunächst auf 8
und dann auf 3 näher zu untersuchende Systeme eingeengt, aus deren Kreis
schließlich ein Favorit ermittelt wird). Da nicht jedes Anforderungskriterium an
ein PPS-System direkt zähl- oder meßbar ist, ist es erforderlich, entsprechende
Bewertungsgrößen zu definieren und deren Werte zu ermitteln. Das gesamte Vorgehen bis hin zur Systemeinführung untergliedert sich in die in Abb. 8.9 dargestellten Phasen.

Zu Beginn steht die Ermittlung von Anforderungen an ein PPS-System, die in
einem Lastenheft zusammengetragen werden. In der anschließenden Grobauswahl
sind die am Markt angebotenen PPS-Systeme mit Schlüsselanforderungen aus
dem Lastenheft abzugleichen. Die Anzahl der in Frage kommenden Systeme kann
somit schon stark reduziert werden. Eine weitere Reduzierung erfolgt in der

Abb. 8.9. PPS-/ERP-Systemauswahl und -einführung

Feinauswahl. Hierzu werden die von den PPS-Anbietern ausgefüllten Lastenhefte ausgewertet. Die Phase der Entscheidungsfindung führt dann anschließend zur endgültigen Systemauswahl, die in die Implementierung mündet.

Ermittlung des Anforderungsprofils: In einem ersten Schritt gilt es, die Anforderungen des Unternehmens an das PPS-System sorgfältig zu ermitteln und in Form eines Lastenheftes zu dokumentieren. Es umfaßt sowohl funktionale und ablauftechnische Anforderungen als auch systemtechnische Kriterien, die zu einer klaren Differenzierung der am Markt angebotenen Systeme führen (Faisst 1994, Fandel/François/Gubitz 1997). Die im Lastenheft geforderten Funktionalitäten bilden später die Grundlage für die Erstellung des Pflichtenheftes, das Bestandteil des Vertrags zwischen Unternehmen und PPS-Anbieter ist. Nützlicher Nebeneffekt der Lastenhefterstellung ist, daß die Mitarbeiter sich bewußt werden, wie sie eigentlich in Zukunft mit der EDV arbeiten wollen. Es hat sich bewährt, in der ersten Phase auch eine grobe Quantifizierung der Nutzenpotentiale vorzunehmen, die mit der geplanten PPS-Neueinführung verbunden sind. Sobald erste Kosteninformationen vorliegen, läßt sich auf dieser Basis eine Amortisationsrechnung aufbauen sowie eine Sensitivitätsanalyse durchführen („Wie wettbewerbsfähig wäre das Unternehmen in x Jahren mit und ohne das neue System?").

Das *Lastenheft* ist in verschiedene Anforderungskategorien unterteilt, denen jeweils eine Reihe von Anforderungskriterien zugewiesen sind (Abb. 8.10). Als erstes ist im Lastenheft eine kurze *Beschreibung des Unternehmens und seiner Produkte* vorzunehmen. Eine besondere Bedeutung kommt dabei dem Mengengerüst zu, welches Auskunft über das vom PPS-System und der Datenbank zu bewältigende Datenvolumen gibt. Außerdem ist es sinnvoll, in der Einleitung die Hintergründe des angestoßenen Auswahlprozesses zu umreißen. Den Kern jedes Lastenheftes stellen die Anforderungen an die *Geschäftsprozeß- und Funktionsunterstützung* dar. Zu jedem Kapitel gehört dabei ein einleitender Absatz, der die Aufgabe des betroffenen Geschäftsprozesses sowie die zugrundeliegende Arbeitsweise und Methodik kurz erläutert. Eine mögliche Gliederung für diese Anforderungskategorie sei anhand eines Projektbeispiels dargestellt:

– Stammdatenverwaltung
– Angebotswesen (Angebotserstellung, -kalkulation, -verfolgung)
– Auftragserfassung, -klärung, -bestätigung
– Grobplanung, Lieferterminvergabe und -überwachung
– Lagerwesen, Bestandsführung, Bedarfsrechnung, Disposition, Beschaffung
– Arbeitsplanung, NC-Steuerung
– Feinsteuerung der Produktion, Fremdvergabe (verlängerte Werkbank)
– Produktionsüberwachung, BDE
– Zuliefererintegration
– Produktionsverbund
– Faktura
– Versandabwicklung
– Vor- und Nachkalkulation, Kostenrechnung, Schnittstelle zur FiBu
– Ersatzteilwesen
– Dokumentation

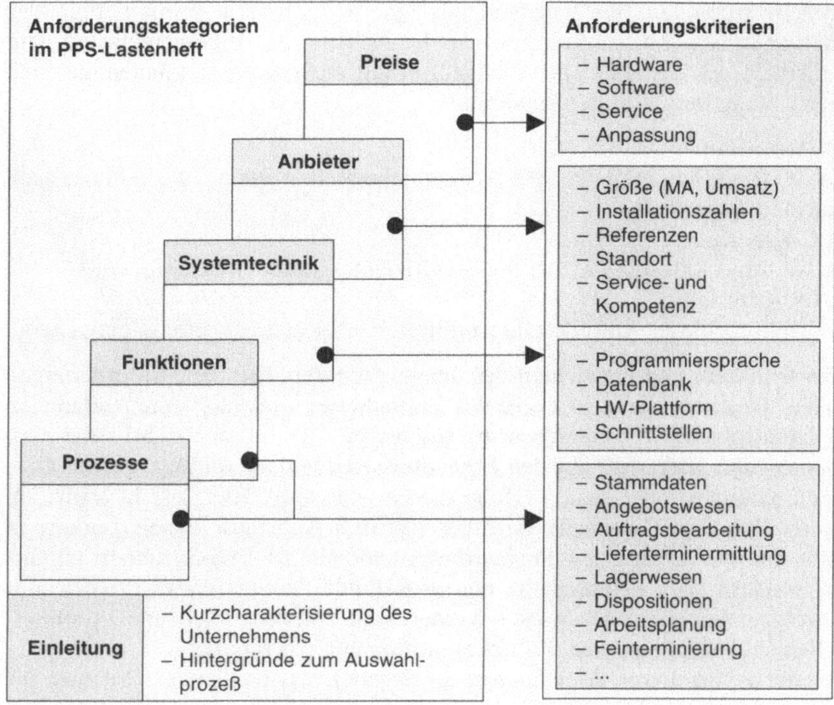

Abb. 8.10. Gliederung eines PPS-/ERP-Lastenhefts

Unter der Kategorie *Systemtechnik* werden dem PPS-Anbieter Angaben über vorhandene Hardware, Datenbank, Netzwerk und über das präferierte Betriebssystem gemacht. Im Gegenzug wird beim Anbieter abgefragt, unter welchen Konfigurationen sein System funktionsfähig ist und zu welchen Partnersystemen bereits erprobte Schnittstellen existieren. In der Kategorie *Anbieter* werden genaue Informationen über Anzahl und Entwicklungstrend der Installationen, über Referenzkunden und Erfahrungen mit dem Systemeinsatz unter Bedingungen, die mit denen des suchenden Unternehmens vergleichbar sind, eingeholt. Ein bedeutender Punkt für kleine und mittelständische Unternehmen ist außerdem die Verfügbarkeit eines räumlich nahe gelegenen, qualifizierten Supports. Der letzte Punkt der Anforderungskategorien sind die *Preisanforderungen*. Hier wird der Anbieter aufgefordert, eine erste Kostenabschätzung für die benötigte Soft- und Hardware vorzunehmen und dabei auch mögliche Anpassungen mit zu berücksichtigen. Da jedes Systemhaus seine eigenen Vorstellungen von der Preisgestaltung hat (Normal-User, Power-User, Preis pro Modul oder Gesamtlizenz, Supportkosten mit oder ohne Releasewechsel usw.), lohnt es sich, hier besonders genau nachzufragen.

Der Detaillierungsgrad der formulierten Anforderungen steht in einem sehr engen Verhältnis zu einer erfolgreichen PPS-Auswahl. Je genauer und filigraner das Lastenheft ausgearbeitet ist, desto schwieriger wird es, genau das entsprechende

PPS-System zu finden. Wird andererseits eine zu unpräzise Formulierung der Anforderungen gewählt, so ermutigt man die Anbieter zu Allgemeinplätzen. Um auch innerhalb der Kriterien eine Differenzierung vornehmen zu können, hat sich eine Gewichtung in drei Stufen bewährt:

- K.O.-Kriterium:
  Diese Anforderung muß das PPS-System unbedingt erfüllen – wenn nötig, auch durch eine Anpassung.
- SOLL-Kriterium:
  Eine wichtige Anforderung, die für ein effizientes Arbeiten benötigt wird.
- KANN-Kriterium:
  Die Erfüllung dieser Anforderung ist hilfreich, aber nicht unbedingt notwendig.

Mit dem Ermitteln und Gewichten der unternehmensspezifischen Anforderungen sowie dem Dokumentieren in Form des Lastenheftes sind alle Voraussetzungen für die darauffolgenden Auswahlschritte geschaffen.

Grobauswahl: Basierend auf den Erkenntnissen aus dem Anforderungsprofil – oder auch bereits parallel dazu – erfolgt die Grobauswahl. Hierzu steht bspw. am Fraunhofer-IPA eine Datenbank mit über 100 PPS-Anbietern zur Verfügung, in der nicht nur die wichtigsten Standardinformationen zu PPS-Systemen geführt werden, sondern auch Erfahrungen, die im Rahmen durchgeführter Projekte mit den einzelnen Anbietern gesammelt worden sind. Weitere relevante Informationsquellen sind Messebesuche, Fachzeitschriften und das Internet.

Ausgehend von dieser Grundmenge an angebotenen Systemen wird nun auf Basis elementarer K.O.-Kriterien (bspw. Branchenerfahrung, unterstützter Betriebstyp, Plattform, Anbieternähe, Internationalität) eine erste Auswahl vorgenommen. Durch das ergänzende Einholen fallspezifischer Detailinformationen bei den Anbietern (Telefon, Fax-Abfrage), gelangt man schließlich zu ungefähr zehn bis fünfzehn prinzipiell geeigneten PPS-Systemen.

Feinauswahl: Im dritten Schritt wird eine weitere Reduktion auf drei bis fünf Systeme angestrebt. Zu diesem Zweck erhalten die in der Grobauswahl ermittelten Anbieter das erarbeitete Lastenheft zugesandt. Die Anbieter beantworten damit in einer strukturierten Form, ob und wie sie mit ihrem System die angegebenen Anforderungen erfüllen können. Die vergleichende Auswertung dieser Detailinformationen und die Darstellung in einem Stärken-/Schwächen-Profil führt zu der gewünschten Reduktion der Kandidaten.

Entscheidungsfindung: Die vierte Phase beinhaltet den abschließenden Entscheidungsfindungsprozeß für ein favorisiertes System und endet mit dem Vertragsabschluß. Dieser letzte Abschnitt des Auswahlprozederes wird unterstützt durch moderierte Systempräsentationen seitens der Anbieter, durch Besuche bei Referenzkunden und Tests mit den im Unternehmen bestehenden Datensätzen. Die Einbeziehung von Schlüsselpersonen und ausgewählten Mitarbeitern des Unternehmens stellt darüber hinaus eine hohe Entscheidungsqualität bei gleichzeitig guter Systemakzeptanz für die spätere Einführung sicher (Finger 1996).

Das geschilderte Vorgehen bietet somit einen systematischen und in allen Phasen transparenten Weg zu einem neuen PPS-/ERP-System. Genausowenig aber, wie die Ermittlung der Anforderungskriterien ohne eine kritische Würdigung der

Geschäftsprozesse auskommt, darf man davon ausgehen, daß mit der Auswahl selbst das Projekt schon beendet wäre. Tatsächlich folgt jetzt die „harte" Phase der Implementierung mit all ihren EDV-technischen Tücken.

Implementierung: Die Implementierung reicht von der Schaffung hardware-technischer Rahmenbedingungen (Räumlichkeiten, Server, Netzwerk, Arbeits-platzrechner) über die vom Anbieter zugesicherten softwaretechnischen Anpas-sungen sowie die Programmierung von Schnittstellen, das Customizing bis hin zur Übernahme der Stammdaten und schließlich den ersten funktionalen Tests an ausgewählten Arbeitsplätzen. Bei all diesen technischen Überlegungen darf der Schulungsbedarf der Mitarbeiter jedoch nicht unterschätzt werden, da das beste PPS-System nur so gut und marktorientiert sein kann, wie es von den Mitarbeitern akzeptiert und im Arbeitsalltag auch tatsächlich genutzt wird (Finger 1996).

8.5
Zusammenfassung

Das vorliegende Kapitel hatte zum Ziel, ein Planungs- und Steuerungskonzept zur montagesynchronen Teileversorgung vorzustellen. Dabei mußten Randbedingun-gen wie ein starker Kundenauftragsbezug und eine hohe Varianten- und Mengen-flexibilität in einer dezentralisierten Produktionsstruktur berücksichtigt werden. Durch Einrichtung von Kunden-Lieferanten-Beziehungen zwischen Montage und den zuliefernden Segmenten wird eine Verringerung der Planungskomplexität erreicht und gleichzeitig die von Gruppenarbeitskonzepten geforderte Autonomie und Ganzheitlichkeit unterstützt. Das Planungskonzept selbst beruht auf einer wirkungsvollen Unterteilung in einen zentralen Grobplanungs- und einen dezen-tralen Feinplanungsbereich. Die Feinpläne werden dezentral nach dem PULL-Prinzip von den Segmenten selbst erstellt. Dabei werden jeweils segmentspezifi-sche Dispositionsspielräume ausgenutzt, die von einem gemeinsamen Zielsystem abgeleitet sind. Durch die flankierende Anwendung differenzierter Dispositions- und Abrufverfahren ist eine deutliche Senkung der Umlaufbestände möglich, was die Wirtschaftlichkeit der Montage auch bei einem hochvarianten Teilespektrum verbessert.

Ist das neue PPS-Konzept erst einmal hinreichend detailliert, dann stellt sich die Frage nach einer adäquaten Software-Unterstützung. Da vorhandene Individ-ualprogrammierungen hier häufig an ihre Grenzen stoßen und eine unterneh-mensspezifische Neuprogrammierung nur in Ausnahmefällen sinnvoll ist, wurde ein erprobtes Vorgehensmodell zur Auswahl und Einführung einer PPS-/ERP-Standardsoftware vorgestellt. Kern der Methodik ist das Erstellen eines Lasten-heftes, in dem das Unternehmen seine Anforderungen an das PPS-System in strukturierter Weise dokumentiert. Nach erfolgter Bearbeitung des Lastenheftes durch die in die engere Auswahl gekommenen Systemanbieter wird sukzessive ein Favorit ermittelt. Es folgt die Systemeinführung und -parametrierung in der Form, daß die zuvor aufgestellte Planungslogik bestmöglich unterstützt wird. Die we-sentlichen Erfolgsfaktoren des PPS-Konzepts sowie der PPS-Systemauwahl sind in Abb. 8.11 dargestellt.

Dezentrales PPS-Konzept	☑ Einrichten eines Auftragszentrums ☑ Grobplanung mit Rahmenvorgaben nach dem Ampelprinzip ☑ Wahrung einer hohen Autonomie auf Steuerungsebene ☑ Implementierung von horizontalen Regelkreisen in Form von Kunden-Lieferanten-Beziehungen ☑ Prozessorientierte Beauftragungslogik nach dem PULL-Prinzip ☑ Differenzierter Einsatz von Dispositionsverfahren ☑ Abbildung der Planungslogik in einem PPS-System
PPS-Auswahl und Einführung	☑ Chancenorientierte Grundmotivation ☑ Frühzeitiges Festlegen von Zielen durch das Management ☑ Geschäftsprozesse vom Markt her definieren und optimieren ☑ Systematische und transparente Vorgehensweise ☑ Genaues Ermitteln der Anforderungen (Lastenheft) ☑ Breite Mitarbeiterbeteiligung in allen Phasen ☑ Besuch bei Referenzkunden und Pilottests mit unternehmenseigenen Datensätzen ☑ Kurze Einführungszeit mit gezielter Mitarbeiterschulung

Abb. 8.11. Erfolgsfaktoren von PPS-Konzept und -Systemauswahl

Literatur

Aupperle, G.; Kristof, R.: Best-in-Class beginnt bei der Disposition. In: Beschaffung aktuell (1995) Nr.7, S.50-53.

Corsten, H.; Gössinger, R. (Hrsg.): Dezentrale Produktionsplanungs- und -steuerungs-Systeme : Eine Einführung in zehn Lektionen. Stuttgart Berlin Köln: Kohlhammer 1998.

Wiendahl, H.P.: Produktionsplanung und -steuerung. In: Eversheim, W.; Schuh, G. (Hrsg.): Produktion und Management, Bd. 4: Betrieb von Produktionssystemen. Berlin Heidelberg New York: Springer 1999.

Faisst, R.: Musterpflichtenheft PPS- und Logistiksysteme. Renningen-Malmsheim: expert-Verlag 1994.

Fandel, G.; François, P.; Gubitz, K.-M.: PPS- und integrierte betriebliche Softwaresysteme : Grundlagen - Methoden – Marktanalyse. 2. Aufl. Berlin Heidelberg New York: Springer 1997.

Finger, J.: Managementaufgabe PPS-Einführung. Düsseldorf: VDI 1996.

Sihn, W. (Hrsg.): Unternehmensmanagement im Wandel : Erfolg durch Kunden-, Mitarbeiter- und Prozeßorientierung. München Wien: Hanser 1995.

Warnecke (Hrsg.): Die Montage im flexiblen Produktionsbetrieb. Berlin Heidelberg: Springer 1996.

Westkämper, E.: Die Wandlungsfähigkeit von Unternehmen. In: wt Werkstattstechnik 89 (1999) 4, S. 131-140.

Westkämper, E.; Schraft, R.D. (Hrsg.): Kundenorientierte Planungung der Produktion – Methoden und Instrumente effektiver Grobplanung (Tagungsband 2. Stuttgarter PPS-Seminar, 18. Juni 1997). Stuttgart: 1997.

9 Effizientes Prozeßkostenmanagement in montageunterstützenden Bereichen – Konzept und Instrumente

TOBIAS SCHIMPF

9.1 Von der Montageplanung zum Prozeßmanagement

Veränderungen und Restrukturierungen im Unternehmen werden von der Absicht bzw. der Forderung nach Effektivitäts- und Effizienzsteigerungen im Rahmen der Leistungserbringung getrieben. Die Montageplanung mit den hier vorgestellten Methoden und Instrumenten dient keinem Selbstzweck sondern der Steigerung der Wirtschaftlichkeit im Unternehmen. Somit sind die Auswirkungen veränderter Montagestrukturen und -abläufe Bewertungskriterien zu unterziehen, um die Vorteilhaftigkeit des entwickelten Montagekonzepts nachzuweisen.

Restrukturierungen im Montagebereich müssen die Schnittstellen zu anderen Unternehmensbereichen berücksichtigen. Hierbei sind insbesondere die intensiven Leistungsverflechtungen zu den unterstützenden Bereichen von großer Bedeutung, wie z.B. der Montagesteuerung, dem Qualitätsmanagement, der Arbeitsvorbereitung oder der Auftragsabwicklung. Modifizierte Montageabläufe können z.B. die Steuerung der Montageabläufe beeinflussen oder Eingriffe in die Logistik/Materialbereitstellung erfordern. Im Zuge einer Reintegration von Arbeitsinhalten in der Montage kann es sogar zur Verlagerung gesamter Tätigkeitsblöcke in die Montage kommen (vgl. Kap. 6 u. 7). Die Verflechtungen können dazu führen, daß bei einer nur auf die Montage fokussierten Veränderung die dortige Effizienzsteigerung durch negative Effekte in den montageunterstützenden Bereichen überkompensiert werden und letztendlich eine Senkung der Unternehmenswirtschaftlichkeit bewirken.

Zur Entscheidungsunterstützung bei der Montageplanung bedarf es somit einer hohen Transparenz der montageunterstützenden Bereiche und deren Schnittstellen. Die Basis hierfür sind Kenntnisse über die in den einzelnen Bereichen ablaufenden Tätigkeiten und über Verflechtungen in Form bereichsübergreifender Prozesse. Doch an dieser Stelle mangelt es häufig in der Praxis an notwendigem Wissen und Verständnis. Die Intransparenz über Abläufe verhindert eine prozeßorientierte Sichtweise sowie eine systematische Bewertung der durch die Montageplanung bewirkten Effekte. Fehlentscheidungen können die Folge sein.

Die aus diesen Überlegungen einzuschlagende Prozeßperspektive ist in der wissenschaftlichen wie praktischen Diskussion keineswegs neu. Gerade die nicht „direkt am Produkt" erbrachten Tätigkeiten bzw. die den Fertigungs- und Montageprozeß unterstützenden Leistungen haben in der jüngsten Vergangenheit eine hohe Bedeutung erlangt.

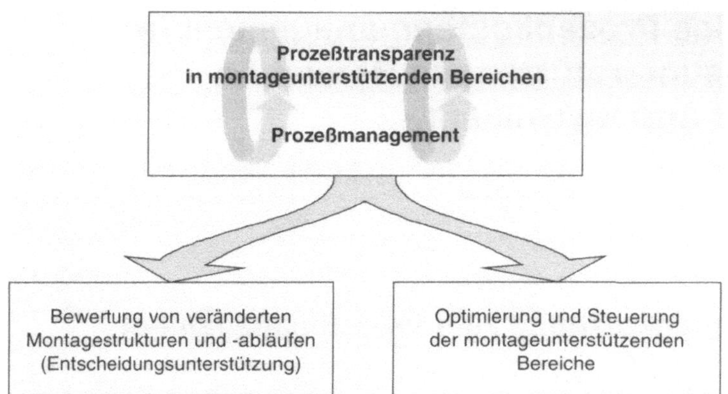

Abb. 9.1. Zielsetzungen eines Prozeßmanagements in montageunterstützenden Bereichen

Unter dem Stichwort „Gemeinkostenproblematik" wird der überproportional hohe Anstieg der Kosten in diesen produktionsunterstützenden Bereichen (oder auch: „indirekten Bereichen") kritisch betrachtet. Nicht selten resultiert dieser Effekt bei kleinen und mittelständischen Unternehmen aus einer verstärkten Produktdiversifikation und der Flucht in Nischenangebote aufgrund eines extremen Verdrängungswettbewerbs. Wie schon oben angeführt liegt auch hier das Kernproblem in der mangelnden Transparenz über die Effektivität und Effizienz der Abläufe in diesen Bereichen. Optimierungspotentiale können so nicht erkannt werden. Darüber hinaus ist eine sinnvolle Lenkung dieser Bereiche häufig unmöglich.

Durch eine prozeßorientierte Perspektive und Analyse der montageunterstützenden Bereiche lassen sich die skizzierten Problemfelder überwinden. Ein hohes Maß an Transparenz über Abläufe und Verflechtungen in und zwischen den Bereichen (Prozeßtransparenz) ermöglicht den Aufbau eines effektiven Prozeßmanagements. Dies wirkt in zwei Richtungen (Abb. 9.1): Einerseits können die Auswirkungen der Montageplanung auf die Prozesse bewertet werden, andererseits können Schwachstellen lokalisiert und ausgemerzt werden.

Eine primär kostenorientierte Betrachtung der Bereiche ergibt sich daraus, daß hier Effizienzsteigerung durch Ressourceneinsparungen bei gleicher Ausbringungsmenge oder durch eine Erhöhung des Output mit den vorhandenen Ressourcen erzielt werden und nicht durch eine Beeinflussung der Leistungsebene bzw. der Umsätze. Dementsprechend wird nach dem sich anschließenden Grundlagenteil zur Thematik des Prozeßmanagements von einem Prozeß*kosten*management gesprochen.

Das folgende Kapitel beschäftigt sich damit, wie ein wirkungsvolles Prozeßkostenmanagement erfolgreich in einem mittelständischen Unternehmen implementiert wird. Dabei wird ein dreistufiges Rahmenkonzept mit Projektcharakter zugrunde gelegt. Neben der Analyse und der Optimierung der in den montageunterstützenden Bereichen ablaufenden Prozessen im Hinblick auf die Montageplanung steht in der dritten Phase ein Prozeß-Controlling für die indirekten Bereiche im

Vordergrund. Hierdurch soll eine permanente Planung, Steuerung, Kontrolle und Verbesserung der Prozesse gewährleistet werden. Die projektorientierte Vorgehensweise sowie die eingesetzten Instrumente sind mit Beispielen aus der Unternehmenspraxis verdeutlicht.

9.2
Grundlagen des Prozeßkostenmanagements

Prozesse sind in einem logischen Zusammenhang stehende Aktivitätenketten zur Erbringung eines Leistungsoutputs (Erfüllung einer Aufgabe). In der Regel sind diese Aktivitäten abteilungs- bzw. bereichsübergreifend. Typische Beispiele für einen Prozeß sind die Abwicklung eines Kundenauftrags (Vertrieb, Auftragscenter, Fertigungssteuerung, Qualitätsmanagement, Versand) oder die Beschaffung von Material (Einkauf, Qualitätsmanagement, Materialwirtschaft). Die Prozeßorientierung resultiert aus der Erkenntnis, daß in funktional geprägten Unternehmen verstärkt Reibungsverluste und somit Leistungsbeeinträchtigungen an den Schnittstellen entstehen (nicht-wertschöpfende Prozesse), die ihre Ursachen in Bereichsegoismen, nicht abgestimmten Zielgrößen und ineffizienten Leistungsanreizen haben. Prozeßorientierung bedeutet immer funktionsbereichsübergreifendes Denken.

Als mögliche Problemlösungsansätze zur Erhöhung der Prozeßeffektivität und -effizienz in den indirekten Bereichen werden das Business Reengineering, die Gemeinkostenwertanalyse und das Prozeß(kosten)management propagiert (Gaitanides/Scholz/Vrohlings 1994). Die *Gemeinkostenwertanalyse* orientiert sich dabei an den einzelnen Funktionsbereichen und betrachtet die Produktivitätsziele isoliert. Funktionale Spitzenleistungen als Suboptima ignorieren jedoch die Leistungsverflechtungen zwischen den Bereichen und führen in den seltensten Fällen zu einem Gesamtoptimum. Insbesondere werden die Markterfordernisse bzw. die Kundenzufriedenheit nicht in die Verbesserungsüberlegungen mit einbezogen. Demgegenüber setzt das *Business Reengineering* an der Kundenzufriedenheit an und fokussiert auf die im Unternehmen ablaufenden Prozesse bzw. Prozeßketten (Hammer/Champy 1994). Die Zielsetzung liegt in einer ganzheitlichen, unternehmensweiten Erneuerung der Prozesse unter Berücksichtigung der aktuellen Marktanforderungen.

Sowohl die *Gemeinkostenwertanalyse* als auch das *Business Reengineering* vernachlässigen beide den Gedanken eines kontinuierlichen Verbesserungsprozesses (Continuous Improvement). Veränderte Umweltbedingungen – insbesondere in einem dynamischen Marktumfeld – lassen die durch den einmaligen Instrumenteeinsatz erzielten Wettbewerbsvorteile schnell schrumpfen und erzwingen so weitere Veränderungen in den Prozessen, um die Wettbewerbsfähigkeit zu sichern. Dieses zusätzliche, permanente Hinterfragen der Prozeßstrukturen und der Prozeßleistung im Hinblick auf den Kunden und den Markt ist der Kern des *Prozeßmanagements*. Es ist daher gegenüber den anderen beiden Ansätzen, die tendenziell auf schnelle Erfolgsergebnisse bei hohen Verbesserungspotentialen ausgerichtet sind, langfristiger angelegt.

Nach der Schaffung von Transparenz hinsichtlich der Prozeßstrukturen und -leistungen und der erfolgreichen Erneuerung der Prozeßketten unterstützt das *Prozeßmanagement* die permanenten Verbesserungsanstrengungen, indem es ein umfassendes Prozeßcontrolling im Unternehmen implementiert. *Prozeßmanagement* erstreckt sich somit auch auf die Steuerung des Unternehmens. Es stellt ein prozeßorientiertes Instrumentarium zur Verfügung, um planerische, organisatorische und kontrollierende Maßnahmen zur zielorientierten Steuerung der Wertschöpfungskette eines Unternehmens hinsichtlich Qualität, Zeit, Kosten und Kundenzufriedenheit zu initiieren. Ein Prozeß*kosten*management stellt bei dieser Optimierung und Steuerung der Prozesse die Kostendimension in den Vordergrund, da Veränderungen in den montageunterstützenden Bereichen primär Auswirkungen auf die Kosten haben.

Im Rahmen einer prozeßorientierten Unternehmenssteuerung steht die Messung der aktuellen Prozeßperformance (Prozeßleistungstransparenz) im Vordergrund. Voraussetzung für eine effiziente Steuerung der Prozesse sind geeignete Leistungsparameter, eine Bewertung dieser Parameter im Hinblick auf die relevanten Marktanforderungen und eine Integration der Parameter in das Planungs- und Kontrollsystem der Unternehmung. Durch eine hohe Prozeßtransparenz hinsichtlich der wesentlichen Leistungsdeterminanten soll die Kommunikationsintensität entlang der bereichsübergreifenden Prozeßketten gesteigert werden, um so Schnittstellenproblemen entgegenzuwirken und einen schnellen und flüssigen Gesamtprozeßablauf zu erzeugen. Eine marktorientierte Ausrichtung der Prozeßleistung basiert auf der Gestaltung der Kunden-/Lieferantenbeziehungen.

Bei der Einführung eines Prozeßkostenmanagements in einem mittelständischen Unternehmen steht jedoch neben den Schnittstellenproblematiken die instrumentelle Unterstützung der Verbesserungsanstrengungen zur Erhöhung von Prozeßeffektivität und -effizienz im Vordergrund. Ein wesentlicher Schwerpunkt dieses Kapitels liegt somit auf der Darstellung und Erläuterung der Instrumente und Methoden, die in den einzelnen Projektphasen eingesetzt werden.

9.3
Vorgehensweise zur Umsetzung eines Prozeßkostenmanagements

Die Integration eines Prozeßkostenmanagements im Unternehmen hat Projektcharakter und gliedert sich in drei Hauptphasen (Abb. 9.2). Hierbei besitzt die Analysephase einen besonders hohen Stellenwert. Sie legt mit dem Aufbau eines unternehmensspezifischen Prozeßmodells die Grundlage für den weiteren Erfolg der nächsten beiden Phasen. Nur ein Prozeßmodell mit vernünftigem Abstraktionsgrad aber hinreichendem Detaillierungsniveau kann zur Optimierung bzw. zur permanenten Prozeßsteuerung eingesetzt werden. Charakteristisch ist dabei, daß anfangs das gesamte Unternehmen auf einer hohen Aggregationsstufe betrachtet wird und dann sukzessive einzelne Teilbereiche detaillierter analysiert werden. Ein alleiniger Fokus auf die montageunterstützenden Bereiche würde möglicherweise die Sicht auf ablaufbedingte Probleme verhindern.

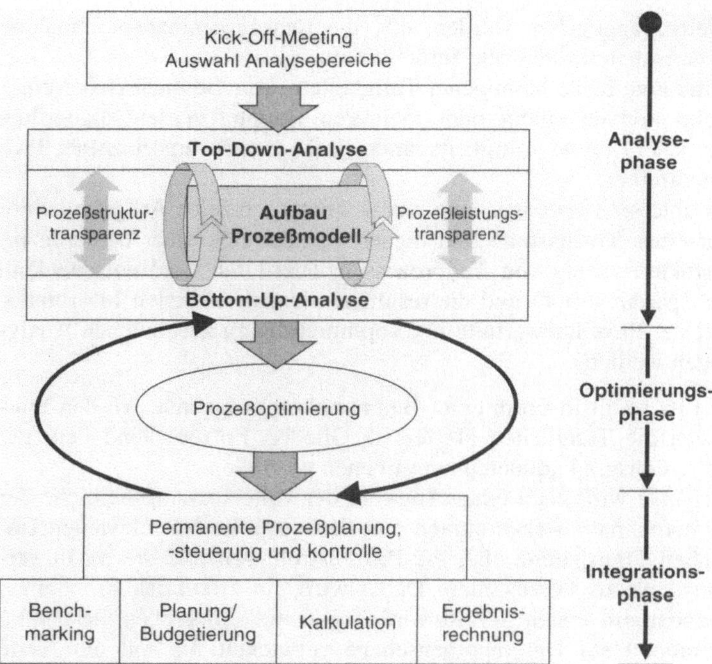

Abb. 9.2. Vorgehensweise zur Integration eines Prozeßkostenmanagements

Der weitere Aufbau des Kapitels orientiert sich an dieser Drei-Phasen-Struktur. Im folgenden werden die drei Phasen kurz umrissen und es wird die Grundidee der Prozeßmodellstruktur vorgestellt.

Ein *Prozeßmodell* soll die spezifischen Abläufe in einem Unternehmen möglichst realitätsnah und übersichtlich beschreiben sowie bewerten. Dabei müssen zum einen die Struktur der Prozesse dargestellt werden und andererseits für jeden Prozeß geeignete Bewertungsgrößen identifiziert werden. Darüber hinaus sind unter Umständen Verknüpfungen von Prozessen und funktionalen Bereichen wichtig (Prozeßzuständigkeit bzw. -verantwortung). Typische Größen sind bspw. Prozeßzeiten, Prozeßmengen oder Prozeßkosten. Um den Ausgleich zwischen Abbildungsgenauigkeit und Abstraktionsniveau zu erreichen, arbeiten wir mit unterschiedlichen Prozeßhierarchien. Grundsätzlich können beliebig viele Hierarchieebenen zur Anwendung kommen – in der praktischen Anwendung haben sich vier Ebenen als vorteilhaft erwiesen (Brokemper/Gleich 1999):

– *Geschäftsprozesse* beschreiben auf aggregierter Ebene die wesentlichen und grundlegenden Aufgabenfelder des Unternehmens. Beispielhaft seien hier die Geschäftsprozesse „Produkt entwickeln", „Teile beschaffen" oder „Aufträge abwickeln" erwähnt.

– Ein *Hauptprozeß* repräsentiert einen bereichsübergreifenden Prozeß als Kette homogener Teilprozesse mehrerer Bereiche. Für einen Hauptprozeß als ablauforientierte Folge von Teilprozeßbündeln kann ein einheitlicher Prozeß-

bzw. Kostentreiber angegeben werden, d.h. die Ressourceninanspruchnahme läßt sich auf eine Haupteinflußgröße zurückführen.

– *Teilprozesse* sind eine Kette homogener Tätigkeiten *eines* Bereiches oder *einer* Kostenstelle und können einem oder mehreren Hauptprozessen zugeordnet werden. Hinter jedem dieser Tätigkeitsbündel steht jeweils ein einzelner Prozeß- bzw. Kostentreiber.

– *Tätigkeiten* als unterste Leistungsebene repräsentieren einzelne Aufgaben eines Bereiches oder einer Kostenstelle und dienen vornehmlich einer besseren inhaltlichen Charakterisierung von Teilprozessen. Hierdurch wird entscheidend die Strukturtransparenz erhöht und die resultierenden, detaillierten Informationen können bei der Prozeßbewertung und -optimierung zu zusätzlichen Analysen herangezogen werden.

Das Prozeßmodell ist somit in Form einer Baumstruktur aufgebaut. An den Spitzen der Äste liegen die Tätigkeiten als feinste Glieder. Entsprechend dem gewünschten Detaillierungsgrad können untere Ebenen wegfallen.

In der *Analysephase* wird nach einer Auswahl der Untersuchungsbereiche der Ist-Zustand im Unternehmen aufgenommen, mit dem Ziel, in den relevanten Untersuchungsbereichen Transparenz über die Prozeßstrukturen und die damit verbundenen Leistungsniveaus herzustellen. Dabei wird ein zirkuläres Erhebungsverfahren angewendet. Im ersten Schritt wird *Top-Down* ein grobes Geschäfts- und Hauptprozeßmodell auf Unternehmensebene entwickelt. Es soll eine erste Einordnung der Prozesse in den Unternehmensablauf ermöglichen und Auskunft über organisatorische Zuständigkeiten geben, d.h. an welchen Stellen einzelne Funktionsbereiche in die Prozeßdurchführung involviert sind. Ferner können erste grobe Informationen über die Prozeßleistung abgeleitet werden und bereits Schwerpunkte für die nachfolgenden Detailanalysen lokalisiert werden. In der sich anschließenden *Bottom-Up*-Analyse werden auf unterer Ebene im Rahmen von kostenstellen- bzw. bereichsbezogenen Prozeßanalysen Tätigkeiten und Teilprozesse erhoben und mehrdimensional bewertet. Diese konkretisieren die bereichsübergreifenden Geschäfts- und Hauptprozesse. Die Integration von Top-Down und Bottom-Up ermittelten Leistungsstrukturen mündet in ein unternehmensspezifisches Prozeßgesamtmodell. Es ist zu hinterfragen, inwiefern die in der Bottom-Up-Analyse identifizierten Teilprozesse zu den in der Top-Down-Analyse entworfenen Hauptprozessen bereichsübergreifend verdichtet werden können. Eventuell sind hier weitere Modifikationen erforderlich.

Das so aufgebaute Prozeßmodell stellt auf allen Ebenen Transparenz bezüglich Prozeßstruktur und Prozeßleistung her und weist eine hohe Flexibilität für die weiteren Analysen im Hinblick auf die effektive und effiziente Prozeßleistungserbringung auf. In dieser Phase der *Prozeßoptimierung* wird die ermittelte Prozeß-Performance kritisch hinterfragt, inwiefern die aktuellen und zukünftigen Marktanforderungen erfüllt werden bzw. an welchen Stellen der Prozeßketten Optimierungspotentiale schlummern. Insbesondere die bei der Prozeßverdichtung offen gelegten Teilprozeßschnittstellen bergen vielfältige Verbesserungsmöglichkeiten, die zusätzlich durch systematische Analysen der Kunden-/Lieferanten Beziehungen eruiert werden können. Aufgedeckte Leistungsnachteile werden durch eine Umgestaltung der Prozesse systematisch beseitigt.

Auf der Basis der durch die konkreten Verbesserungsmaßnahmen veränderten Prozeßstrukturen und Prozeßparameter werden abschließend Methoden und Instrumente zur laufenden *Prozeßsteuerung* und *permanenten Prozeßverbesserung* eingeführt und im Unternehmen verankert. Dabei bildet das entwickelte Prozeßmodell den zentralen Baustein. Mit den daran anknüpfenden prozeßorientierten Instrumenten und der Verbindung zu den bisherigen Steuerungssystemen im Unternehmen, wie z.B. der Budgetierung oder der Kalkulation, wird ein Regelkreis etabliert im Sinne einer kontinuierlichen Prozeßsteuerung und -verbesserung. Hierbei spielt die fortlaufende Messung, Bewertung und Visualisierung der Prozeßeffektivität und -effizienz – prozeßorientiertes Performance Measurement – eine große Rolle (Gleich/Schimpf 1999). Nur dann, wenn die Prozeßperformance meßbar ist, sind Prozesse kontrollierbar, und nur was kontrollierbar ist, kann auch verbessert werden.

9.4
Die Analysephase: Mit hoher Prozeßleistungs- und -strukturtransparenz zu Optimierungspotentialen

9.4.1
Kick-Off-Meeting

Im Rahmen eines Kick-Off-Meetings werden die wesentlichen Projektrahmendaten mit allen Verantwortlichen und Projektbeteiligten abgeklärt. Wichtig ist hier die frühzeitige Einbindung aller betroffenen Mitarbeiter und eine umfassende Information über die Ziele und möglichen Auswirkungen des Projekts. Nur so kann die Akzeptanz und Motivation der Mitarbeiter gesichert werden. Mögliche Themenfelder können dabei sein:

– Warum ist das Projekt für das Unternehmen wichtig?
– Welche Intention verfolgt das Prozeßkostenmanagement?
– Welche Mitarbeiter/Bereiche sind betroffen?
– Was wird von den Mitarbeitern erwartet?
– Wie lange wird das Projekt dauern?
– Welche Veränderungen wird ein Prozeßkostenmanagement mit sich bringen?
– Welche Ergebnisse werden erwartet?

Des weiteren wird eine Vorauswahl der Analysebereiche getroffen, für die eine detaillierte Analyse und tiefere Gliederung im Rahmen des Prozeßmodells erfolgen soll. Neben der hier im Vordergrund stehenden Bewertung von Montagerestrukturierungsalternativen aus Sicht der montageunterstützenden Bereiche können folgenden Analysekriterien herangezogen werden:

– *Gesamtkosten* des Bereichs: Aus Wirtschaftlichkeitsgründen sollte der Bereich ein möglichst hohes Kostenvolumen ausmachen, z.B. Anteil an den Gemeinkosten.
– *Standardisierungsgrad* der in dem Bereich ablaufenden Tätigkeiten/Aufgaben: Um einen sinnvollen Ansatzpunkt für ein Prozeßkostenmanagement zu haben,

sollten die Tätigkeiten und Abläufe größtenteils standardisiert sein. Aufgabenbereiche wie z.B. die Forschung und Entwicklung eignen sich daher nur bedingt für die Umsetzung eines Prozeßmanagements.
– *Produktbezug*: Um im Rahmen späterer Analysen und Optimierungen produktorientierte Aussagen treffen zu können, z.B. die Auswirkungen von Montage-
restrukturierungen auf die Einzel- und Gemeinkosten, sollten die Tätigkeiten in
dem Bereich einen gewissen Produktbezug aufweisen.

Typische Bereiche oder Kostenstellen können bspw. sein: Fertigungssteuerung,
Auftragsabwicklung, Arbeitsvorbereitung, Logistik/Materialwirtschaft, Einkauf,
Konstruktion, Qualitätswesen oder Versand. Um eine zügige Projektdurchführung
mit frühzeitigen Ergebnissen zu erreichen, sollte anfangs eine Beschränkung auf
wenige Bereiche erfolgen.

9.4.2
Top-Down-Analyse

Ziel der Top-Down-Analyse ist die Erstellung eines ersten unternehmensindi-
viduellen Prozeßmodells sowie die Bewertung der Prozeßstrukturen. Wesentliches
Kennzeichen ist der höhere Abstraktionsgrad gegenüber der Bottom-Up-Analyse.
Die Prozesse werden nur auf Ebene der Geschäfts- und Hauptprozesse erhoben.
Als Ausgangspunkt können verschiedene Prozeß-Referenzmodelle aus der Litera-
tur zu der Thematik Prozeßmanagement und Business Process Reengineering entnommen werden (z.B. ein Branchenprozeßmodell aus der Maschinenbaubranche
in Brokemper/Gleich 1999). In einem Team aus Ingenieuren und Betriebswirten
(Bereichsverantwortliche, Geschäftsführung) wird die Prozeßstruktur erstellt. Die
Prozesse sind dabei bezüglich Ausprägungen und Inhalte so zu definieren, daß
eine eindeutige Abgrenzung erfolgen kann. Hierbei liegt der Schwerpunkt auf der
Erfassung der Prozeßreihenfolgen und der einzelnen Prozeßpositionen im Ge-
samtablauf sowie der organisatorischen Zuständigkeit, d.h. in welchen Abteilungen bzw. Bereichen laufen die Prozesse ab. Zur Unterstützung der Prozeß-
strukturierung werden insbesondere zwei Instrumente eingesetzt, Flußnetzpläne
sowie Organigramm-Prozeß-Diagramme.

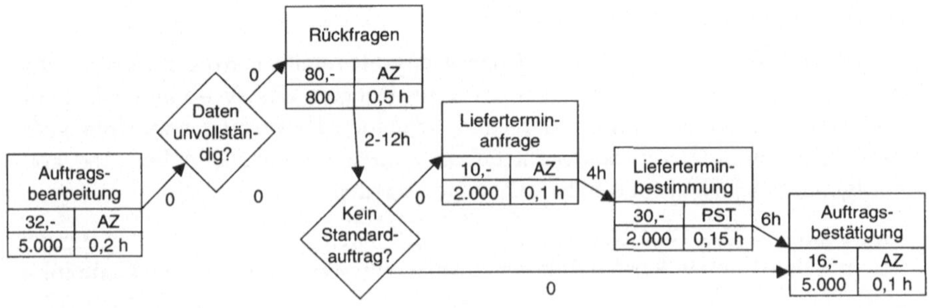

Abb. 9.3. Flußnetzplan

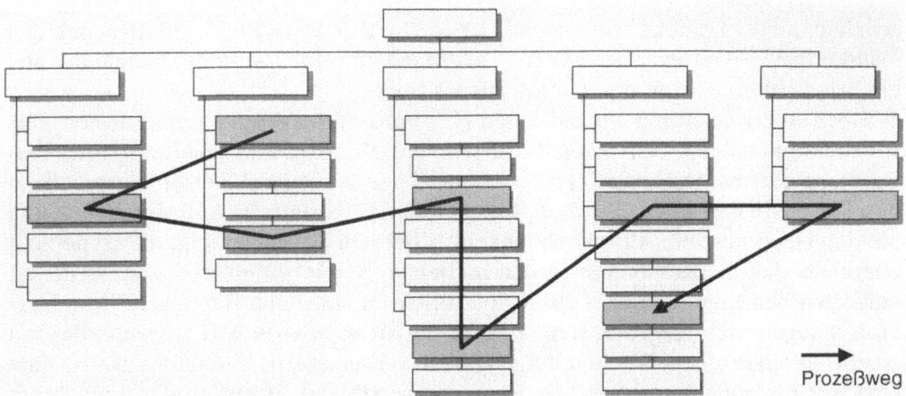

Abb. 9.4. Organigramm-Prozeß-Diagramm

Flußnetzpläne sind eine Mischung aus Netzplan und Flußdiagramm und zerlegen den Prozeß in einzelne Bestandteile (Abb. 9.3). Ein Flußnetzplan besteht aus 3 Elementen: Handlungen (Aktivitäten) werden durch Rechtecke symbolisiert, in denen als Parameter die Prozeßkosten, der/die ausführende Bereich/Abteilung, die Prozeßhäufigkeit pro Jahr und die Nettodurchlaufzeit angegeben werden. Rauten verkörpern Entscheidungssituationen im Prozeßablauf. Wird die angeführte Bedingung erfüllt, läuft der Prozeß in einem oberen Ast weiter, sonst in einem unteren. Pfeile verbinden einzelne Rechtecke und Rauten und geben die dazwischen liegenden Warte- oder Liegezeit an. Flußnetzpläne erhöhen das Verständnis für den Prozeßablauf und regen Diskussionen über alternative Prozeßstrukturen und -abläufe an.

Organigramm-Prozeß-Diagramme dienen als Darstellung des Prozeßablaufes in einer Organisationsstruktur (Abb. 9.4). Hierzu wird graphisch in einem betrieblichen Organigramm der Prozeßweg aufgezeigt. Es lassen sich hiermit erste Anhaltspunkte für Schnittstellenprobleme und unnötige Prozeßschleifen ableiten.

Im nächsten Schritt sind auf Basis der Prozeßstrukturen die Hauptprozesse mit Zeiten, Mengen und Kosten zu bewerten. Hierzu bietet sich der Einsatz einer *Prozeß-Funktions-Matrix* an, mit der eine Überführung der funktionalen in eine prozessuale Betrachtungsperspektive vorgenommen wird (Abb. 9.5). Die Matrix wird durch die einzelnen Bereiche in den Zeilen und die identifizierten Geschäfts- und Hauptprozesse in den Spalten aufgespannt. Für jeden Bereich werden die vorhandenen Ressourcen erfaßt (Personalkapazitäten gemessen in Mannjahren und Gesamtkosten): so entstehen bspw. in der Auftragsabwicklung jährlich Gesamtkosten von 1.621.800 DM, wobei insgesamt 17 Mannjahre auf diesem Bereich entfallen. Teilzeitbeschäftigungen sind entsprechend zu berücksichtigen.

Auf der Basis grober Schätzungen werden die Ressourcen jedes Bereiches entsprechend des vorher ermittelten organisatorischen Prozeßflusses auf die identifizierten Hauptprozesse verteilt. Es wird hinterfragt, welcher Anteil von den Mannjahren auf die von den Bereichen unterstützten Prozesse entfallen. Beispielsweise liegt der Schwerpunkt des Tätigkeitsgebietes der Auftragsabwicklung beim Geschäftsprozeß „Produkt realisieren". Ungefähr 2,5 Mannjahre entfallen auf den Hauptprozeß „Anfragen bearbeiten", 8,5 Mannjahre für „Auftrag abwickeln" und ein halbes Mannjahr für die Auftragsdisposition.

Über eine Bewertung der auf jeden Hauptprozeß insgesamt zugeordneten Personalressourcen mit den bereichsspezifischen Kostensätzen resultieren die Prozeßgesamtkosten. D.h. es erfolgt eine Verteilung der Bereichskosten entsprechend den Personalkapazitäten (bspw. entfallen 50% der Kosten der Auftragsabwicklung auf den Hauptprozeß „Auftrag abwickeln"). Diesem Vorgehen liegt die Hypothese zugrunde, daß die Ressourcen in den indirekten Bereichen größtenteils aus Personalkosten bestehen (Anteil > 80-90%). Sollten in einzelnen Bereichen diese Voraussetzungen nicht gegeben sein (z.B. in der Materialwirtschaft aufgrund der mit einem automatischen Bereitstellungssystem verbundenen Abschreibungen), muß eine differenzierte Verteilung der Ressourcen erfolgen (Batz/Schimpf/Eigenbrodt 1998).

Zusätzlich wird für jeden Hauptprozeß ein Kostentreiber erhoben und quantifiziert – also die primäre Einflußgröße, auf die der Ressourcenverzehr für den Prozeß zurückzuführen ist (z.B. die Anzahl der abgewickelten Kundenaufträge [6.300] bei dem Hauptprozeß „Auftragsabwicklung"). Diese Maßgröße gibt näherungsweise die Prozeßhäufigkeit bzw. -menge an, so daß sich aus Hauptprozeßgesamtkosten [1.375.810] und Prozeßmenge ein grober Hauptprozeßkostensatz [218] errechnet. Aus Prozeßmenge und Personalressourcen könnten zusätzlich die Nettodurchlaufzeiten ermittelt werden (z.B. 14,2 Mannjahre des Hauptprozesses „Auftrag abwickeln" entsprechen bei ca. 220 Arbeitstagen à 8 Stunden insgesamt 24.992 Stunden; es resultiert eine durchschnittliche Bearbeitungszeit pro Auftrag von knapp 4 Stunden).

Die Prozeß-Funktions-Matrix gibt einen Überblick über die Prozeßstrukturen und Prozeßinhalte im Gesamtunternehmen, doch daneben müssen die zeitlichen und sachlogischen Prozeßzusammenhänge betrachtet werden. Eine naheliegende Vermutung wäre, daß die Prozesse sukzessive hintereinander ablaufen. Nach der Produktentwicklung („Produkt generieren") wird ein Produkt am Markt angeboten und eingehende Aufträge werden bearbeitet („Produkt realisieren"). Anschließend werden weitere Serviceleistungen erbracht („Produkt pflegen"). Der Prozeßablauf wird jedoch maßgeblich durch den Produkttyp bzw. die Auftragsart bestimmt. Standardproduktaufträge bedürfen keiner Unterstützung durch den Geschäftsprozeß „Produkt generieren". Demgegenüber nehmen Varianten- bzw. Sonderprodukte diesen Geschäftsprozeß in Anspruch. In Abb. 9.6 sind exemplarisch unterschiedliche Prozeßdurchläufe aufgezeigt. Diese Prozeßabläufe können später genutzt werden, um über die spezifischen Prozeßkosten eine Produktkalkulation aufzubauen. Es ist an dieser Stelle ersichtlich, daß die grobe Top-Down-Analyse primär ein erster Ansatz zum Aufbau von Prozeßstrukturen ist und sich weniger für konkrete Bewertungen der Prozesse eignet, da z.B. die Auftragsabwicklung bei einem Standardauftrag weniger Zeit und damit Kosten beansprucht als bei einen Variantenauftrag. Der berechnete Prozeßkostensatz von 218 DM kann daher nur als ein sehr grober Durchschnittswert interpretiert werden. Erforderlich sind somit weitere Detailanalysen, die die identifizierten Hauptprozesse weiter konkretisieren und einer sinnvolle Bewertung zugänglich machen.

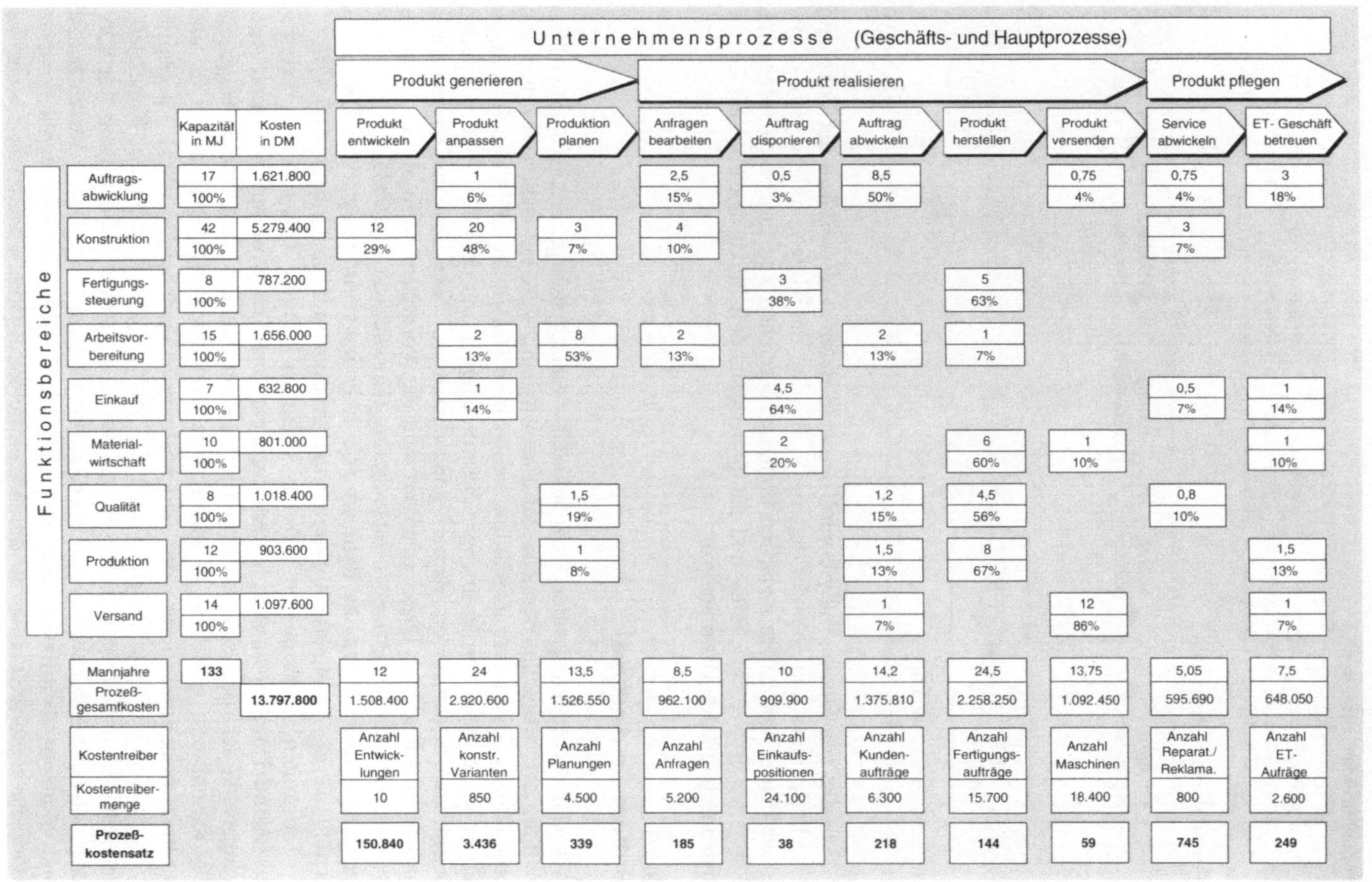

Unternehmensprozesse (Geschäfts- und Hauptprozesse)

Funktionsbereiche	Kapazität in MJ	Kosten in DM	Produkt entwickeln	Produkt anpassen	Produktion planen	Anfragen bearbeiten	Auftrag disponieren	Auftrag abwickeln	Produkt herstellen	Produkt versenden	Service abwickeln	ET- Geschäft betreuen
			Produkt generieren			Produkt realisieren					Produkt pflegen	
Auftrags-abwicklung	17 / 100%	1.621.800		1 / 6%		2,5 / 15%	0,5 / 3%	8,5 / 50%		0,75 / 4%	0,75 / 4%	3 / 18%
Konstruktion	42 / 100%	5.279.400	12 / 29%	20 / 48%	3 / 7%	4 / 10%					3 / 7%	
Fertigungs-steuerung	8 / 100%	787.200					3 / 38%		5 / 63%			
Arbeitsvor-bereitung	15 / 100%	1.656.000		2 / 13%	8 / 53%	2 / 13%		2 / 13%	1 / 7%			
Einkauf	7 / 100%	632.800		1 / 14%			4,5 / 64%				0,5 / 7%	1 / 14%
Material-wirtschaft	10 / 100%	801.000					2 / 20%		6 / 60%	1 / 10%		1 / 10%
Qualität	8 / 100%	1.018.400			1,5 / 19%			1,2 / 15%	4,5 / 56%		0,8 / 10%	
Produktion	12 / 100%	903.600			1 / 8%			1,5 / 13%	8 / 67%			1,5 / 13%
Versand	14 / 100%	1.097.600						1 / 7%		12 / 86%		1 / 7%
Mannjahre	133		12	24	13,5	8,5	10	14,2	24,5	13,75	5,05	7,5
Prozeß-gesamtkosten		13.797.800	1.508.400	2.920.600	1.526.550	962.100	909.900	1.375.810	2.258.250	1.092.450	595.690	648.050
Kostentreiber			Anzahl Entwick-lungen	Anzahl konstr. Varianten	Anzahl Planungen	Anzahl Anfragen	Anzahl Einkaufs-positionen	Anzahl Kunden-aufträge	Anzahl Fertigungs-aufträge	Anzahl Maschinen	Anzahl Reparat./ Reklama.	Anzahl ET- Aufräge
Kostentreiber-menge			10	850	4.500	5.200	24.100	6.300	15.700	18.400	800	2.600
Prozeß-kostensatz			150.840	3.436	339	185	38	218	144	59	745	249

Abb.9.5. Beispiel für eine Prozeß-Funktions-Matrix

Prozeßstruktur „Standard"

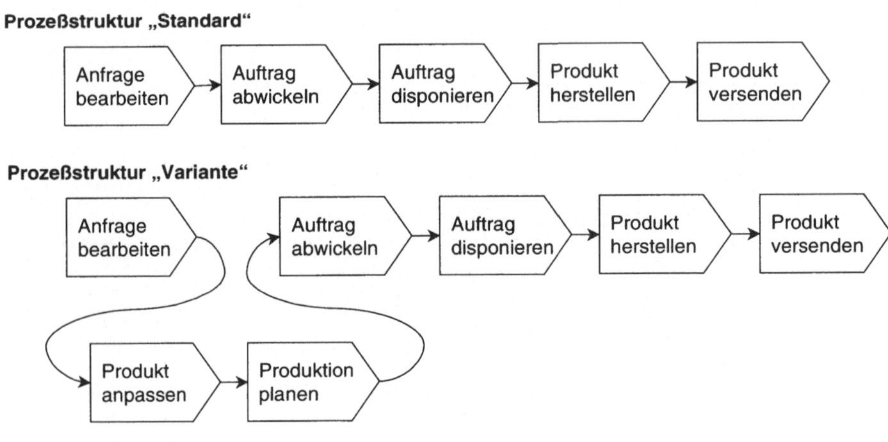

Prozeßstruktur „Variante"

Abb. 9.6. Prozeßabläufe

Mit der Top-Down-Analyse wird in einem ersten Analyseschritt der Fokus auf eine horizontale und ablauforientierte Sichtweise des Unternehmens gelenkt und es werden Schnittstellen zwischen Funktionsbereichen und Prozessen aufgezeigt. Ein erstes grobes Geschäfts- und Hauptprozeßmodell bildet den Rahmen für die sich anschließende Detailanalyse.

9.4.3
Bottom-Up-Analyse

Ausgehend von dem groben Prozeßmodell – einer ersten prozeßorientierten Darstellung der indirekten Bereiche auf einem hohen Aggregationsniveau – und den produktorientierten Prozeßabläufen erfolgt eine Detailanalyse in den jeweiligen Bereichen. Hierzu werden in enger Zusammenarbeit mit dem Controlling und den betroffenen Kostenstellen-/Bereichsleitern intensive Tätigkeits- und Teilprozeßanalysen durchgeführt. Dabei orientiert sich die Vorgehensweise an der Prozeßanalyse innerhalb der Prozeßkostenrechnung (Horváth/Mayer 1993). Für jede Kostenstelle/Bereich wird im Rahmen von Interviews ein integriertes Datenblatt erstellt, das die Ergebnisse strukturiert und transparent dokumentiert (Abb. 9.7).

Tätigkeiten repräsentieren einzelne Aufgaben in einer Kostenstelle – Teilprozesse sind Tätigkeitsbündel, hinter denen ein einzelner Kostentreiber steht. Ausgangspunkt der Analyse sind die gesamten Kostenstellenkosten und die Kapazität der Kostenstelle gemessen in Mannjahren. Bei der *Tätigkeitsdefinition* ① sind leistungsmengeninduzierte (lmi) und leistungsmengenneutrale (lmn) Tätigkeiten zu unterscheiden. Eine Tätigkeit wird als „lmi" eingestuft, wenn der Kapazitätsaufwand durch einen geeigneten Kostentreiber abgebildet werden kann. Im Rahmen der *Tätigkeitsbewertung* ② werden für die „lmi"-Tätigkeiten Kostentreiber und Mengen identifiziert und anschließend die Ressourcenbeanspruchung in Mannjahren ermittelt. Über die durchschnittlichen Kosten je Mannjahr können die Kostensätze für die Tätigkeiten berechnet werden.

Kostenstelle: Auftragsabwicklung Unternehmen Muster GmbH Herr Maier
Kapazität in Mannjahren: 17 Zeitraum Ist GJ 1998/1999
Kostenstellenkosten: 1.621.800
95.400 pro Kopf

Teilprozesse

| | | | | | | TP 1 | TP 2 | TP 3 | TP 4 | TP 5 | TP 6 | TP 7 | TP 8 | TP 9 |
| | | | | | | Auftragsbearbeitung Produkt A Standard | Auftragsbearbeitung Produkt A Variante | Auftragsbearbeitung Produkt B Standard | Auftragsbearbeitung Produkt B Variante | Auftragsbearbeitung Sonstiges | Auftragsbearbeitung Ersatzteile | Auftragsbestätigung und Versand Inland | Auftragsbestätigung und Versand EG | Auftragsbestätigung und Versand Drittland |
	Tätigkeiten	Wieviel Mannjahre nimmt die Tätigkeit pro Jahr in Anspruch?	Gesamtkosten, die auf die Tätigkeit entfallen	Kostentreiber	Wie häufig wird die Tätigkeit pro Jahr durchgeführt?	Kosten zur einmaligen Tätigkeitsdurchführung	Anzahl Aufträge Prod.A Standard	Anzahl Aufträge Prod.A Variante	Anzahl Aufträge Prod.B Standard	Anzahl Aufträge Prod.B Variante	Anzahl Aufträge Sonst.	Anzahl ET-Aufträge	Anzahl Aufträge Inland	Anzahl Aufträge EG	Anzahl Aufträge Drittland
A 1	Auftragsbearbeitung	3,50	333.900	Anzahl Aufträge	9.494	35,17	0,82	0,36	0,96	0,67	0,38	0,31			
A 2	Rückfragen bearbeiten	2,57	245.178	Anzahl Rückfragen	11.200	21,89	0,51	0,27	0,43	0,48	0,36	0,52			
A 3	Liefertermin abklären	0,85	81.090	Anzahl Aufträge	9.494	8,54	0,19	0,09	0,24	0,12	0,11	0,13			
A 4	Änderungen bearbeiten	1,82	173.628	Anzahl Aufträge Änderungen	6.480	31,68	0,33	0,23	0,29	0,31	0,25	0,41			
A 5	Reklamationsbearbeitung	1,78	169.812	Anzahl Reklamationen	750	226,42	0,37	0,21	0,23	0,35	0,25	0,37			
A 6	Auftragsbestätigung	1,28	122.112	Anzahl Aufträge	9.494	12,86							0,49	0,33	0,46
A 7	Versandpapiere erstellen	2,60	248.040	Anzahl Aufträge	9.494	26,13							0,78	0,71	1,11
A 8	Ausfuhrpapiere erstellen	2,00	190.800	Anzahl Auslandsaufträge	3.137	60,82								0,8	1,2
	Summe Prozeßaktivitäten Imi	16,40	1.564.560	Teilprozeßkapazität in MJ	16,40		2,22	1,16	2,12	1,93	1,35	1,74	1,27	1,84	2,77
				Teilprozeßkosten in DM	1.564.560		211.788	110.664	202.248	184.122	128.790	165.996	121.158	175.536	264.258
				Prozeßmengen			1.968	662	2.874	1.209	1.234	1.547	3.768	2.589	3.137
				Bearbeitungszeit in h (bei 1MJ = 1600h)			1,80	2,80	1,18	2,55	1,75	1,80	0,54	1,14	1,41
				Teilprozeßkostensatz			107,62	167,17	70,37	152,29	104,37	107,30	32,15	67,80	84,24
	Abteilung leiten	0,60	57.240												
	Summe sonst. Aktivi. Imn	0,60	57.240	Umlage Imn	57.240		7.484	4.049	7.399	6.736	4.712	6.073	4.433	6.422	9.668
	Total Imi + Imn	17,00	1.621.800	**Gesamtprozeßkostensatz**			111,55	173,28	72,95	157,86	108,19	111,23	33,33	70,28	87,32

Abb. 9.7. Beispiel für eine Prozeßkostenstellenrechnung

Nach der *Teilprozeßdefinition* ③ erfolgt eine *Zuordnung von Tätigkeiten zu Teilprozessen* ④, wobei Tätigkeiten, die sich auf einen Kostentreiber zurückführen lassen, zusammengefaßt werden. Die konkrete Teilprozeßdefinition orientiert sich zusätzlich an produktspezifischen Eigenschaften (Produkt- und Auftragstypen), da z.B. die Abwicklung eines Standardauftrages weit weniger Ressourcen und damit Kosten bindet als ein Sonderauftrag. Während hierdurch eine einfache Anbindung einer prozeßorientierten Kalkulation an die Prozeßanalyseergebnisse ermöglicht wird, entsteht durch die verstärkte Teilprozeßdifferenzierung ein höherer Aufwand bei der Zuordnung der Tätigkeitskapazitäten auf die Teilprozesse, der sich jedoch z.B. durch den Einsatz einer Komplexitätsindexanalyse (Kaufmann 1996) in vertretbaren Grenzen halten läßt.

Abschließend werden die Teilprozesse mit Kosten, Prozeßmengen, Prozeßzeiten und Prozeßkostensätzen bewertet ⑤. Die „lmn"-Tätigkeiten werden per Zuschlagssatz auf die Teilprozesse zugerechnet. Diese Vorgehensweise der Prozeßkostenrechnung, nach der *alle* Kostenstellenkosten entsprechend den Personalkapazitäten auf die Prozesse zugeordnet werden, ist nur bei einem hohem Anteil der Personalkosten sinnvoll. Steigt der Sachkostenanteil auf über 15-20%, muß hinterfragt werden, ob diese „Schlüsselung" der Sachkosten der Realität entspricht. Eine alternative Vorgehensweise würde dann darin bestehen, die Sachkosten mit Bezugsgrößen isoliert auf die Teilprozesse zuzuordnen (Batz/Schimpf/Eigenbrodt 1998).

Die konkrete Erstellung des Datenblattes erfordert gewöhnlich mehrere Interviewrunden, da teilweise noch Daten zu beschaffen sind oder das vorhandene Datenmaterial durch Rückfragen bei einzelnen Mitarbeitern, welche die jeweiligen Tätigkeiten durchführen, abzusichern ist. Bei der Erhebung muß das Spannungsverhältnis zwischen Abbildungsgenauigkeit und Datenverfügbarkeit ausgeglichen werden. Einerseits ist eine differenzierte Teilprozeßbetrachtung anzustreben, damit die gebildeten Prozeßkostensätze als Durchschnittswert aller Prozeßdurchführungen nicht aufgrund einer zu hohen Streuung an Aussagekraft verlieren. Andererseits werden bei einer zu starken Differenzierung Datenbeschaffungsprobleme entstehen – insbesondere sollten die Prozeßmengen verläßlich aus dem internen EDV-System abgegriffen werden können.

9.4.4
Die Integration von Top-Down- und Bottom-Up-Analyse zu einem Prozeßmodell

Nach Abschluß der Detailanalysen sind die Ergebnisse mit der Hauptprozeßvorstrukturierung abzustimmen. Hierzu werden die erfaßten Teilprozesse zu kostenstellen- und bereichsübergreifenden Hauptprozessen zusammen geführt. Diese weitgehende Verdichtung unterstellt jedoch einen stabilen Wirkungszusammenhang zwischen Tätigkeiten, Teilprozessen, Hauptprozessen und Kostentreibern. In der praktischen Umsetzung ist diese Vorgehensweise jedoch nicht sinnvoll, da das sich so ergebende Prozeßmodell zu statisch und ungenau ist. Folgt man der Forderung von Horváth/Mayer 1993, so sind nur homogene Teilprozesse zusammenzufassen. Homogenität ist dann gegeben, wenn sich die Prozesse im Hinblick auf Struktur, Ablauf und Arbeitsaufwand nicht grundsätzlich unterscheiden.

Die über Komplexitätsfaktoren vorgenommene horizontale Teilprozeßdifferenzierung (Auftragsbearbeitung für „Produkt A Standard", „Produkt A Variante", „Produkt B Standard", ...) führt zu einer im Vergleich zur Hauptprozeßvorstrukturierung viel feineren und umfangreicheren Prozeßgliederung und verhindert in Verbindung mit der Homogenitätsanforderung eine weitgehende Aggregation der Teilprozesse. Bei der Erstellung eines Prozeßmodells werden daher die anfangs ermittelten Hauptprozesse als „Hauptprozeßstämme" übernommen, während die in der Bottom-Up-Analyse generierten und verdichteten Teilprozesse als Hauptprozeß den Hauptprozeßstämmen zugeordnet werden. Es resultiert zwar eine größere Prozeßvielfalt, doch sind die erzeugten Leistungskenngrößen wesentlich genauer und differenzierter, wodurch das Prozeßmodell bessere Analysemöglichkeiten eröffnet. Abbildung 9.8 stellt einen beispielhaften Ausschnitt aus einem Prozeßmodell dar.

HP.-Stamm	Hauptprozeß	Kostentreiber	Kosten-treiber-menge	Prozeß-kapazität in MJ	Prozeß-gesamt-kosten	Prozeßbear-beitungszeit (Netto in h)	Prozeß-kosten-satz
...	...	...	...	...	...		...
Produkt anpassen	Variante Produkt A einfach	Anzahl einfache Varianten-konstruktionen Produkt A	256	2,26	273.177	14,13	1.067
	Variante Produkt A komplex	Anzahl komplexe Varianten-konstruktionen Produkt A	150	5,4	641.225	57,60	4.275
	Variante Produkt B einfach	Anzahl einfache Varianten-konstruktionen Produkt B	1023	5,84	726.838	9,13	710
	Variante Produkt B komplex	Anzahl komplexe Varianten-konstruktionen Produkt B	186	4,87	583.647	41,89	3.138
Produktion planen	Arbeitsplan neu	Anzahl Arbeitspläne neu	5350	2,31	267.679	0,69	50
	Arbeitsplan Modifikation	Anzahl Arbeitspläne Modifikation	9430	2,4	264.960	0,41	28
	NC-Programmierung standard	Anzahl NC-Programme einfach	790	3,2	353.280	6,48	447
	NC-Programmierung komplex	Anzahl NC-Programme komplex	230	1,56	177.021	10,85	770
	Betriebsmittelplanung	Anzahl neue Betriebsmittel	350	1,35	149.040	6,17	426
	Neuteileeinführung	Anzahl Neuteile	120	2,2	271.672	29,33	2.264
Anfragen bearbeiten	Anfrage Produkt A einfach	Anzahl einfache Anfragen Produkt A	1456	1,3	156.520	1,43	108
	Anfrage Produkt A komplex	Anzahl komplexe Anfragen Produkt A	1146	2,1	252.840	2,93	221
	Anfrage Produkt B einfach	Anzahl einfache Anfragen Produkt B	1578	0,8	96.320	0,81	61
	Anfrage Produkt B komplex	Anzahl komplexe Anfragen Produkt B	984	1,3	156.520	2,11	159
	Anfrage Ersatzteile	Anzahl Anfragen Ersatzteile	1457	1,2	144.480	1,32	99
	Standardpreise ermitteln	Anzahl Standardprodukte	320	1,1	132.440	5,50	414
...	...	...	...	...	...		...

Abb. 9.8. Ausschnitt aus einem Prozeßmodell

Das erarbeitete Prozeßmodell eröffnet eine hohe Prozeßtransparenz hinsichtlich Strukturen, Kosten und Leistungen der indirekten Bereiche. Es zeigt die Zusammenhänge zwischen dem Ressourceneinsatz und den Prozessen auf. Als Leistungskenngröße wird die Prozeßmenge als Output herangezogen. Kenngrößen für den Ressourceneinsatz sind die Prozeßkapazitäten in Mannjahren, sowie die Prozeßgesamtkosten. Als Effizienzmaß werden die Prozeßdurchführungszeit sowie die Kosten je Prozeßdurchführung (Prozeßkostensatz) ausgewiesen.

In dem Beispiel ist zu erkennen, daß die komplexeren Prozesse einen wesentlich höheren Prozeßkostensatz aufweisen. Hier ist zu hinterfragen, inwiefern diese Unterschiede gerechtfertigt sind und gegebenenfalls sind weitere Detailanalysen anzustoßen. Ebenso könnten die Differenzen zwischen Produkt A und B bei der Produktanpassung auf ineffizientere Prozesse bei B zurückzuführen sein.

Ausgehend von dem Prozeßmodell eröffnen sich somit weitere Analysemöglichkeiten. Im folgenden soll daher kurz auf eine Kostentreiberanalyse eingegangen und eine Produktkostenstrukturanalyse dargestellt werden.

9.4.5
Kostentreiber- und Produktkostenstrukturanalyse

Mit einer Kostentreiberanalyse sollen die zentralen Kosteneinflußfaktoren in den indirekten Bereichen identifiziert und Rückschlüsse für Verbesserungsansätze sowie für die strategische Unternehmensausrichtung gezogen werden. Die im Prozeßmodell erfaßten Prozesse werden im Sinne einer ABC-Analyse – unabhängig von den Komplexitätsfaktoren – auf die wichtigsten Kostentreiber untersucht. Aus dem Anteil des zu beeinflussenden Kostenvolumens und die auf den Kostentreiber zurückgehenden Kostenstellgrößen lassen sich wesentliche Schlußfolgerungen ziehen. In Abb. 9.9 sind exemplarisch sieben Kostentreiber sowie die entsprechenden Kostenstellgrößen dargestellt.

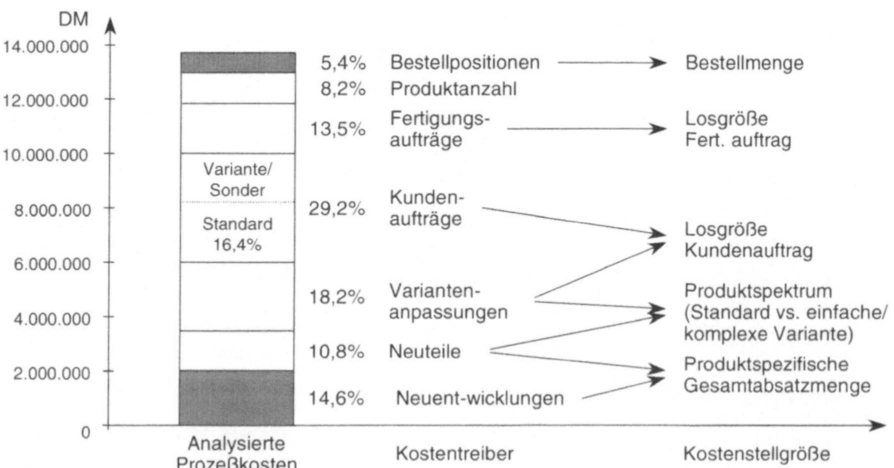

Abb. 9.9. Kostentreiberanalyse

Tendenziell geht ein Großteil der Prozeßkosten auf den Kostentreiber „Kundenaufträge" zurück. Im Beispiel sind fast ein Drittel der gesamten Kosten der analysierten indirekten Bereiche kundenauftragsinduziert. Die durch die Variantenanpassungen entstehenden Kosten hängen natürlich auch von der Anzahl der Kundenaufträge ab, da erst durch den konkreten Kundenwunsch abseits des Standardsortiments der Zusatzaufwand verursacht wird. Von dem resultierenden Gesamtkostenblock von 47,4% sind somit 31% auf Variantenkunden- und 16,4% auf Standardkundenaufträge zurückzuführen. Da ein Großteil der mit der Neuteileeinführung verbundenen Prozeßkosten ebenfalls auf die Variantenanpassungen zurückgehen, entfallen fast 60% der auftragsinduzierten Prozeßkosten auf Variantenkundenaufträge. Unterstellt man einen Mengenanteil von 80% der Standardkundenaufträge, so bindet die Kundenauftragsabwicklung je Variantenauftrag im Durchschnitt 6-mal mehr Ressourcen als ein Standardauftrag. Diese Relation kann in der Praxis noch weitaus größere Dimensionen annehmen. Entscheidend ist der Hebel der Sortimentsgestaltung, mit dem durch eine Verschiebung des Produktmixes auf die Auftragsabwicklungskosten Einfluß genommen werden kann.

Neben der Gestaltung des Produktspektrums sind weitere Kostenstellgrößen von Bedeutung, die auf den in der Prozeßkostenrechnung bekannten Degressionseffekt beruhen. Die Prozeßkosten für die Auftragsabwicklung sind für den Auftrag Fixkosten. Je größer die Auftragsmenge, desto geringer die anteiligen Auftragsabwicklungskosten je Produkteinheit. Genauso werden im Einkauf bei der Bestellabwicklung die Prozeßkosten je Teil über die Bestellmenge bestimmt. Bei Neuprodukten oder -teilen ist die produktspezifische Absatzmenge über den Lebenszyklus entscheidend. Abbildung 9.10 verdeutlicht sehr eindrucksvoll den Degressionseffekt für die unterschiedlichen Auftragstypen. Unterstellt man eine durchschnittliche Auftragsmenge von 6 (1,5) Produkten je Standardauftrag (Variantenauftrag) ergibt sich für ein Produkt der Kategorie „einfache Variante" (komplexe Variante) zusätzlich zu den siebenfach (15-fach) höheren auftragsinduzierten Prozeßkosten ein Nachteil bezogen auf die Prozeßkosten je Produkt vom Faktor 28 (60).

Mit der Auftragslosgröße – insbesondere im Varianten-/Sonderbereich – verfügt das Unternehmen über einen entscheidenden Stellhebel zur Senkung der Prozeß-Stückkosten. Losgrößensteigerungen bei kleinen Auftragsmengen (z.B. hier im Bereich 1-3 Stück) bewirken eine hohen Degressionseffekt. Dieses Phänomen ist besonders für die Standardkalkulation sowie für die kundenauftragsbezogene Kalkulation von hoher Relevanz.

Kundenspezifische Anpassungen in Form von Variantenprodukten führen zu veränderten Auftragsdurchläufen im Unternehmen und erhöhen so die Komplexität der Prozeßabläufe. Aufgrund von Komplexitätseffekten (es werden zusätzliche Prozesse benötigt im Vergleich zu Standardprodukten) wird ein hoher Ressourcenbedarf für die Variantenprodukte ausgelöst. Für ein Prozeßmanagement bedeuten diese Erkenntnisse, daß eine effizientere Gestaltung der Auftragsabwicklungsprozesse für Variantenprodukte wesentliche Optimierungspotentiale versprechen und über die Losgröße bei Variantenprodukten entscheidend auf die Prozeßstückkosten Einfluß genommen wird.

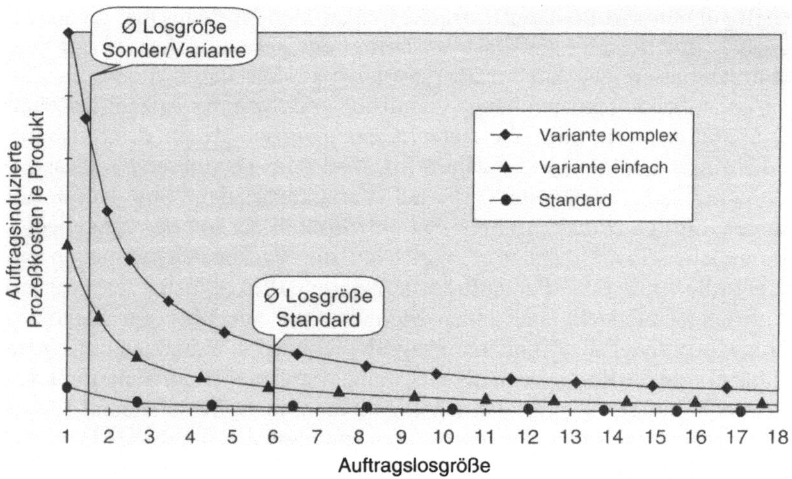

Abb. 9.10. Degressionseffekt für die Auftragsabwicklungsprozeßkosten

9.5
Die Optimierungsphase: Prozeßoptimierungen und Prozeßneugestaltung

Aus den in der Analysephase gewonnenen Erkenntnissen lassen sich vielmals eine Reihe von Schwachstellen innerhalb der Prozeßkette identifizieren und ggf. ergibt sich schon daraus eine grobe Marschrichtung für konzeptionelle Maßnahmen zur Prozeßoptimierung und -neugestaltung. Zielgrößen für die Prozeßneugestaltung sind die Prozeßkosten, -zeiten sowie die Prozeßqualität. Mit der Senkung der Prozeßkosten ist eine direkte Steigerung der Unternehmensrentabilität verbunden. Verkürzungen von Prozeßdurchlaufzeiten spielen bei einigen Prozesse wie bspw. bei der Angebotserstellung unter Umständen eine wichtigere Rolle als reine Kosteneinsparungen. Höhere Prozeßkosten führen dabei an anderen Stellen im Unternehmen zu größeren Einsparungen oder werden durch gestiegene Erträge kompensiert. Die Fehlerverringerung und die Vermeidung von nicht wertschöpfenden Tätigkeiten sollen die Prozeßqualität erhöhen. Dadurch werden natürlich wiederum Durchlaufzeiten und Kosten beeinflußt.

Die Prozeßoptimierung sollte von eigenständigen Teams durchgeführt werden, sogenannten Prozeßoptimierungsteams (vgl. Kieninger 1998, Rendenbach 1997). Im Rahmen von mehreren Workshops beschäftigen sich die Teammitglieder mit der Analyse von Schwachstellen, dem Aufstellen von Idealprozessen, der Ideensuche für Verbesserungsmaßnahmen, der Detaillierung und Bewertung der Maßnahmen, deren abschließende Auswahl sowie mit der Erstellung eines Umsetzungsplanes (Abb. 9.11).

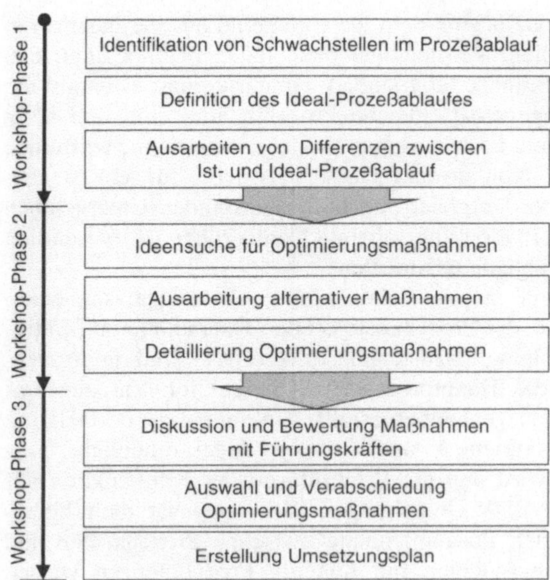

Abb. 9.11. Prozeßoptimierungsablauf

In jedem Team sind alle an dem Prozeß beteiligten Mitarbeiter vertreten – Führungskräfte wie auch operativ arbeitende Mitarbeiter. Dieses Vorgehen erhöht die Akzeptanz des Projekts, da die Mitarbeiter zum einen selbst die Schwachstellen aufdecken und Verbesserungsvorschläge erarbeiten und andererseits die verabschiedeten Optimierungsmaßnahmen als realitätsnah bewertet werden. Darüber hinaus verfügen nur die Prozeßbeteiligten über das notwendige Detailwissen, um umsetzbare Maßnahmen abzuleiten.

Im folgenden soll nicht auf die operative Umsetzung der Workshops eingegangen werden, hierzu sei auf die angeführte Literatur verwiesen (z.B. Kieninger 1998). Vielmehr werden Instrumente dargestellt, die in Anbindung an das Prozeßmodell zur Schwachstellenanalyse und Identifikation von Prozeßverbesserungspotentialen eingesetzt werden können. Im einzelnen handelt es sich um ein Prozeß-Benchmarking, Prozeßportfolios und eine Stärken-Schwächen-Matrix.

9.5.1
Benchmarking

Die Bewertung der momentanen Prozeßperformance mit Benchmarkingpartnern liefert weitere Anhaltspunkte und Impulse für eine Optimierung von kostenstellenübergreifenden Prozeßabläufen (vgl. Kap. 4). Mit dem Benchmarking sollen systematisch Leistungsdifferenzen aufgedeckt, die dafür verantwortlichen Ursachen eruiert und Verbesserungspotentiale identifiziert werden. Insbesondere in den indirekten Bereichen hat das Benchmarking von Prozessen eine hohe Bedeutung erlangt (Brokemper/Gleich 1998).

Die Ergebnisse des Prozeßmodells sind dem Datenmaterial aus vergleichbaren Unternehmen gegenüber zu stellen. Vergleichbar bedeutet nicht unbedingt, daß die Unternehmen in der selben Branche tätig sind. Vielmehr kommt es darauf an, daß die Prozesse einheitlich abgegrenzt (gleiche Prozeßinhalte) sind, um nicht „Äpfel mit Birnen" zu vergleichen. Es wird sogar einfacher sein, branchenfremde Unternehmen, mit denen kein Konkurrenzverhältnis besteht, für ein Benchmarking zu gewinnen. Gerade der Vergleich mit branchenfremden Unternehmen ist von hoher Bedeutung, da dort die Wahrscheinlichkeit größer ist, wesentlich andere, leistungsfähigere Prozeßabläufe anzutreffen.

Aufgedeckte Leistungsnachteile geben Anlaß, weitere Detailanalysen anzustoßen und insbesondere mit Hilfe der Prozeßkostenstellen-Datenblätter auf Tätigkeitsebene in eine Ursachenforschung einzusteigen. In Abb. 9.12 sind die Prozeßkosten und die Prozeßmengen des Hauptprozesses „Konstruktion Variante einfach" von mehreren Unternehmen gegenübergestellt. Eine alleinige Betrachtung der Prozeßkosten bei den Produkten A und B zeigt dabei erhebliche Leistungsnachteile auf. Zusätzlich wird nun die Erfahrung in der Konstruktion auf Basis der Prozeßmengen und die EDV-Umgebung als Erklärungsvariabeln hinzugezogen. Die Abbildung zeigt den Zusammenhang zwischen Prozeßkosten und Erfahrungskurveneffekt auf: Unternehmen mit höheren Prozeßmengen weisen geringere Prozeßkostensätze auf. Verbindet man die jeweils effizientesten Unternehmen (im Hinblick auf die Prozeßkosten/Prozeßmengen-Kombinationen) ergibt sich eine Effizienzlinie. Erstaunlicherweise liegen alle Unternehmen mit einer sehr guten EDV-Ausstattung auf dieser Effizienzlinie. Während die Unternehmen mit mittlerer und geringer EDV-Ausstattung zum Teil sehr weit über der Linie liegen. Für die Produkte A und B bedeutet dies, daß der Prozeß der Variantenkonstruktionen zum einen durch eine bessere DV-Unterstützung wesentlich effizienter gestaltet werden kann, andererseits könnten bei Produkt B durch eine Erhöhung der Prozeßmengen Erfahrungskurveneffekte realisiert werden.

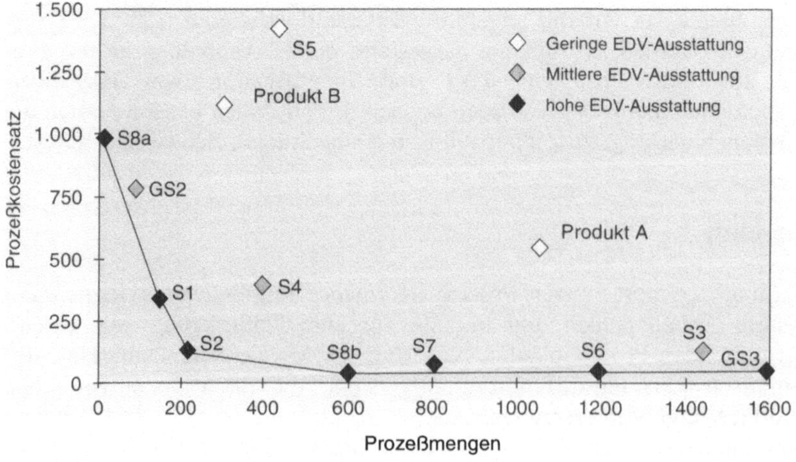

Abb. 9.12. Benchmarking des Hauptprozesses „Variantenkonstruktion einfach"

9.5.2
Prozeßportfolios

In einem *Prozeßportfolio* wird auf Ebene der Haupt- oder Teilprozesse die Performance der Prozesse anhand einer internen und externen Perspektive graphisch dargestellt und bewertet. Beispielsweise kann aus externer Sicht die Wettbewerbsfähigkeit anhand eines Benchmarking des Prozeßkostensatzes bewertet werden, während intern die Prozeßgesamtkosten einen Anhaltspunkt für die Wichtigkeit des Prozesses geben. Hohe Prozeßgesamtkosten bergen auch Potential für entsprechende Einsparungen. Mit Hilfe des Portfolios läßt sich der Handlungsbedarf für entsprechende Optimierungsmaßnahmen ableiten. In Abb. 9.13 ist zu erkennen, daß der schon im Zuge der Benchmarkingergebnisse als nicht wettbewerbsfähig erkannte Prozeß der einfachen Variantenkonstruktion insgesamt sehr hohe Kosten verursacht. Hier müssen Prozeßverbesserungsmaßnahmen eingeleitet werden. Es sind die Ursachen für den hohen Prozeßkostensatz näher zu analysieren. Zu überlegen wäre bspw., inwiefern eine umfangreichere EDV-Unterstützung zur Senkung der Prozeßkosten führt oder Tätigkeiten im Rahmen der Teilprozesse eliminiert werden können. Eventuell sind an einigen Stellen im Prozeßmodell spezifischere Detailanalysen bezüglich der Tätigkeits-/Prozeßabläufe anzustoßen – insbesondere an Bereichsschnittstellen.

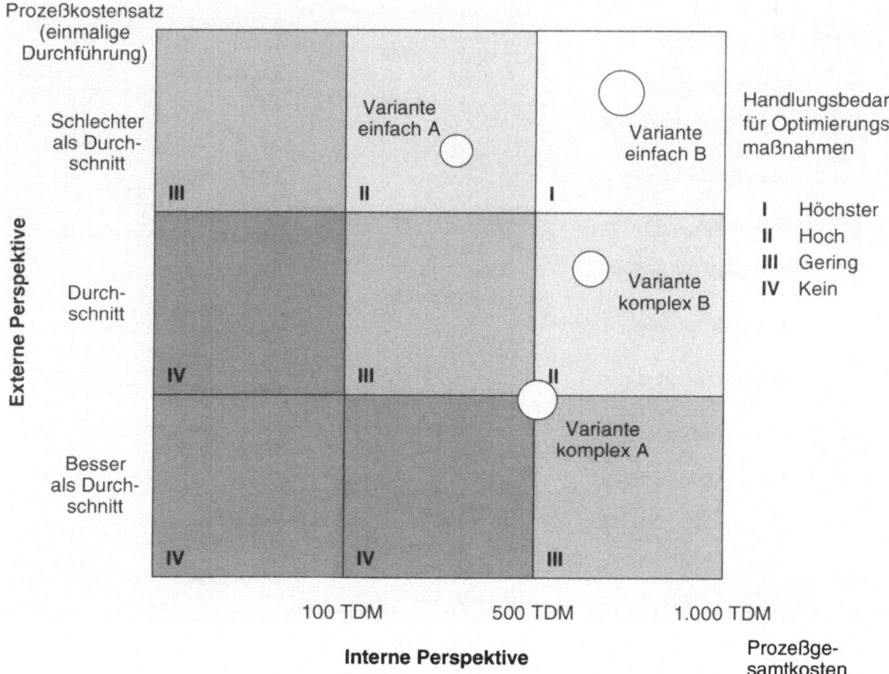

Abb. 9.13. Prozeßportfolio für die Hauptprozesse „Variantenanpassung"

9.5.3
Stärken-Schwächen-Matrix

Eine isolierte Betrachtung der Hauptprozesse kann unter Umständen bei der Prozeßoptimierung kontraproduktiv auf andere Hauptprozesse wirken. Um diesem vorzubeugen, werden zusätzlich zu den bisherigen Analyseergebnisse die Kunden-Lieferanten-Beziehungen mit vor- und nachgelagerten Prozessen bzw. die Spezifika einzelner an dem Prozeß beteiligter Bereiche einbezogen. Die Ergebnisse der Gesamtbewertung werden dann strukturiert in einer Stärken-Schwächen-Matrix dokumentiert und visualisiert. Dabei erfolgt in dem Beispiel (Abb. 9.14) eine Bewertung der verschiedenen Analysekriterien auf einer Skala 1 bis 6 nach dem Schulnotensystem. Die Bewertungseinheiten orientieren sich dabei zum Teil an Prozessen und zum Teil an Kostenstellen und Produkten. Neben Kosten- und Zeitgrößen gilt es zusätzlich eher qualitative Faktoren zu bewerten. Die Matrix eignet sich gut zur Kommunikation und als Diskussionsgrundlage zur Identifikation und Priorisierung von Optimierungsmaßnahmen. Zusätzlich zu den Ist-Daten können als realistisch eingestufte Soll-Daten vereinbart werden.

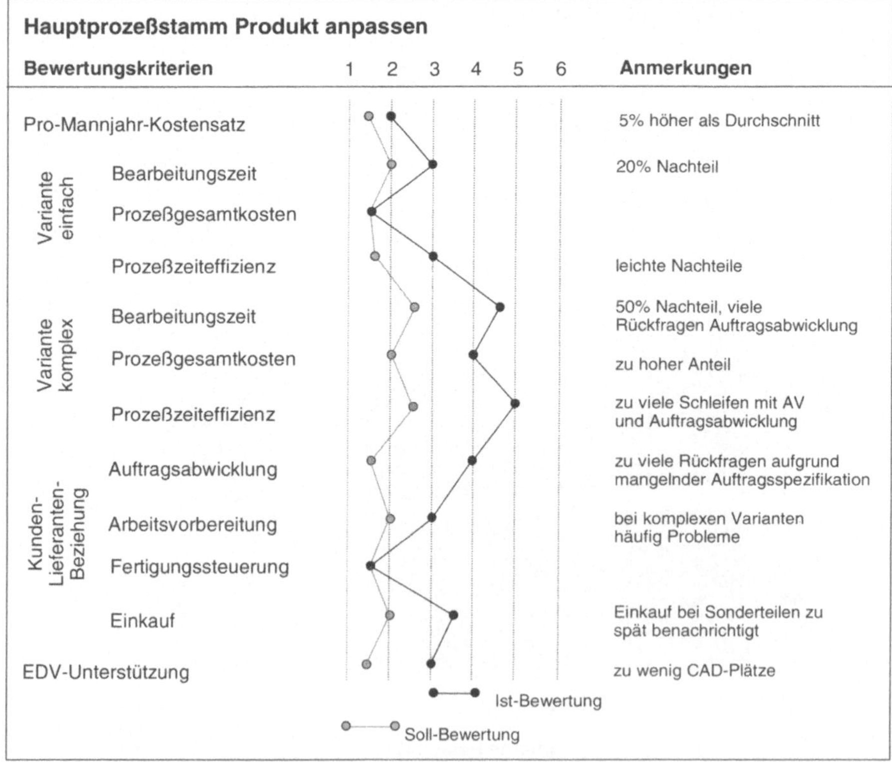

Abb. 9.14. Stärken-Schwächen-Matrix

9.5.4
Beispiele für Verbesserungsansätze

Mögliche Optimierungspotentiale entlang der Prozeßkette lassen sich größtenteils auf drei zentrale Einflußfaktoren zurückführen:

– Eine lange Prozeßkette im Vorfeld der eigentlichen Produktion für Varianten- und Sonderprodukte führt zu zahlreichen Schnittstellen zwischen Bereichen und Kostenstellen. Dies zieht aufgrund von Rückfragen, nicht definierten Verantwortlichkeiten, Bereichsegoismen und Doppelarbeiten Prozeßineffizienzen nach sich. Einzig bei relativ kleinen Organisationsstrukturen, in denen sich die Mitarbeiter sehr gut kennen, kann durch ein Management „auf Zuruf" eine gewisse Kompensation erreicht werden.
– Viele manuelle Tätigkeiten, wie z.B. Datenabgleiche oder Bestellüberwachungen, bewirken lange Prozeßzeiten und verursachen unter Umständen Fehler. Häufig sind hier EDV-Insellösungen oder eine mangelnde EDV-Unterstützung die Ursachen.
– Aufgrund einer unzureichenden Informationsunterstützung bzw. mangelnder Transparenz über Erfolgs- und Kostenwirkungen werden suboptimale Entscheidungen getroffen. Beispielhaft seien hier die Reibungsverluste zwischen Vertrieb und Fertigung aufgrund häufiger Auftragsdatenänderungen oder aufgrund mangelnder Auftragsspezifikationen erwähnt.

Um eine verbesserte Prozeßeffizienz und eine Senkung der Gemeinkosten zu erzielen, bieten sich dem Unternehmen drei Stellhebel:

– Durch eine *Veränderung von Teilprozeßstrukturen* im Sinne einer übergreifenden Ablaufoptimierung können die Anzahl der Prozeßschritte und die Prozeßinhalte beeinflußt werden. Die Bündelung einzelner Teilprozesse in einem Verantwortungsbereich reduziert Schnittstellen und führt zur Vereinfachung bzw. zum Abbau von Teilprozessen. Neben einer vollständigen Eliminierung von Teilprozessen, z.B. Kontrollschleifen, bietet sich zusätzlich ein Outsourcing von Prozessen an.
– Die *Beeinflussung der Prozeßeffizienz (des Teilprozeßkostensatzes)* setzt direkt am einzelnen Teilprozeß an, wobei sich zwei Angriffspunkte bieten. Zum einen läßt sich der Teilprozeßkostensatz über eine Reduzierung des Kapazitätskostensatzes (Personal- und Sachkosten) senken. Andererseits führen Maßnahmen zur Senkung der Bearbeitungszeiten zu einer abnehmenden Kapazitätsbeanspruchung und damit zu geringeren Teilprozeßkostensätzen. Zu diesen Maßnahmen zählen bspw. der Abbau nicht-wertschöpfender Bestandteile (Tätigkeiten zur Änderungsbearbeitung oder Nacharbeit), Reduzierung von Fehlerquellen oder eine bessere Nutzung von Unterstützungsmedien (EDV-Einsatz).
– Über eine *Reduzierung der Teilprozeßmengen* läßt sich das Gesamtkostenvolumen senken. Dabei kann eine Verlagerung auf kostengünstige Prozesse erfolgen, z.B. die Bestellabwicklung über Rahmenverträge, oder eine Komplexitätsreduktion durch eine gezielte Sortiments- und Kundengestaltung angestrebt werden.

Nachstehend sind einige Projektbeispiele aufgeführt, um eine grobe Vorstellung über mögliche Verbesserungsmaßnahmen zu geben:

- Auftragsänderungskosten werden dem Vertrieb bzw. dem Kunden explizit über Verrechnungspreise in Rechnung gestellt mit dem Ziel, die Anzahl der Änderungen zu senken. Die Erfassung der Änderungskosten erfolgt über eine prozeßorientierte Betrachtung.
- Umstrukturierung der Einkaufstätigkeiten und -prozesse durch die Fokussierung auf den Abschluß von Rahmenverträgen und die verstärkte Einbindung in die Konstruktionsabläufe.
- Reduktion des Aufwands für Wareneingangskontrollen durch ein verkürztes Prüfverfahren bei unkritischen Teilen oder ausgewählten Lieferanten.
- Verlagerung von Tätigkeiten aus den indirekten Bereichen in direkte Bereiche, z.B. die Bestellung von Standardmaterial wird jetzt direkt in der Fertigung über Rahmenverträge (per Fax an Lieferant) durchgeführt.
- Rechnungsprüfungen und Verbuchungen von Wareneingangsbelegen werden im Einkauf statt in der Buchhaltung erledigt.
- Vertriebssteuerung über Deckungsbeiträge statt über Umsatzprovisionen.
- Einführung von Mindestbestellmengen.
- Änderung von Rabattstaffeln, angepaßt an die Prozeßkostendegressionseffekte.

9.6
Die Integrationsphase:
Prozeßmanagement und Prozeßcontrolling

Um eine permanente prozeßorientierte Ausrichtung des Unternehmens zu gewährleisten und die Unternehmensführung mit Prozeßinformationen zu versorgen, müssen zusätzlich zu den Optimierungsmaßnahmen den Mitarbeitern entsprechende Instrumentarien für ein Prozeßmanagement an die Hand gegeben werden. Ziel dabei ist, von der fallweisen Anwendung zu einem integrierten Prozeßmanagement zu gelangen (Schimank 1997). Dies bedingt die vollständige Integration der Prozeßdaten in das Informations- und Koordinationssystem des Unternehmens, d.h. die zusätzliche Unterstützung der Planung, Steuerung und Kontrolle mit Prozeßinformationen.

Die Basis bilden das aufgebaute Prozeßmodell und die produktorientierten Prozeßdurchläufe. Auf dieser Plattform können verschiedene prozeßorientierte Instrumente wie die Planung/Budgetierung, die Kalkulation (Kostenträgerstückrechnung) bzw. einen differenzierte Ergebnisrechnungen aufsetzen.

9.6.1
Prozeßorientierte Ressourcenplanung

Die Basis für eine effiziente Steuerung und Wirtschaftlichkeitskontrolle in den produktionsunterstützenden Bereichen bildet ein prozeßorientierter Planungsansatz. Die Grundidee liegt dabei in einer umgekehrten Vorgehensweise des eingangs im Rahmen der Bottom-Up-Analyse dargestellten Prozeßkostenrechnungsansatzes, d.h. durch die Multiplikation von Plan-Bearbeitungszeit und Plan-Prozeßmenge ergibt sich die Prozeß-Plan-Kapazität, die in Verbindung mit dem Kapazitätskostensatz die Prozeßplankosten ergibt. In dieser einfachen Form birgt der Ansatz jedoch zwei wesentliche Probleme. Es wird an einen undifferenzierten Kostensatz aus dem Konglomerat verschiedener Kostenarten angeknüpft und es wird eine Proportionalität zwischen Prozeßmenge und Prozeßkosten und damit eine konstante Prozeßbearbeitungszeit (oder Prozeßkostensatz) unterstellt. Eine modifizierte Planungsmethodik orientiert sich an einer Differenzierung der Ressourcen bzw. der Kostenarten in drei Kategorien (Personalkosten, leistungsmengen*abhängige und leistungsmengenunab*hängige Sachkosten) und plant diese jeweils unterschiedlich (eine genaue Vorgehensweise ist in Batz/Schimpf/Eigenbrodt 1998 beschrieben). Ausgangspunkt der Ressourcenplanung sind die prognostizierten Prozeßmengen. Ein Teil der Prozeßmengen resultiert aus dem zentralen Absatzplan der andere Teil wird dezentral auf Basis von Erfahrungswerten in den Kostenstellen geplant.

Bei der *Personalkostenplanung* steht die Bearbeitungszeit je Kostentreibereinheit bzw. die Prozeßeffizienz - definiert als Verhältnis von Output zu Input (Kostentreibermenge zu Mannjahren oder Mannstunden) - im Vordergrund. Die Effizienzplanung für jeden Prozeß beruht auf einem iterativen Gegenstromverfahren, das mit zentralen Zielvorgaben initiiert wird. Den zentralen Zielvorgaben liegt die Annahme zugrunde, daß die Mengensteigerung durch eine entsprechende Effizienzsteigerung kompensiert werden soll, um so einen Kapazitäts- und Kostenanstieg zu vermeiden. Zusätzlich können über ein Target Costing oder Benchmarking restriktivere Vorgaben abgeleitet werden. Die Top-Down weitergegebenen Zielvorgaben werden in den Kostenstellen systematisch daraufhin analysiert, inwiefern sie durch Maßnahmen auf Tätigkeitsebene erreicht werden können. Je nach Optimierungspotential wird dann Bottom-Up die Zielvorgabe als realistisch zurückgemeldet oder eine als realisierbare Bearbeitungszeit vorgeschlagen. Dieser Abstimmungsprozeß kann unter Umständen mehrere Schleifen durchlaufen, bis von allen Beteiligten die Zielvorgaben in Verbindung mit einem Maßnahmenkatalog akzeptiert werden. Dabei fördert die aktive Einbindung der Mitarbeiter in den Planungsprozeß die Akzeptanz der gesetzten Ziele und vereinbarten Maßnahmen.

Die *Sachkostenplanung* unterstellt für die leistungsmengenabhängigen Sachkosten (hierzu zählen bspw. bei der Auftragsabwicklung Telefonkosten oder Büromaterial wie Formulare) eine Proportionalität zu den Kostentreibermengen. Dagegen werden die leistungsmengenunabhängigen Sachkosten, wie z.B. Abschreibungen für EDV oder Instandhaltungskosten aufgrund von Kapazitätsanpassungen und langfristigen Investitionsüberlegungen geplant.

Keine Planung ohne Kontrolle und keine Kontrolle ohne Planung: Mit *prozeßorientierten monatlichen Reports* (Abb. 9.15), die Soll-/Ist-Vergleiche und Abweichungsanalysen enthalten sowie Leistungskennzahlen ausweisen, wird die unterjährige Verfolgung und Beeinflussung der Performance von Prozessen und Organisationseinheiten ermöglicht.

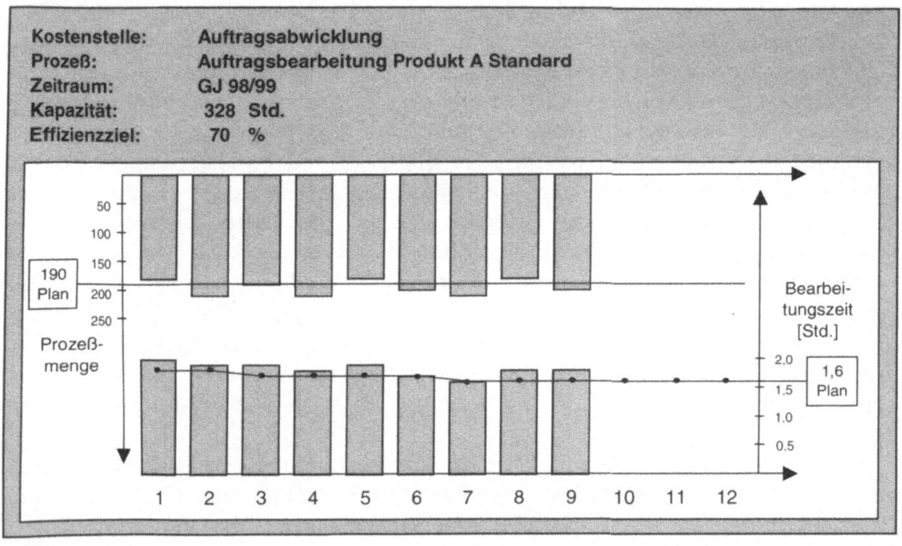

Kostenstelle:	Auftragsabwicklung	16,0 MJ Plankapazität	Herr Maier
Report:	Monat 9 (GJ 98/99)	1.452.000 Plankosten	

Kapazität lfd. Monat [Std.]:	2.380	Kapazitäten	Effizienzzielerreichung	65	
Abweichung Sollkapazität:	+8%	Abweichungen	Kapazitätshochrechnung	16,72 MJ	+4,5%
Gesamtkosten Monat 9:	132.564	Kosten	Kostenhochrechnung	1.495.560 DM	+3,0%
Abweichung Sollkosten:	+4%	Abweichungen			

Mengen [X] Kapazitäten [ ] Zeiten [X] PKS [X]

		TP 1 — Auftragsbearbeitung Produkt A Standard — Monat 9				TP 2 — Auftragsbearbeitung Produkt A Komplex — Monat 9				... — Monat 9			
		Absolut	Tendenz	%	Abweich. Plan (%) − +	Absolut	Tendenz	%	Abweich. Plan (%) − +	Absolut	Tendenz	%	Abweich. Plan (%) − +
Prozeßmenge	Details	196	↑	+8,9	+2,3	68	↑	+1,5	-3,0				
Abw. Planmenge Σ		+2,4				-5,5%							
BZ [Std.]	Details	1,67	↓	-2,8	+4,6	3,01	↑	+3,6	+12				
DLZ [Tage]		0,48	↓	-5,0	+2,1	2,80	↑	2,1	+5,2				
Effizienzzielerreichung	Details	70%				35%							
PKS [DM]	Details	105,20				182,34							

Abb. 9.15. Beispiel für einen monatlichen Report der Auftragsabwicklung

In Verbindung mit einer dynamischen Maßnahmenplanung im Monatsraster (z.B. eine jeweils 2% Effizienzsteigerung pro Monat im zweiten Halbjahr) kann somit eine kontinuierliche Verbesserung der existierenden Prozesse im Sinne eines Kaizen Costing erfolgen. Wichtige Eigenschaft der Reports ist, daß sie sich neben Kosteninformationen auch auf nicht-finanzielle Kennzahlen zur Performance-Messung stützen. Durchlaufzeiten, Prozeßmengen oder Qualitätswerte (Fehlerquoten) sind elementare Leistungskennzahlen, die erst zusammen mit (Kosten-) Informationen über den Ressourcenverzehr eine Effizienzbeurteilung ermöglichen. Allerdings sollten sich die Kennzahlen auf die wesentlichen steuerungsrelevanten Größen beschränken, wobei diese bedarfsgerecht für den Empfänger aufbereitet werden sollten.

9.6.2
Prozeßorientierte Kalkulation

Größtenteils setzen Unternehmen eine relativ exakte Herstellkostenkalkulation (für die direkten Einzelkosten der Produktion) in Verbindung mit einem groben Zuschlagssystem für die Gemeinkosten ein. Aufgrund der unterschiedlichen Produkt- und Auftragstypen kann dieses System nur verzerrte Produktkosteninformationen liefern, da die klassischen Zuschlagsmethoden die reale Prozeß- und Produktkomplexität nicht hinreichend genau abbilden können und die Unterschiede bei der Ressourcenbeanspruchung aufgrund der Heterogenität der Produkte und Aufträge nivellieren. Eine verbesserte Entscheidungsqualität kann unter diesen Rahmenbedingungen durch einen prozeßorientierten Kalkulationsansatz erreicht werden.

Ausgehend von einem einheitlichen Zuschlagszusatz (z.B. auf Produkteinzelkosten 211% Zuschlag für jedes Produkt) kann die Aussagekraft einer Produktkalkulation prinzipiell durch drei Weiterentwicklungen verbessert werden (Abb. 9.16). Die Grundidee besteht in einer differenzierten Aufspaltung des Gemeinkostenblocks. In der einfachsten Form können für unterschiedliche Produkte oder Produktgruppen verschiedene Zuschlagssätze zur Anwendung kommen (z.B. Produkt A 160%, Produkt B 225%). Eine weitere Verbesserung kann durch differenzierte Zuschlagssätze erreicht werden: unterschiedlich Zuschläge für Material-, Fertigungs-, Konstruktions- sowie Vertriebs- und Verwaltungskosten. Die Differenzierung kann dabei beliebig fein erfolgen. Prinzipiell werden hierbei die Gemeinkosten in kausale Beziehungen zu Zuschlagsgrundlagen gesetzt, die entweder aus Einzelkostenpositionen (Materialeinzelkosten, Lohnkosten etc.) oder aus einer geeigneten Bezugsgröße wie z.B. Maschinenstunden oder Stückzahlen bestehen.

Die konsequente Umsetzung des Denkens in Bezugsgrößen führt zu einer Integration von Prozeßkosten in die Kalkulation. Hierbei wird ein Teil der bisher über Zuschlagssätze verrechneten Kosten nun anhand der ermittelten Prozeßkostentreiber, die jetzt als Bezugsgrößen fungieren, den Kalkulationsobjekten angelastet. Der Materialgemeinkostenzuschlag würde z.B. durch Prozeßkostenansätze wie Materialbereitstellung oder Teileeinkauf ersetzt. Lediglich ein geringer „Restmaterialgemeinkostenzuschlag" verbleibt für solche Kosten, die nicht den Prozessen zugeordnet worden sind. Diese Vorgehensweise hat zur Folge, daß ein Teil der bisher als Gemeinkosten verrechneten Kosten der fertigungsnahen Bereiche nunmehr quasi als Einzelkosten in die Kalkulation eingehen.

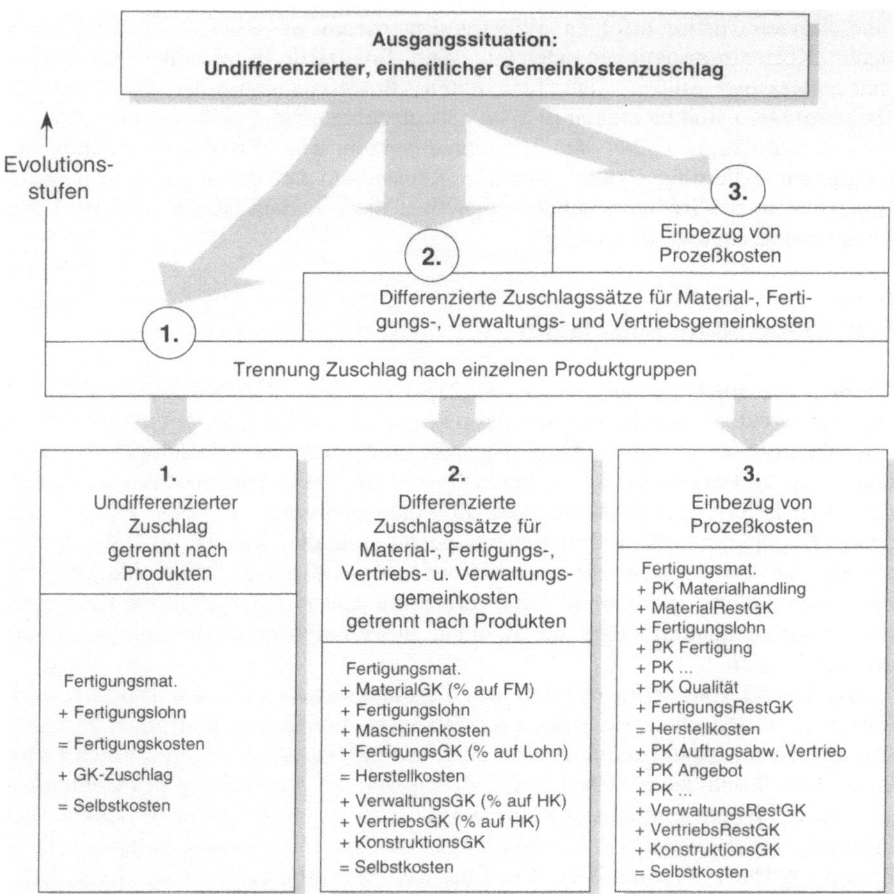

Abb. 9.16. Kalkulationsmethoden

Die Integration der Prozeßkosten in eine Standardkalkulation erfolgt über die Abbildung der Teilprozesse als Arbeitsgänge in den Arbeitsplandaten. Für jeden Prozeß als Arbeitsgang liegt ein spezifischer Prozeßkostensatz und eine Bearbeitungszeit vor. Über die Angabe einer Standardprozeßmenge resultieren die zu verrechnenden Prozeßkosten. Da die zugrundeliegenden Bezugsgrößen in Form der Prozeßkostentreiber auf verschiedenen Produktebenen ansetzen (z.B. Prozeß „Teile beschaffen" auf Bauteile- bzw. Teilepositionsebene, Prozeß „Fertigungssteuerung" auf Fertigungsauftragsebene), müssen produktspezifische Standardprozeßmengen ermittelt werden.

Bei Varianten- und Standardprodukten dagegen wird eine prozeßorientierte Vorkalkulation erforderlich, um über Annahme eines Kundenauftrages zu entscheiden bzw. die Preisverhandlung mit dem Kunden zu unterstützen. Es muß individuell entschieden werden, welche Prozesse in welcher Menge beansprucht werden. Nach der Aufnahme der Kundenanforderungen und der gewünschten

Produktspezifikationen sind im Rahmen der konstruktiven Produktanpassung zusätzlich festzulegen bzw. abzuschätzen, wieviele neue Arbeitspläne oder NC-Programme erstellt werden müssen, ob spezielle Einkaufsaktivitäten für Sonderteile ausgelöst werden oder ob neue Betriebsmittel erforderlich sind. Die hierdurch beanspruchten Prozesse fließen über entsprechende Prozeßmengenangaben in die Vorkalkulation ein. Ein PC-gestütztes Kalkulationsmodul wertet die relevanten Prozeßdaten über eine Eingabemaske aus (Abb. 9.17).

Auftragskalkulation

Kunde	Bestell GmbH, Transportheim		
Kundennr.	920-7856-456	Datum	15.09.99
Angebotsnr.	1089-56/1		

Produkttyp	Produkt A ▼	Geräte je Auftrag	2
Dringlichkeit	Schnellschuß ▼	Anz. neuer Arbeitspläne	2
Gehäusetyp (A,B,C)	Var. ▼	Anz. ähnl. Arbeitspläne	4
Elektroniktyp (A,B,C)	Var. ▼	Anz. TNC-Programme	2
Zielort	Ausland ▼	Anz. BNC-Programme	7
Preisanfrage	einfach ▼	Anz. Sonderteile	20

	Treiber	Menge Auftrag	Prozeß-Kosten	Summe
Materialeinzelkosten Auftrag			Einzelaufstellung	60.578,30
Materialgemeinkosten				
1 Bereitstellung	Teile	546	0,79	431,34
2 Einkauf standard	EK-T-std	320	3,80	1.216,00
3 Einkauf sonder	EK-T-sond	12	20,78	249,36
... ...		...	...	...
Materialkosten				**63.223,25**
Fertigungslohn			Einzelaufstellung	32.785,26
Fertigungsgemeinkosten				
0 Maschinenkosten			Einzelaufstellung	12.497,56
1 Fertigungssteuerung			Einzelaufstellung	1.229,77
2 Auftragsvorbereitung (Arbeitspläne)	Arbeitspläne		Einzelaufstellung	2.487,85
3 Steuerung Schnellschuß	Auftrag	1	542,23	542,23
4 Auftragsabwicklung Montage	Auftrag	1	206,56	206,56
5 Lohnscheine bearbeiten	Lohnscheine	958	0,56	536,48
6 mechanische Konstruktion Variante Gerät	Auftrag		Einzelaufstellung	2.451,42
7 elektrische Konstruktion Variante Gerät	Auftrag		Einzelaufstellung	1.758,52
... ...		...	...	...
Fertigungskosten				**58.974,21**
Herstellkosten (FK+MK)				**122.197**
Vertriebskosten				
1 Auftragsbearbeitung	Auftrag	1	173,28	173,28
2 Versand physisch	Maschine	2	251,30	502,60
3 Auftragsbestätigung / Versand (administr.)	Auftrag	1	70,28	70,28
... ...		...	...	...
Vertriebs- und Verwaltungskosten				**1.591,58**
Selbstkosten des Auftrages				**123.789**
Selbstkosten pro Gerät				**61.895**

Abb. 9.17. Beispiel für eine Vorkalkulation

Kunde	Bestell GmbH, Transportheim					
Kundennr.	920-7856-456					
Angebotsnr.	1089-56/1					
Einzelaufstellung		Kosten-treiber	Menge Auftrag	Prozeß-Kosten	Auftr.Teile pro Los	Ø Losgröße	Summe
1) Fertigungssteuerung							1.229,77
1a) Auftragsbezogen		Auftrag	1	452,60	1	1	452,60
1b) Vorfertigung		AG Vorfert.	20	13,45	2	12	44,83
1c) Lackierung		AG Lack	4	20,58	2	20	8,23
1d) Montage		AG Montage	12	18,75	1	2	112,50
1e) Sonder		AG Sonder	20	30,58	1	1	611,60

Abb. 9.18. Detailübersicht über die Prozeßkosten der Fertigungssteuerung

Material- und Fertigungskosten (Schwerpunkt Lohn, Maschinen) werden wie gewohnt kalkuliert (abrufbar bzw. zur Eingabe über einen Button „Einzelaufstellung"). Zur Ermittlung der einzelnen Prozeßkostenansätze werden die Angaben aus dem Kopfteil des Kalkulationsblattes verwendet, um Prozeßmengen und Prozeßkostensätze zu ermitteln. In der Beispielkalkulation sitzt der Kunde im europäischen Ausland.

Für die Auftragsbestätigung und den administrativen Versand sind somit als Prozeßkostensatz 70,28 DM anzusetzen (vgl. Abb. 9.7, den dortigen Teilprozeß 8; bei einem Inlandsauftrag kämen nur 33,33 DM zum Ansatz). Da der Prozeß der Auftragsebene zuzurechnen ist, fällt er nur einmal an. Da es sich um Produkt A als Variantenausführung handelt, werden die Prozeßkosten für den entsprechenden Teilprozeß (TP 2 in Abb. 9.7) in Höhe von 173,28 angesetzt. Es sind z.T. sehr detaillierte Angaben erforderlich, um die Heterogenität der Ressourcenbeanspruchung in der Kalkulation abzubilden.

Abbildung 9.18 verdeutlicht beispielhaft die Zusammensetzung der Prozeßkosten für die Fertigungssteuerung. Hierbei werden fünf Kategorien unterschieden. Neben dem Aufwand für eine fertigungsübergreifende Steuerung – sozusagen als Basisaufwand – sind zusätzlich bereichsspezifische Steuerungsaktivitäten in der Vorfertigung, Lackierung und Montage sowie die Steuerung von einzelnen Sonderbaugruppen/-teilen erforderlich. Für die letzten vier Kategorien wird der Steuerungsaufwand durch die Arbeitsgänge als Kostentreiber determiniert. Die Prozeßkosten beziehen sich jedoch immer auf den Arbeitsgang eines Fertigungsauftrags; da nicht alle Teile des Fertigungsauftrags in den zu kalkulierenden Kundenauftrag eingehen, ist nur ein Teil der Prozeßkosten zu verrechnen. Über die Angabe der entsprechenden Teileanzahl des Kundenauftrags und der durchschnittlichen Losgrößen kann der für den Kundenauftrag spezifische arbeitsgangbezogene Prozeßkostensatz errechnet werden (für die Vorfertigung z.B.: 13,45 * 2/12 = 2,24), der dann in Verbindung mit der Anzahl der zu steuernden Arbeitsgänge (im Beispiel: 20) zu den Prozeßkosten (20 * 2,24 = 44,83) führt.

Ein prozeßorientierter Kalkulationsansatz wird bei einem heterogenen Produktspektrum im Gegensatz zur „traditionellen" Kalkulation zu anderen Ergebnissen führen. Standardprodukte werden mit geringeren Prozeßkosten belastet als die

Exoten, so daß eine Kostenumverteilung erfolgt. In Abb. 9.19 sind die Veränderungen der Selbstkosten für drei Produkttypen (Standard, Variantenanpassung und Sonderanpassung) schematisch dargestellt. Varianten- und Sonderprodukte verursachen tendenziell höhere Selbstkosten als bisher durch die Zuschlagskalkulation ausgewiesen wurde. Aufgrund von Skaleneffekten fällt bei den Standardprodukten der festzustellende Kostenvorteil merklich kleiner aus.

Die veränderten Selbstkostenstrukturen lassen sich im wesentlichen auf drei Gründe zurückführen:

- Varianten- und Sonderaufträge weisen eine wesentlich geringere Losgröße auf (Degressionseffekt).
- Die Prozeßkosten von Varianten- und Sonderaufträgen (-produkten) sind im direkten Vergleich mit Standardprodukten viel größer.
- Varianten- und Sonderaufträge (-produkte) beanspruchen gegenüber den Standardprodukten zusätzliche Prozesse (z.B. Prozesse bei der Produktanpassung und der Produktionsplanung).

Die prozeßorientierte Kalkulation verhindert den bekannten Effekt des „sich aus dem Markt kalkulieren": Aufgrund der vermehrten Annahme von Exoten-Aufträgen steigen die Gesamtkosten in den fertigungsunterstützenden Bereichen an. Per Zuschlagskalkulation werden die entstehenden zusätzlichen Kosten aber auch auf die Standardprodukte verrechnet. Diese sind danach z.T. am Markt nicht mehr wettbewerbsfähig. Eine vermehrte „Flucht" in Varianten- und Sonderaufträge ist die Folge. Diese Entwicklung führt zu einem Abbau des Standardsortiments und drängt das Unternehmen in die Rolle eines Nischenanbieters. Entweder kann es die hohen Kosten der Varianten- und Sonderprodukte an den Markt weitergeben oder es läuft in die Verlustzone.

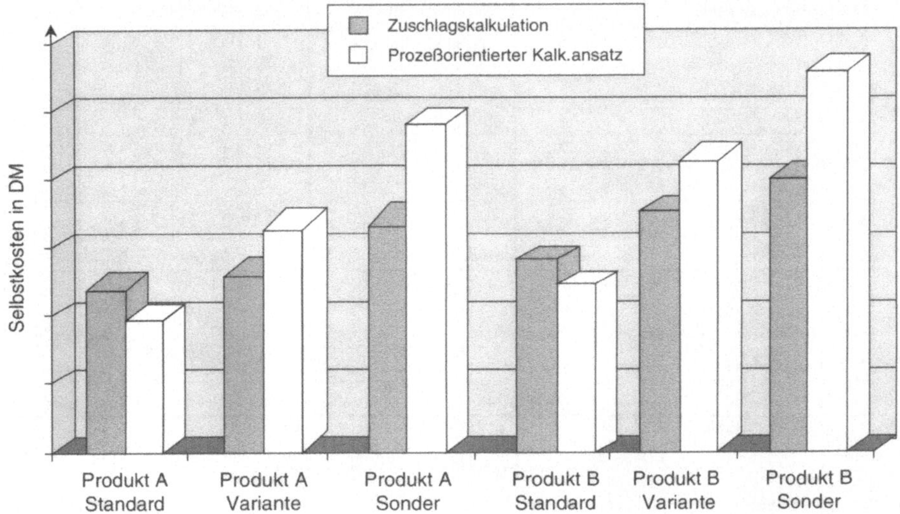

Abb. 9.19. Selbstkostenvergleich

Die Integration von Prozesskosten in die Kalkulation bedeutet, daß nunmehr Deckungsbeiträge oder Grenzkosten andere Inhalte aufweisen. Prozeßkosten als mittelfristig beeinflußbare Strukturkosten müssen mit in das Entscheidungskalkül einbezogen werden. Im Rahmen der Bewertung von Sortimentsveränderungen, von Kundenergebnisbeiträgen und von Make-or-Buy-Entscheidungen spielen die Prozeßkosten eine wichtige Rolle.

9.6.3
Differenzierte Ergebnisrechnung

	Produkt A			Produkt B			...
	1565-45	1615-55	...	875-35	1115-45	...	...
Aufträge	520	681	...	355	485	...	...
Absatzmenge	2.476	2.114	...	2.674	2.748	...	...
Durchschnittlich Losgröße	5	3	...	8	6	...	...
Bruttoverkaufspreis	722.000	751.000	...	1.045.000	1.574.000	...	...
- Provisionen, Skonti, Rabatte	26.000	31.000	...	45.000	60.000	...	...
Nettoerlös	**696.000**	**720.000**	**...**	**1.000.000**	**1.514.000**	**...**	**...**
- Fertigungsmaterial	162.000	180.000	...	280.000	435.000	...	...
- Lohnkosten	70.000	65.000	...	95.000	145.000	...	...
- Maschinenkosten	45.000	48.000	...	112.000	142.000	...	...
- sonstige Gemeinkosten	12.000	16.000	...	28.000	42.000	...	...
- Prozeßkosten Beschaffung, Einlagerung	23.000	21.000	...	38.000	72.000	...	...
DB 1 (Produktebene)	**384.000**	**390.000**	**...**	**447.000**	**678.000**	**...**	**...**
- Prozeßkosten Fertigung / Montage (Steuerung, Materialwirtschaft, AV)	85.000	102.000	...	64.000	82.000	...	...
DB 2 (Auftragsebene 1)	**299.000**	**288.000**	**...**	**383.000**	**596.000**	**...**	**...**
- Prozeßkosten Anfragen	12.000	18.000	...	8.000	14.000	...	...
- Prozeßkosten Auftragsabwicklung	36.000	45.000	...	25.000	40.000	...	...
- Prozeßkosten Versand	24.000	25.000	...	20.000	26.000	...	...
DB 3 (Auftragsebene 2)	**227.000**	**200.000**	**...**	**330.000**	**516.000**	**...**	**...**
- fixe Kosten zuordbar Produkt (Herstell-, V+V)	42.000	39.000	...	35.000	40.000	...	...
- Prozeßrestkosten zuordbar Produkt	8.000	12.000	...	6.000	14.000	...	...
DB 4 (Auftragsebene)	**177.000**	**149.000**	**...**	**289.000**	**462.000**	**...**	**...**
Ergebnis Produkttyp	2.845.000			4.785.000			...
- fixe Kosten produkttypbezogen (Herstell-, V+V)	23.000			19.000			...
- Prozeßkosten Produkttyp (Produktpflege, Entwicklung etc.)	255.000			382.000			...
DB 5 (Produkttypebene)	**2.567.000**			**4.384.000**			**...**
Ergebnis Sortimente	16.874.000						
- Prozeßkosten Gesamtunternehmen	3.222.000						
- Restfixe Kosten Gesamtunternehmen	2.745.000						
Gesamtergebnis	10.907.000						

Abb. 9.20. Beispiel für eine differenzierte Ergebnisrechnung

Mit der Einbindung von Prozeßkosten in eine mehrstufige Ergebnisrechnung wird der Informationsgehalt erhöht. Entsprechend unterschiedlicher Fristigkeitsgrade der Kosten (Grenzkosten, mittelfristig und langfristig abbaubare Strukturkosten) und den Zurechnungsmöglichkeiten auf verschiedenen Ebenen (Produkt, Auftrag, Produktgruppe, Kunden, Märkte) lassen sich mehrere Deckungsbeitragsstufen in Abhängigkeit von unterschiedlichen Betrachtungsebenen ausweisen. Abbildung 9.20 zeigt exemplarisch die Überführung einer produkt- und segmentorientierten Aufspaltung der Ergebnisbeiträge in das Unternehmensgesamtergebnis. Hervorzuheben sind die Deckungsbeitragsebenen 2, 3 und 4, die die schrittweise Zurechnung der erfaßten Prozeßkosten umfaßt. Mehrdimensionale Ergebnishierarchien, die zusätzlich zum Produktfokus noch ausgehend von Kunden oder Märkten differenzierte Erfolgsrechnungen ausweisen, erzielen ein hohes Maß an Transparenz zur Steuerung und für die Beantwortung individueller Managementfragestellungen. Sie bieten Ansatzpunkte für Produkt- und Sortimentsanalysen hinsichtlich Rentabilität und eventueller Restrukturierungen.

9.7
Erfolgsfaktoren bei der Projektrealisierung

Die Durchführung eines Prozeßkostenmanagement-Projekts erfordert von allen Beteiligten ein hohes Maß an Einsatzbereitschaft, die weit über das normale Tagesgeschäft hinausgeht. Zur Motivation der Mitarbeiter ist deren aktive Einbindung in das gesamte Projektgeschehen in Verbindung mit einem eindeutigen Commitment des Management zum Projekt zwingend erforderlich. Der hohe Stellenwert des Projekts zur nachhaltigen Stärkung der Wettbewerbsfähigkeit und zur Sicherung von Arbeitsplätzen muß kommuniziert werden. Die permanente und umfassende Information der Mitarbeiter über Ziele, Inhalte, Stand, Maßnahmen und Auswirkungen des Projekts im Rahmen von einem Kick-off-Meeting, mehreren Zwischenpräsentationen oder einer Hauszeitungen erhöhen das gegenseitige Vertrauen und erzeugen ein „Wir"-Gefühl. Die frühzeitige und aktive Einbindung aller betroffenen Mitarbeiter in das Projekt fördert die Motivation und die Akzeptanz. Der Mitarbeiter, der später Instrumente einsetzt bzw. pflegt, muß die Methodik verstehen und akzeptieren. Insbesondere gilt es, das Wissen und die kritischen Anmerkungen der Mitarbeiter mit in die Instrumentengestaltung einfließen zu lassen.

Nicht zuletzt trägt ein gesunder Pragmatismus zum Erfolg bei. Weniger die detailgetreue Abbildung von Kosten- und Zeitgrößen sondern die Anwendungsfähigkeit der entwickelten Lösungen sollte im Vordergrund stehen, um so die Anwenderakzeptanz und die Wirtschaftlichkeit des Instrumentariums zu sichern. Insbesondere wirkt eine schnelle und erfolgreiche Umsetzung der erarbeiteten Maßnahmen und Instrumente als Motivationsmultiplikator.

Abbildung 9.21 zeigt abschließend, in Form einer Checkliste, eine Zusammenfassung der Erfolgsfaktoren eines Prozeßkostenmanagement-Projekts.

Projekt allgemein	☑ Steht das Management/die Unternehmensführung hinter dem Projekt und den Projektinhalten? ☑ Sind alle betroffenen Mitarbeiter (Prozeßbeteiligte) eingebunden? ☑ Sind klare Projektziele definiert? ☑ Existiert ein Projektablaufplan? ☑ Sind regelmäßige Termine für Zwischenpräsentationen/ Abstimmungsgespräche vorgesehen?
Analysephase	☑ Sind die relevanten Untersuchungsbereiche ausgewählt worden? ☑ Ist das Prozeßmodell für alle beteiligen Mitarbeiter verständlich bzw. können sich alle mit Struktur und Bewertung identifizieren? ☑ Erfolgt ein sinnvoller Ausgleich zwischen Detailgenauigkeit und Abstraktion bei der Prozeßmodellerstellung? ☑ Können die erforderlichen Informationen zur Prozeßbewertung aus bereits vorliegenden Daten gewonnen werden? ☑ Sind die Ergebnisse geeignet dokumentiert und visualisiert worden? ☑ Sind die Prozesse in Hinblick auf heterogene Beanspruchungen (z.B. unterschiedliche Produkttypen) geeignet differenziert worden?
Optimierungsphase	☑ Sind alle Möglichkeiten für ein Benchmarking in Betracht gezogen werden? ☑ Werden erarbeitete Verbesserungsmaßnahmen schnell umgesetzt? ☑ Existiert ein Umsetzungsfahrplan (Detailbeschreibung der Maßnahmen, Zeitplan, Beteiligte)?
Integrationsphase	☑ Erfolgt eine systematische Einbindung der Prozeßdaten in das Unternehmensinformationssystem bzw. Rechnungswesen? ☑ Werden Prozeßkosten zur Standardkalkulation und zur Kundenauftragskalkulation eingesetzt?

Abb. 9.21. Checkliste für die Umsetzung eines Prozeßkostenmanagements

9.8
Zusammenfassung und Ausblick

Das Kapitel hat aufgezeigt, wie durch eine prozeßorientierte Betrachtung der montageunterstützenden, indirekten Bereiche die Auswirkungen von Veränderungen *in* der Montage auf diese Bereiche analysiert und quantifiziert werden können. Darüber hinaus bietet eine systematische Prozeßanalyse die Möglichkeit, über Prozeßoptimierungen zu einem integrativen Prozeß(kosten)management zu gelangen.

Die prozeßorientierte Projektausrichtung führt zu einem Umdenken der Mitarbeiter – weg von funktionalen Bereichs-Egoismen, hin zu einem verstärkten „Mit-Denken" für den im Prozeß vor- und nachgelagerten Mitarbeiter. Hierdurch können Ablaufprobleme erkannt und Gegenmaßnahmen initiiert werden, so daß die Abläufe und die Wirtschaftlichkeit nachhaltig verbessert werden können. Dabei zeigt sich aber auch, daß bei einem mittelständischen Unternehmen nicht primär die Schnittstellenproblematiken im Vordergrund stehen, sondern daß der Fokus vielmehr auf der instrumentellen Unterstützung von Verbesserungsanstrengungen zur Erhöhung der Prozeßeffektivität und -effizienz liegen muß. Die Einbindung des prozeßorientierten Instrumentariums in das Tagesgeschäft und die ständige Anwendung bilden die Grundlage für eine optimale Ressourcensteuerung in den produktionsunterstützenden Bereichen. Einerseits wird durch den Einsatz der Prozeßtableaus und den erkannten Schwachstellen die Prozeßeffizienz direkt gesteigert, andererseits tragen veränderte Entscheidungen – bspw. im Bereich der Sortimentsgestaltung oder des Kundenmanagements – dazu bei, daß die Ressourcen einer effizienten Verwendung zugeführt werden.

Ein wesentlicher Nutzen resultiert aus der erzielten hohen Prozeßtransparenz und den abgeleiteten Kosten- und Zeitinformationen. In Verbindung mit Benchmarking-Daten offenbaren sich Erkenntnisse, die man z.T. schon „aus dem Bauch heraus" vermuten, jedoch mangels Daten und geeigneter Analyseinstrumente nicht konkret nachweisen konnte. Leistungsstärken und -defizite lassen sich so objektiv quantifizieren und werden dementsprechend auch leichter akzeptiert.

Die Erweiterung des bestehenden Kostenrechnungssystems um prozessuale Kosteninformationen erhöht die Akzeptanz der Kostenrechnung bei den Entscheidungsträgern. Die Heterogenität der Produkte und Prozesse sowie die dahinterstehenden Komplexitätsverursacher und Kostentreiber werden nun einer Bewertung zugänglich gemacht. Damit bildet die prozeßorientierte Betrachtungsperspektive die Grundlage für eine bessere Beurteilung von Handlungsalternativen (z.B. Sortimentsgestaltung oder Make-or-Buy Entscheidungen) und intensiviert die Diskussion von Effektivität und Effizienz in den produktionsnahen Abläufen.

Literatur

Batz, V; Schimpf, T.; Eigenbrodt, M.: Prozeßorientierte Ressourcenplanung als Baustein eines integrativen Prozeßmanagements. In: Controlling 10 (1998) 6, S. 364-373.

Brokemper, A.; Gleich, R.: Benchmarking von Arbeitsvorbereitungsprozessen in der Maschinenbaubranche. In: Kostenrechnungspraxis 42 (1998) 1, S. 16-25.

Brokemper, A.; Gleich, R.: Empirische Analyse von Gemeinkostenprozessen zur Herleitung eines branchenspezifischen Prozeß(kosten-)modells. In: DBW 59 (1999) 1, S. 76-89.

Gaitanides, M.; Scholz, R.; Vrohlings, A.: Prozeßmanagement – Grundlagen und Zielsetzungen, in: Gaitanides, M.; Scholz, R.; Vrohlings, A., Raster, M. (Hrsg.): Prozeßmanagement – Konzepte, Umsetzungen und Erfahrungen des Reengineering. München, Wien: Carl Hanser Verlag 1994, S. 1-19.

Gleich, R.; Schimpf, T.: Prozeßorientiertes Performance Measurement. In: ZWF 94 (1999) 7-8, S. 414-419.

Hammer, M.; Champy, J.: Business Reengineering. Frankfurt: Campus Verlag 1994

Horváth, P.; Brokemper, A.: Strategieorientiertes Kostenmanagement. In: ZfB 68 (1998) 6, S. 581-604.

Horváth, P.; Lamla, J.: Kaizen Costing. In: Kostenrechnungspraxis 40 (1996), S. 335-340

Horváth, P.; Mayer, R.: Prozeßkostenrechnung - Konzeption und Entwicklungen. In: Kostenrechnungspraxis 37 (1993), Sonderheft 2/93, S. 15-28.

Kaufmann, L.: Komplexitäts-Index-Analyse von Prozessen. In: Controlling 8 (1996) 4, S. 212-221.

Kieninger, M.: Reengineering und Prozeßoptimierung, in: Horváth & Partner GmbH Stuttgart (Hrsg.): Prozeßkostenmanagement: Methodik und Anwendungsfelder. 2., völlig neubearb. Auflage. München: Vahlen 1998, S. 29-45.

Rendenbach, H.: Prozeßoptimierung. In: Franz, K.-P.; Kajüter, P. (Hrsg.): Kostenmanagement, Wettbewerbsvorteile durch systematische Kostensteuerung. Stuttgart: Schäffer-Poeschel 1997, S. 240-249.

Schimank, C.: Implementierungs- und Nutzungsvarianten des Prozeßkostenmanagements: Wie Sie Prozeßkostenmanagement optimal realisieren sollten. In: Horváth, P. (Hrsg.), Das neue Steuerungssystem des Controllers: von Balance Scorecard bis US-GAAP. Stuttgart: Schäffer-Poeschel 1997, S. 175-190.

Sachverzeichnis